高等职业教育土建类专业"十四五"规划教材

装配式混凝土结构

（第 2 版）

主　编　任　媛　关　瑞

副主编　王小庆　王　纲　葛文慧

　　　　王　蓓　崔浩东　邢　君

四川大学出版社

SICHUAN UNIVERSITY PRESS

图书在版编目（CIP）数据

装配式混凝土结构 / 任媛，关瑞主编 . -- 2 版 . --
成都 ：四川大学出版社，2024. 7. -- ISBN 978-7-5690-
7094-1

Ⅰ．TU37

中国国家版本馆 CIP 数据核字第 2024YK7431 号

书　　名：装配式混凝土结构（第 2 版）
　　　　　Zhuangpeishi Hunningtu Jiegou（Di-er Ban）
主　　编：任　媛　关　瑞

选题策划：王　睿
责任编辑：王　睿
特约编辑：孙　丽
责任校对：蒋　玙
装帧设计：开动传媒
责任印制：王　炜

出版发行：四川大学出版社有限责任公司
　　　　　地址：成都市一环路南一段 24 号（610065）
　　　　　电话：（028）85408311（发行部）、85400276（总编室）
　　　　　电子邮箱：scupress@vip.163.com
　　　　　网址：https://press.scu.edu.cn
印前制作：湖北开动传媒科技有限公司
印刷装订：武汉乐生印刷有限公司

成品尺寸：185mm×260mm
印　　张：17.75
字　　数：411 千字

版　　次：2024 年 8 月　第 2 版
印　　次：2024 年 8 月　第 1 次印刷
印　　数：1—6000 册
定　　价：45.00 元

扫码获取数字资源

四川大学出版社
微信公众号

前　言

近年来,随着我国建筑业的快速发展和绿色环保理念的深入人心,装配式混凝土结构作为一种新型的建筑结构形式,逐渐成为建筑行业的热点。装配式混凝土结构是将预制构件在工厂中生产,然后运输到施工现场进行组装和连接,形成完整的的建筑结构体系。这种结构形式具有施工速度快、质量稳定、节能环保等优点,已经在我国多个省市得到了广泛的应用,其生产方式正逐渐代替传统建筑业的手工生产方式,具有品质可控、生产效率高、保证工程质量、降低安全隐患、提高生产效率、降低人力成本、节能环保、模数化设计、延长建筑寿命等优势。在政策推动下,装配式混凝土结构的绿色环保优势逐渐凸显,装配式建筑已成为建筑业发展的趋势。

本书从装配式混凝土建筑的发展现状、技术特点入手,结合国际先进技术和国内的发展现状,系统地介绍了装配式混凝土结构的材料特点、设计原则、制作要点、施工图识读及施工工艺与流程等内容,本书内容简明实用、图文并茂,适用性和实际操作性较强,适用于从事装配式施工的专业人员和结构施工人员阅读,也可作为土建类相关专业大中专院校师生的教材。

本书由山西职业技术学院任媛、关瑞主编,把控整书的编写思路及质量。山西建筑工程集团有限公司李娜担任主审,指导并编写各章节内容提要。全书课程思政内容由山西工程职业学院王纲审核、修订。本书共八个单元,第一单元由山西职业技术学院王小庆编写;第二单元由山西职业技术学院关瑞编写;第三单元由山西职业技术学院任媛编写;第四单元由山西工程职业学院王纲编写;第五单元由山西职业技术学院葛文慧编写;第六单元由山西职业技术学院王蓓编写;第七单元由山西省建筑工程技术学校崔浩东编写;第八单元由太原城市职业技术学院邢君编写。

由于时间仓促和编者水平所限,书中难免存在缺点和不妥之处,恳请读者在使用过程中给予指正并提出宝贵意见。

编　者

2024 年 6 月

特别提示

　　教学实践表明,有效地利用数字化教学资源,对于学生学习能力以及问题意识的培养乃至怀疑精神的塑造具有重要意义。

　　通过对数字化教学资源的选取与利用,学生的学习从以教师主讲的单向指导模式转变为建设性、发现性的学习,从被动学习转变为主动学习,由教师传播知识到学生自己重新创造知识。这无疑是锻炼和提高学生的信息素养的大好机会,也是检验其学习能力、学习收获的最佳方式和途径之一。

　　本系列教材在相关编写人员的配合下,逐步配备基本数字教学资源,主要内容包括:

文本:课程重难点、思考题与习题参考答案、知识拓展等。

图片:课程教学外观图、原理图、设计图等。

视频:课程讲述对象展示视频、模拟动画,课程实验视频,工程实例视频等。

音频:课程讲述对象解说音频、录音材料等。

数字资源获取方法:

① 打开微信,点击"扫一扫"。

② 将扫描框对准书中所附的二维码。

③ 扫描完毕,即可查看文件。

更多数字教学资源共享、图书购买及读者互动敬请关注"开动传媒"微信公众号!

目　录

交流与答疑

数字资源目录

单元一 基本知识

5分钟看完
单元一

【内容提要】
　　本单元对装配式混凝土结构进行了概述,简述了装配式混凝土结构工程的主要环节,详细介绍了装配式混凝土结构所用的主要材料、连接材料和辅助材料。

【教学要求】
➤ 了解装配式混凝土结构的概念。
➤ 了解装配式混凝土结构的特点。
➤ 了解装配式混凝土结构的分类。
➤ 了解装配式混凝土结构的发展历史。
➤ 了解装配式混凝土结构的应用现状。
➤ 了解装配式混凝土结构工程的主要环节。
➤ 了解装配式混凝土结构的主要材料。
➤ 了解装配式混凝土结构的连接材料。
➤ 了解装配式混凝土结构的辅助材料。

　　装配式混凝土结构是建筑结构发展的重要方向,在经历相当长的发展历程后,装配式混凝土结构目前已迈入快速发展的阶段。装配式混凝土结构工程建造的主要环节包括结构设计、预制构件制作、结构施工和质量验收。装配式混凝土结构工程实体的形成,需要两大主材,即混凝土和钢筋(型钢),预制构件的连接需要借助连接材料来实现,辅助材料可以使装配式混凝土结构具有某些特定的功能。

项目一　装配式混凝土结构概述

一、装配式混凝土结构的概念

　　装配式混凝土结构英文名称 precast concrete structure,简称 PC 结构,指由预制混凝土构件通过可靠的连接方式进行连接并与现场后浇混凝土、水泥基灌浆料形成整体的混凝土结构。在建筑工程

装配式建筑体系
及研究进展

中简称装配式建筑,在结构工程中简称装配式结构。

二、装配式混凝土结构的特点

1. 构件工厂化

装配式混凝土结构的主要构件大多在工厂制作,然后运输到施工现场,最后再对各种部品部件进行现场组装。将原来单一的施工现场同时分拆到多个工厂进行,不仅改善了作业环境,还提高了作业效率。

2. 设计标准化

建筑行业要实现产业化发展,其关键在于生产是否能够实现产业化,而生产是否能够实现产业化的关键在于设计是否能够达到标准化。装配式混凝土结构在构件设计、模数设置等方面考虑较多,以实现"规格少"但"组合多"的效果。

3. 施工装配化

装配式混凝土结构使得施工现场湿作业大幅减少,现场作业人数大幅降低。各类垂直构件、水平构件、承重构件与非承重构件等在施工现场进行组装,就像一个大型组装车间,使建筑施工更加高效、便捷。

4. 装修一体化

装配式混凝土结构的主要特点是能够将水、电、暖通、消防、装修等专业工程在工厂提前穿插,如提前进行管线预埋,提前进行外墙贴砖等,大幅减少了施工现场后期随意打凿、交叉作业等问题。

5. 管理信息化

装配式混凝土结构一般借助信息化手段,如 BIM、物联网、云端服务、虚拟建造技术等,使工程的质量、工期、安全、经济得到了有效控制,极大地提升了工程管理水平。

6. 绿色环保化

装配式混凝土结构施工现场较为环保,对于实现"四节一环保"的发展具备较强的现实意义,其较为典型的低能耗和低排放效果,不会对周围环境产生明显的干扰,有助于提升整体文明水平,其绿色环保价值尤为突出。

三、装配式混凝土结构的分类

1. 装配式混凝土框架结构

装配式混凝土框架结构,即全部或部分框架梁、柱采用预制构件构建成的装配式混凝土结构,简称装配式框架结构,如图 1-1 所示。

2. 装配式混凝土剪力墙结构

装配式混凝土剪力墙结构,即全部或部分剪力墙采用预制墙板构建成的装配式混凝土结构,简称装配式剪力墙结构,如图 1-2 所示。

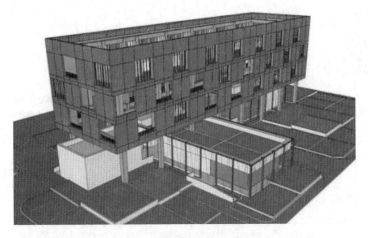

图 1-1　装配式混凝土框架结构

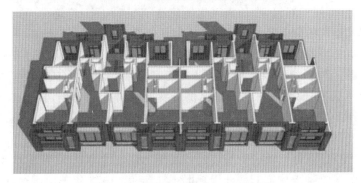

图 1-2　装配式混凝土剪力墙结构

3. 装配式混凝土框架-现浇剪力墙结构

装配式混凝土框架-现浇剪力墙结构,即由装配整体式框架结构和现浇剪力墙(现浇核心筒)两部分组成。这种结构形式中的框架部分采用与预制装配整体式框架结构相同的预制装配技术,使预制装配框架技术在高层及超高层建筑中得以应用。鉴于对该种结构形式的整体受力研究不够充分,目前,装配式混凝土框架-现浇剪力墙结构中的剪力墙只能采用现浇方式,如图 1-3 所示。

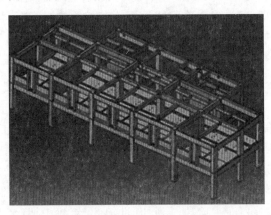

图 1-3　装配式混凝土框架-现浇剪力墙结构

四、装配式混凝土结构的发展历史

1. 装配式混凝土结构在国外的发展历史

装配式建筑在 20 世纪 20 年代初,英国、法国、苏联等国家首先做了尝试。第二次世界大战之后,由于欧洲大陆的建筑遭受重创,劳动力资源短缺,为了加快住宅的建设速度,欧洲各国在住宅建设领域发展了装配式混凝土建筑。至 20 世纪 60 年代,装配式混凝土建筑得到了大量推广,20 世纪 60 年代中期,装配式混凝土住宅的比例占 18%～26%,之后随着住宅问题的逐步解决而下降。此比例在东欧及苏联等国家或地区直到 20 世纪 80 年代还在上升,如民主德国在 1975 年占 68%,1978 年上升到 80%;波兰在 1962 年占 19%,1980 年上升到 80%;苏联在 1959 年占 1.5%,1971 年占 37.8%,1980 年上升到 55%。法国的大板建筑技术比较成熟,在非地震区可以建造 25 层的建筑,在地震区也能建造 10～12 层的建筑。

日本装配式建筑的研究是从 1955 年日本住宅公团成立时开始的,并以住宅公团为中心展开。住宅公团的任务就是执行战后复兴基本国策,解决城市化过程中中低层收入人群的居住问题。20 世纪 60 年代中期,日本装配式混凝土住宅有了长足发展,预制混凝土构配件生产形成独立行业,住宅部品化供应发展很快。1973 年,日本建立了装配式混凝土住宅准入制度,标志着作为体系建筑的装配式混凝土住宅的起步。从 20 世纪 50 年代后期至 80 年代后期,历时约 30 年,形成了若干种较为成熟的装配式混凝土住宅结构体系。到 2001 年,日本每年新竣工的装配式混凝土住宅约为 3000 万平方米。

美国的装配式混凝土住宅起源于 20 世纪 30 年代,1976 年美国国会通过了《国家工业化住宅建造及安全法案》,同年出台一系列严格的行业规范标准。1991 年美国 PCI(预制预应力混凝土协会)年会上提出将装配式混凝土建筑的发展作为美国建筑业发展的契机,由此带来装配式混凝土建筑在美国 20 年的长足发展。目前,在混凝土结构建筑中,装配式混凝土建筑的比例占到了 35% 左右,有三十多家专门生产单元式建筑的公司;在美国同一地点,相比用传统方式建造的房屋,只需花不到 50% 的费用就可以购买一栋装配式混凝土住宅。

发达国家和地区装配式混凝土住宅的发展大致经历了三个阶段:第一阶段是装配式混凝土建筑形成的初期,重点建立装配式混凝土建筑生产(建造)体系;第二阶段是装配式混凝土建筑的发展期,逐步提高产品(住宅)的质量和性价比;第三阶段是装配式混凝土建筑发展的成熟期,进一步降低住宅的物耗和环境负荷,发展资源循环型住宅。

2. 装配式混凝土结构在我国的发展历史

我国装配式混凝土结构的应用起源于 20 世纪 50 年代。借鉴苏联的经验,在全国建筑生产企业推行标准化、工厂化和机械化,发展预制构件和装配式建筑。较为典型的建筑体系有装配式单层工业厂房建筑体系、装配式多层框架建筑体系、装配式大板住宅建筑体系等。从 20 世纪 60 年代初到 80 年代中期,预制构件生产经历了研究、快速发展、使用、发展停滞等阶段。到 20 世纪 80 年代中期,装配式建筑的应用达到了全盛时期,全国许多地方都形成了设计、制作和施工安装一体化的装配式建筑建造模式。装配式建筑和采用预制空心楼板的砌体建筑成为两种最主要的建筑体系,应用普及率达 70% 以上。

进入 21 世纪之后,随着国民经济快速发展,工业化与城镇化进程加快,劳动力成本不断增长,装配式混凝土结构的研究与应用逐渐升温,形成了良好的发展态势。

装配式混凝土结构是对建筑结构的长期探索及对现场施工方式改进的深刻认识与应用创新,作为传统生产方式的变革,它的发展必然与市场主导、政策推动、技术研发、企业管理等因素紧密相关。近几年来,随着地方政府的积极推进和企业的积极响应,装配式混凝土结构得到空前迅猛发展。

装配式建筑
发展概况、技术
体系及案例分享

五、装配式混凝土结构的应用现状

1. 结构体系应用现状

(1) 装配整体式混凝土剪力墙结构。

新型的装配式混凝土建筑发展是从装配式混凝土住宅开始的,剪力墙结构无梁、柱外露,深受国人的认可,近些年来,装配整体式混凝土剪力墙结构住宅(图 1-4)在国内迅速发展,得到了大量的应用。目前,国内已经有大量的工程实践,主要做法有以下三种。

① 部分或全部预制剪力墙承重体系。通过竖缝节点区后浇混凝土和水平缝节点区后浇混凝土带或圈梁实现结构的整体连接;竖向受力钢筋采用套筒灌浆、浆锚搭接等连接技术进行连接。北方地区外墙板一般采用预制夹心保温墙板(图 1-5),它由内叶墙板、夹心保温层、外叶墙板三部分组成,内叶墙板和外叶墙板之间通过拉结件联系,可实现外装修、保温、承重一体化。这种做法是《装配式混凝土结构技术规程》(JGJ 1—2014)推荐的主要方法,可用于高层剪力墙结构。

图 1-4　装配整体式混凝土剪力墙结构住宅　　　图 1-5　预制夹心保温墙板

② 预制剪力墙外墙板(图1-6)。即剪力墙外墙通过预制的混凝土外墙模板和现浇部分形成,其中预制外墙模板设桁架钢筋与现浇部分连接,可部分参与结构受力。该种做法目前已纳入上海市工程建设规范《装配整体式混凝土居住建筑设计规程》(DG/T J08-2071—2016)。

③ 叠合板式混凝土剪力墙(图1-7)。即将剪力墙从厚度方向划分为三层,内、外两层预制,通过桁架钢筋连接,中间现浇混凝土;墙板竖向分布钢筋和水平分布钢筋通过附加钢筋实现间接搭接。目前这种做法已经纳入安徽省地方标准《叠合板式混凝土剪力墙结构技术规程》(DB34/T 810—2020)。

图1-6　预制剪力墙外墙板　　　　图1-7　叠合板式混凝土剪力墙结构

(2) 装配整体式混凝土框架结构。

装配整体式混凝土框架结构体系主要参考了日本和我国台湾地区的技术,柱竖向受力钢筋采用套筒灌浆技术进行连接,主要做法分为两种:一种是节点区域预制(或梁柱节点区域和周边部分构件一并预制),这种做法将框架结构施工中最为复杂的节点部分在工厂进行预制,避免了节点区各个方向钢筋交叉避让的问题,但预制构件要求的精度较高,且预制构件尺寸较大,运输较困难;另一种是梁、柱各自预制为线性构件,节点区域现浇(图1-8),采用这种做法的预制构件非常规整,但节点区域钢筋交叉现象比较严重,这也是该种做法需要考虑的最为关键的环节,考虑目前我国构件厂和施工单位的工艺水平,《装配式混凝土结构技术规程》(JGJ 1—2014)推荐了这种做法。

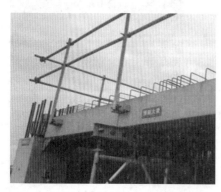 

图1-8　预制梁柱与节点区域现浇

（3）装配整体式混凝土框架-剪力墙结构。

目前，装配整体式混凝土框架-剪力墙结构的试验研究工作还较少，《装配式混凝土结构技术规程》（JGJ 1—2014）仅限于使用框架预制、剪力墙现浇的做法。当前，国内正在进行装配整体式预制框架-预制剪力墙结构体系的研究。

以上三种主要的结构体系都是基于基本等同现浇混凝土结构的设计概念，其设计方法与现浇混凝土结构基本相同。

2. 预制构件生产技术应用现状

随着装配式混凝土结构的大量应用，各地预制构件生产企业在逐步增加，其生产技术也得到了广泛应用，相关构件包括预制墙板、梁、柱、叠合板、阳台、空调板、女儿墙，每类构件都包括各种形式。

新型的装配式建筑对预制构件的要求相对较高，主要表现为：构件尺寸及各类预埋预留定位尺寸精度要求高，外观质量要求高，集成化程度高等。这些都要求生产企业在工厂化生产构件技术方面有更高的水平。

在生产线方面有固定台座或定型模具的生产方式，也有机械化、自动化程度较高的流水线生产方式，在生产应用中针对各种构件的特点各有优势。为追求建筑立面效果以及构件美观，清水混凝土预制技术、饰面层反打技术、彩色混凝土等相关技术也得到了很好的应用。其他如脱模剂、露骨料缓凝剂等诸多生产技术也在不断发展，并有长足的进步。

预制构件生产技术较现场现浇混凝土更为严格，质量也有所提高。虽然《装配式混凝土结构技术规程》（JGJ 1—2014）中，对预制构件的制作和质量验收提出了初步的要求，但是随着预制技术的迅速发展和提高，其内容还有待完善和补充。目前，许多地方标准，如北京、上海、沈阳、合肥、福建等地出台的专门的预制构件制作、施工及质量验收标准，为该项工作提供了技术保障。

3. 连接技术应用现状

装配式混凝土结构通过构件与构件、构件与后浇混凝土、构件与现浇混凝土等关键部位的连接保证结构的整体受力性能，连接技术的选择是设计中最为关键的环节。目前，由于我国主要采用等同现浇的设计概念，高层建筑基本上采用装配整体式混凝土结构，即在预制构件之间，通过可靠的连接方式，与现场后浇混凝土、水泥基灌浆料等形成整体的装配式混凝土结构。竖向受力钢筋的连接方式主要有钢筋套筒灌浆连接、浆锚搭接连接；现浇混凝土结构中的搭接、焊接、机械连接等钢筋

住建部落实装配式建筑项目视频

连接技术在施工条件允许的情况下也可以使用。除了上述这些连接技术外，目前，国内也在致力于研发相关的干式连接技术，例如通过型钢进行构件之间的连接等。

4. 施工技术应用现状

装配式混凝土结构与现浇混凝土结构是两种截然不同的施工方法。现行装配式混凝土结构施工中，部分构件是在工厂预制的，并在现场通过后浇段或钢筋连接技术装配成整体，因此施工现场的模板工程、混凝土工程、钢筋工程大幅度减少，预制构件的运输、吊运、安

装配式混凝土结构研究现状及展望

装、支撑等较多,并成为施工中的关键。多年以来,现浇混凝土施工已经成为我国建筑业最主要的生产方式,劳动工人多为农民工,技术含量低,并缺乏相应的技术培训。因此,当前装配式混凝土结构施工中最大的问题是技术工人缺乏,且施工单位的施工组织计划还未能适应施工方式的较大变化。目前,许多装配式混凝土结构的施工现场还处于粗放生产的状态,精细程度不足,质量不能得到有效保障。

项目二　装配式混凝土结构工程主要环节

装配式混凝土结构工程的主要环节包括装配式混凝土结构设计、装配式混凝土结构预制构件制作、装配式混凝土结构施工和装配式混凝土结构质量验收等相关内容。

一、装配式混凝土结构设计

设计是装配式混凝土结构工程形成的首要环节。装配式混凝土结构设计应充分体现标准化设计理念,在满足建筑使用功能的前提下,应采用标准化、系统化的设计方法,

PC 生产线动画

编制设计、制作和施工安装成套设计文件。在前期规划与方案设计阶段,各专业应充分配合,结合建筑功能与造型,设计好建筑各部位采用的预制混凝土构配件,因地制宜地采用新材料、新技术和新产品,尽量达到各部品之间的集成化和工业化生产,实现建筑、结构、机电设备、室内装修的一体化协同设计。

二、装配式混凝土结构预制构件制作

预制构件制作应编制生产方案,并应有保证生产质量要求的生产工艺和设施、设备,配有相应的生产车间(图1-9)。预制构件的制作宜在工厂进行,生产工人应根据岗位要

图 1-9　预制构件生产车间

求进行专业技能岗位培训。生产企业应根据构件型号、形状、几何尺寸、质量等特点制订相应的工艺流程,明确质量要求和控制要点,对构件生产全过程进行质量控制和管理,构件生产完毕还应进行验收,将合格的产品统一进行标识和存放。

三、装配式混凝土结构施工

装配式混凝土结构施工时,应具有健全的施工组织方案、技术标准、施工方法。施工前,应编制专项施工方案,并选择有代表性的单元或重点过程进行试制作、试安装。施工时,根据制订的施工方案,做好人工、机械、材料的各项准备工作后,即可进行装配式混凝土结构的施工,其施工过程即 PC 部品组装过程,如图 1-10 所示。

图 1-10　PC 部品组装过程

四、装配式混凝土结构质量验收

装配式混凝土结构工程的质量验收主要分为首件验收和首段验收。

首件验收是为避免因生产中的各种因素而导致预制构件不能满足设计与施工质量验收规范要求而进行的验收,相关人员应对首个预制构件进行验收,以形成首件验收记录,当验收合格后,才能投入大批量的施工建设。首段验收是为大面积施工提供样板引路的重要条件,施工技术人员应综合多方面因素,在完成施工段预制构件安装与现浇混凝土之后,对首段进行验收控制,以此保证后续工程施工建设的质量。

PC 成套设备
整体解决方案

项目三　装配式混凝土结构主要材料

一、混凝土

1. 混凝土的组成

混凝土(图1-11)是由胶凝材料将集料胶结成整体的工程复合材料的统称。通常说的混凝土是指用水泥(图1-12)作胶凝材料,用砂石(图1-13)作集料,与水(可含添加剂和掺和料)按一定比例配合,经搅拌而制得的水泥混凝土,也称普通混凝土。它是由水泥、粗集料(碎石或卵石)、细集料(砂)、添加剂(图1-14)和水拌和,经硬化而成的一种人造石材。

图1-11　混凝土

图1-12　水泥

图1-13　砂石

图1-14　添加剂

砂石在混凝土中起骨架作用,并抑制水泥的收缩;水泥和水形成水泥浆,包裹在粗、细集料表面并填充集料间的空隙。水泥浆体在硬化前起润滑作用,使混凝土拌合物具有良好的工作性能,硬化后将集料胶结在一起,形成坚固的整体。

2. 混凝土的技术性能

混凝土在凝结硬化前,称为混凝土拌合物(或称新拌混凝土)。它必须具有良好的和易性,便于施工,才能保证获得良好的浇筑质量;混凝土拌合物凝结硬化后,应具有足够的强度,以保证建筑物能安全地承受设计荷载,并应具有必要的耐久性。

(1)混凝土拌合物的和易性。

和易性是指混凝土拌合物易于施工操作(搅拌、运输、浇筑、捣实)并能获得质量均匀、成型密实的性能,又称工作性。和易性是一项综合的技术性质,包括流动性、黏聚性和保水性三方面的含义。流动性是指混凝土拌合物在自重或机械振捣的作用下,能产生流动性,并均匀密实地填满模板的性能;黏聚性是指在混凝土拌合物的组成材料之间有一定的黏聚力,在施工过程中不致发生分层和离析现象的性能;保水性是指混凝土拌合物具有一定的保水能力,在施工过程中不致产生严重的泌水现象的性能。通常情况下,判定混凝土和易性的好坏是通过流动性、黏聚性和保水性来综合评定的,如图 1-15 所示。在实际施工中,也有相应地判定流动性、黏聚性和保水性的方法,如图 1-16 所示。

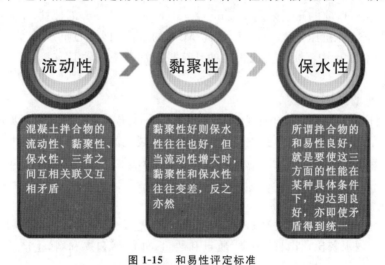

图 1-15 和易性评定标准

图 1-16 施工中和易性的判定方法

(2)混凝土的强度。

① 混凝土立方体抗压强度。

按《混凝土物理力学性能试验方法标准》(GB/T 50081—2019),制作边长为 150 mm 的立方体试件,在标准条件下,养护到 28 d 龄期,测得的抗压强度值为混凝土立方体试件抗压强度,用 f_{cu} 表示,单位为 N/mm² 或 MPa。

② 混凝土立方体抗压标准强度与强度等级。

混凝土立方体抗压标准强度(或称立方体抗压强度标准值)是指按标准方法制作和养护的边长为 150 mm 的立方体试件,在 28 d 龄期,用标准试验方法测得的抗压强度总体分布中不低于 95%保证率的抗压强度值,用 $f_{cu,k}$ 表示。

混凝土强度等级是按混凝土立方体抗压标准强度来划分的,采用符号 C 与立方体抗压强度标准值(单位为 MPa)表示。普通混凝土划分为 C15、C20、C25、C30、C35、C40、C45、C50、C55、C60、C65、C70、C75 和 C80 共 14 个等级,C30 即表示混凝土立方体抗压强度标准值满足 30 MPa≤$f_{cu,k}$<35 MPa。混凝土强度等级是混凝土结构设计、施工质量控制和工程验收的重要依据。

③ 混凝土的轴心抗压强度。

轴心抗压强度 f_c 的测定采用 150 mm×150 mm×300 mm 的棱柱体作为标准试件。试验表明,在立方体抗压强度 f_{cu}=10~55 MPa 的范围内,轴心抗压强度 f_c=(0.70~0.80)f_{cu}。结构设计中混凝土受压构件的计算采用混凝土的轴心抗压强度,更加符合工程实际。

④ 混凝土的抗拉强度。

混凝土抗拉强度只有抗压强度的 1/20 ~ 1/10,且随着混凝土强度等级的提高,比值有所降低。在结构设计中抗拉强度是确定混凝土抗裂度的重要指标,有时也用它来间接衡量混凝土与钢筋的黏结强度等。我国采用立方体的劈裂抗拉试验来测定混凝土的劈裂抗拉强度,并可换算得到混凝土的轴心抗拉强度。

⑤ 影响混凝土强度的因素。

影响混凝土强度的因素主要有原材料及生产工艺方面的因素。原材料方面的因素包括水泥强度与水灰比,骨料的种类、质量和数量,外加剂和掺和料;生产工艺方面的因素包括搅拌与振捣、养护的温度和湿度、龄期。

(3)混凝土的变形性能。

混凝土的变形主要分为两大类:非荷载型变形和荷载型变形。非荷载型变形指由物理化学因素引起的变形,包括化学收缩、碳化收缩、干湿变形、温度变形等。荷载型变形又可分为在短期荷载作用下的变形和长期荷载作用下的变形。

(4)混凝土的耐久性。

混凝土的耐久性是指混凝土抵抗环境介质作用并长期保持其良好的使用性能和外观完整性的能力。它是一个综合性概念,包括抗渗、抗冻、抗侵蚀、碳化、碱-骨料反应及混凝土中的钢筋锈蚀等性能,这些性能均决定着混凝土经久耐用的程度,故称为耐久性。

① 抗渗性。混凝土的抗渗性直接影响混凝土的抗冻性和抗侵蚀性。混凝土的抗渗性用抗渗等级表示,分为 P4、P6、P8、P10、P12 共五个等级。混凝土的抗渗性主要与其密实度及内部孔隙的大小和构造有关。

② 抗冻性。混凝土的抗冻性用抗冻等级表示,分为 F10、F15、F25、F50、F100、F150、F200、F250 和 F300 共九个等级,抗冻等级 F50 以上的混凝土简称抗冻混凝土。

③ 抗侵蚀性。当混凝土所处环境中含有侵蚀性介质时,要求混凝土具有抗侵蚀能力。侵蚀性介质包括软水、硫酸盐、镁盐、碳酸盐、一般酸、强碱、海水等。

④ 混凝土的碳化。混凝土的碳化是环境中的二氧化碳与水泥石中的氢氧化钙作用,生成碳酸钙和水。碳化使混凝土的碱度降低,削弱混凝土对钢筋的保护作用,可能导致钢筋锈蚀;碳化显著增强混凝土的收缩作用,使混凝土抗压强度增大,但可能产生细微裂缝,而使混凝土抗拉、抗折强度降低。

⑤ 碱-骨料反应。碱-骨料反应是指水泥中的碱性氧化物含量较高时,会与骨料中所含的活性二氧化碳发生化学反应,并于骨料表面生成碱-硅酸凝胶,吸水后会产生较大的体积膨胀,导致混凝土发生胀裂。

二、钢筋与型钢

1. 钢筋

（1）钢筋的概念与特点。

钢筋是指钢筋混凝土用钢筋和预应力钢筋混凝土用钢材,其截面为圆形,有时为带有圆角的方形,包括光圆钢筋和带肋钢筋、扭转钢筋。钢筋混凝土用钢筋是指钢筋混凝土配筋用的直条或盘条状钢材,交货状态为直条（图 1-17）和盘圆（图 1-18）两种。

图 1-17　直条钢筋　　　　　　　　　图 1-18　盘圆钢筋

钢筋具有较好的抗拉、抗压强度,同时,与混凝土结合具有很好的握裹力。因此,两者结合形成的钢筋混凝土,既充分发挥了混凝土的抗压强度,又充分发挥了钢筋的抗拉强度,是一种耐久性、防火性很好的结构受力材料。

（2）钢筋的种类。

钢筋种类很多,通常按化学成分、生产工艺、轧制外形、供应形式、直径以及在结构中的用途进行分类。钢筋的分类见表 1-1。

表 1-1   钢筋的分类

序号	分类方式	类别	适用范围
1	轧制外形	光圆钢筋	HPB300 级钢筋均轧制为光面圆形钢筋,供应形式为盘圆,直径不大于 10 mm,长度为 6～12 m
		带肋钢筋	有螺旋形、人字形和月牙形三种,一般 HRB335、HRBF335、HRB400、HRBF400c 级钢筋轧制成人字形,HRB500、HRBF500 级钢筋轧制成螺旋形及月牙形
		钢线	分低碳钢丝和碳素钢丝两种及钢绞线
		冷轧扭钢筋	经冷轧并冷扭成型
2	直径大小	钢丝	直径 3～5 mm
		细钢筋	直径 6～10 mm
		粗钢筋	直径大于 22 mm
3	强度等级	HRB300 级钢筋	300/420 级
		HRB335 级钢筋	335/455 级
		HRB400 级钢筋	400/540 级
		HRB500 级钢筋	500/630 级
4	生产工艺	热轧、冷轧、冷拉的钢筋,还有以 HRB500、HRBF500 级钢筋经热处理而成的热处理钢筋,强度比前者更高	
5	在结构中的用途	受压钢筋、受拉钢筋、架立钢筋、分布钢筋、箍筋等	

(3) 钢筋的质量要求。

装配式结构中,钢筋的各项力学性能指标均应符合《混凝土结构设计标准(2024 年版)》(GB/T 50010—2010)的规定。其中,采用套筒灌浆连接和浆锚搭接连接的钢筋应采用热轧带肋钢筋,其屈服强度标准值应不大于 500 MPa,极限强度标准值应不大于 630 MPa。

装配式混凝土构件不能使用冷拔钢筋。当用冷拉法调直钢筋时,必须控制冷拉率。光圆钢筋冷拉率应小于 4%,带肋钢筋冷拉率应小于 1%。

预制混凝土构件用钢筋应符合《钢筋混凝土用钢 第 1 部分:热轧光圆钢筋》(GB 1499.1—2017)、《钢筋混凝土用钢 第 2 部分:热轧带肋钢筋》(GB/T 1499.2—2024)、《冷轧带肋钢筋》(GB/T 13788—2024)等的有关规定,并应符合以下要求:

① 受力钢筋宜使用屈服强度标准值为 400 MPa 和 500 MPa 的热轧钢筋;

② 进场钢筋应按规定进行见证取样检测,检验合格后方可使用;

③ 钢筋进场应按批次的级别、品种、直径和外形分类码放,并注明产地、规格、品种和质量检验状态等;

④ 预制混凝土构件用钢筋应具备质量证明文件,并应符合设计要求;

⑤ 预制混凝土构件中的钢筋焊接网应符合《钢筋混凝土用钢 第 3 部分:钢筋焊接网》(GB/T 1499.3—2022)的有关规定。

（4）钢筋的验收要求。

钢筋应按检验批进行检查和验收。每批由同一牌号、同一炉罐号、同一尺寸的钢筋组成，每检验批质量通常不超过 60 t。

钢筋验收时，当满足下列条件之一时，其检验批容量可扩大一倍：

① 经产品认证符合要求的钢筋；

② 同一工程、同一厂家、同一牌号、同一规格的钢筋，连续三次进场检验均一次检验合格。

2. 型钢

（1）型钢的概念与特点。

型钢是一种有一定截面形状和尺寸的条形钢材，是钢材四大品种（板、管、型、丝）之一。型钢的截面形式合理，材料在截面上的分布对受力极为有利。由于其形状较简单，尺寸分级较少，所以便于轧制，构件之间的相互连接也较为方便。

（2）型钢的种类。

在实际使用中，型钢按其断面形状主要分为 H 型钢（图 1-19）、工字钢（图 1-20）、槽钢（图 1-21）、角钢（图 1-22）、圆钢（图 1-23）等。

图 1-19　H 型钢　　　　图 1-20　工字钢　　　　图 1-21　槽钢

图 1-22　角钢　　　　　图 1-23　圆钢

（3）型钢的质量要求。

装配式混凝土结构中，型钢的各项性能指标均应符合《钢结构设计标准》（GB 50017—2017）的规定。型钢钢材宜采用 Q235 等级 B、C、D 的碳素结构钢及 Q345 等级 B、C、D、E 的低合金高强度结构钢。

（4）型钢的验收要求。

型钢应按检验批进行检查和验收。同一工程、同一类型、同一原材料来源、同一组生产设备生产的型钢,检验批质量不应大于 30 t。

型钢验收时,当满足下列条件之一时,其检验批质量可扩大一倍:

① 经产品认证符合要求的型钢;

② 同一工程、同一厂家、同一牌号、同一规格的型钢,连续三次进场检验均一次检验合格。

项目四 装配式混凝土结构连接材料

装配式混凝土结构连接材料包括钢筋连接用灌浆套筒、机械套筒、套筒灌浆料、浆锚搭接灌浆料、灌浆导管、灌浆孔塞、灌浆堵缝料、预埋件(预埋螺栓、预埋螺母、预埋吊件)和夹心墙板拉结件。

一、灌浆套筒和机械套筒

装配式混凝土结构采用套筒连接时,其套筒性能应符合下列规定:

① 屈服强度不应小于 355 MPa;抗拉强度不应小于 600 MPa。

② 连接套筒长度允许偏差 0~4 mm。

③ 套筒一端采用钢筋螺纹连接部分的精度应符合《普通螺纹 公差》(GB/T 197—2018)规定的 6 级精度要求。

1. 灌浆套筒

灌浆套筒是金属材质圆筒,用于钢筋连接。两根钢筋从套筒两端插入,套筒内注满水泥基灌浆料,通过灌浆料的传力作用实现钢筋对接。

装配式混凝土
灌浆技术

两端均采用套筒灌浆料连接的套筒为全灌浆套筒。一端采用套筒灌浆连接方式,另一端采用机械连接方式(如螺旋方式)连接的套筒为半灌浆套筒。灌浆套筒是装配式混凝土结构最主要的连接构件,用于纵向受力钢筋的连接。灌浆套筒如图 1-24 所示,灌浆套筒灌浆示范如图 1-25 所示。

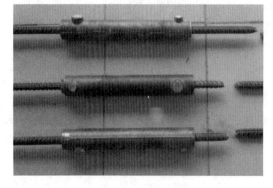

图 1-24 灌浆套筒

图 1-25 灌浆套筒灌浆示范图

钢筋套筒的使用和性能应符合《钢筋套筒灌浆连接应用技术规程》(JGJ 355—2015)、《钢筋连接用灌浆套筒》(JG/T 398—2019)的规定。

《钢筋套筒灌浆连接应用技术规程》(JGJ 355—2015)的强制性条款 3.2.2 规定:"钢筋套筒灌浆连接接头的抗拉强度不应小于连接钢筋抗拉强度标准值,且破坏时应断于接头外钢筋。"

2. 机械套筒

机械套筒不是预埋在混凝土中,而是在浇筑混凝土前连接钢筋,与焊接、搭接的作用一样,其材质与灌浆套筒相同。机械套筒与钢筋连接方式包括螺纹连接和挤压连接,最常用的是螺纹连接。对接的两根受力钢筋的端部都制成有螺纹的端头,将机械套筒旋在两根受力钢筋上,如图 1-26 所示。

图 1-26　机械套筒示意图

机械套筒在混凝土结构工程中的应用较为普遍。机械连接套筒的性能和应用符合《钢筋机械连接技术规程》(JGJ 107—2016)的规定。

二、套筒灌浆料

钢筋连接用套筒灌浆料以水泥为基本材料,并配以细骨料、外加剂及其他材料混合成干混料,按照规定比例加水搅拌后,具有流动性、早强、高强及硬化后微膨胀的特点。

套筒灌浆料的使用和性能应符合现行行业标准《钢筋套筒灌浆连接应用技术规程》(JGJ 355—2015)和《钢筋连接用套筒灌浆料》(JG/T 408—2019)的规定。两个行业标准给出了套筒灌浆料的技术性能,见表 1-2。

表 1-2　　　　　　　　　　　　　　**套筒灌浆料的技术性能参数**

项目		性能指标
流动度/mm	初始	≥300
	30 min	≥260
抗压强度/MPa	1 d	≥35
	3 d	≥60
	28 d	≥85
竖向膨胀率/%	3 h	0.02~2
	24 h 与 3 h 差值	0.02~0.40
28 d 自干燥收缩/%		≤0.045
氯离子含量/%		≤0.03
泌水率/%		0

注:氯离子含量以灌浆料总量为基准。

套筒灌浆料应当与套筒配套选用,应按照产品设计说明所要求的用水量进行配置,按照产品说明进行搅拌,灌浆料使用温度不宜低于 5 ℃。

三、浆锚搭接灌浆料

浆锚搭接用的灌浆料也是水泥基灌浆料,但其抗压强度低于套筒灌浆料。由于浆锚孔壁的抗压强度低于套筒的抗压强度,浆锚搭接灌浆料就没有必要有像套筒灌浆料那么高的强度。《装配式混凝土结构技术规程》(JGJ 1—2014)第4.2.3条给出了钢筋浆锚搭接连接接头用灌浆料的性能要求,见表1-3。

表1-3　　　　　钢筋浆锚搭接连接接头用灌浆料性能要求

项目		性能指标	试验方法标准
泌水率/%		0	《普通混凝土拌合物性能试验方法标准》(GB/T 50080—2016)
流动度/mm	初始值	≥200	《水泥基灌浆材料应用技术规范》(GB/T 50448—2015)
	30 min 保留值	≥150	
竖向膨胀率/%	3 h	≥0.02	《水泥基灌浆材料应用技术规范》(GB/T 50448—2015)
	24 h 与 3 h 的膨胀率之差	0.02~0.5	
抗压强度/MPa	1 d	≥35	《水泥基灌浆材料应用技术规范》(GB/T 50448—2015)
	3 d	≥55	
	28 d	≥80	
氯离子含量/%		≤0.06	《混凝土外加剂匀质性试验方法》(GB/T 8077—2023)

四、灌浆导管、灌浆孔塞、灌浆堵缝料

1. 灌浆导管

当灌浆套筒或浆锚孔距离混凝土边缘较远时,需要在装配式混凝土构件中埋置灌浆导管。灌浆导管一般采用PVC中型(M型)管,壁厚1.2 mm,即电气用的套管,外径应为套筒或浆锚孔灌浆出浆口的内径,一般是16 mm。

2. 灌浆孔塞

灌浆孔塞用于封堵灌浆套筒和浆锚孔的灌浆口与出浆孔,避免孔道被异物堵塞。灌浆孔塞可用橡胶塞或木塞。灌浆孔塞形状如图1-27所示。

3. 灌浆堵缝料

灌浆堵缝料用于灌浆构件的接缝,如图1-28所示,有橡胶条、木条和封堵速凝砂浆等,日本也有使用充气橡胶条的情况。灌浆堵缝料要求封堵密实,不漏浆,作业便利。封堵速凝砂浆是一种高强度水泥基砂浆,强度大于50 MPa,具有可塑性好、成型后不塌落、凝结速度快和干缩变形小的性能,是一种常用的灌浆堵缝料。

图 1-27　灌浆孔塞

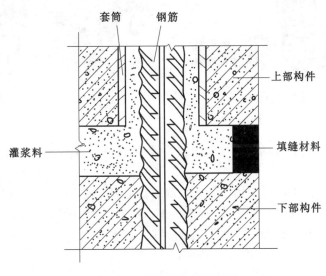

图 1-28　灌浆堵缝料示意图

五、预埋件

1. 预埋件的基本要求

（1）预埋件的材料、品种、规格、型号应符合现行国家相关标准的规定和设计要求。

（2）预埋件的材料、品种应按照预制构件制作图进行制作，并准确定位。预埋件的设置及检测应满足设计及施工要求。

（3）预埋件应按照不同材料、不同品种、不同规格分类存放并标识。

（4）预埋件应进行防腐防锈处理并应满足《工业建筑防腐蚀设计标准》（GB/T 50046—2018）、《涂覆涂料前钢材表面处理　表面清洁度的目视评定》四个部分（GB/T 8923.1～GB/T 8923.4）的有关规定。

2.预埋件的种类

(1) 预埋螺栓和预埋螺母。

预埋螺栓(图 1-29)是指将螺栓预埋在预制混凝土构件中,留出的螺栓丝扣用来固定构件,可起到连接固定作用。常见的做法是预制挂板通过在构件内预埋螺栓与预制叠合板或者阳台板进行连接,还有为固定其他构件而预埋螺栓。与预埋螺栓相对应的另一种方式是预埋螺母。预埋螺母的好处是构件的表面没有凸出物,便于运输和安装,如内丝套筒(图 1-30)属于预埋螺母。对于小型预制混凝土构件,预埋螺栓和预埋螺母在不影响正常使用和满足起吊受力性能的前提下也可当作吊钉使用。

图 1-29　预埋螺栓　　　　　　　　　　图 1-30　内丝套筒

(2) 预埋吊件。

预制混凝土构件曾用的预埋吊件主要为吊环,现在多采用圆头吊钉、套筒吊钉、平板吊钉。

① 圆头吊钉(图 1-31):适用于所有预制混凝土构件的起吊,例如墙体、柱子、横梁、水泥管道。它的特点是无须加固钢筋,拆装方便,性能卓越,使用操作简便。还有一种带眼圆头吊钉。通常,在尾部的孔中拴上锚固钢筋,以增强圆头吊钉在预制混凝土中的锚固力。

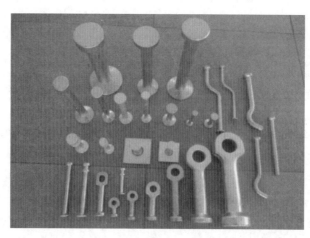

图 1-31　圆头吊钉

② 套筒吊钉(图 1-32):适用于所有预制混凝土构件的起吊。其优点是使用套筒吊钉

的预制混凝土构件表面平整;缺点是采用螺纹接驳器时,需要将接驳器的丝杆完全拧入套筒中,如果接驳器的丝杆没有拧到位或者接驳器的丝杆受到损伤,则可能降低其起吊能力,因此,较少在大型构件中使用套筒吊钉。

③ 平板吊钉(图1-33):适用于所有预制混凝土构件的起吊,尤其适合墙板类薄型构件,平板吊钉种类繁多,选用时应根据厂家的产品手册和指南选用。平板吊钉的优点是起吊方式简单,安全可靠,它正得到越来越广泛的运用。

图1-32 套筒吊钉

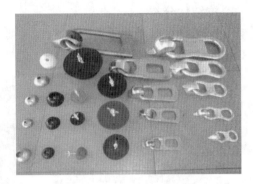

图1-33 平板吊钉

六、夹心墙板拉结件

1. 拉结件简介

夹心墙板即"三明治"板,是两层钢筋混凝土板中间夹着保温材料的装配式混凝土结构构件。两层钢筋混凝土板(内叶板和外叶板)靠拉结件连接(图1-34、图1-35),以使内外层墙板形成整体。拉结件宜选用纤维增强复合材料或不锈钢薄板加工制成。供应商应提供拉结件的材料性能和连接性能技术标准要求。当有可靠依据时,也可以采用其他类型的连接件。

图1-34 夹心墙板拉结件连接图

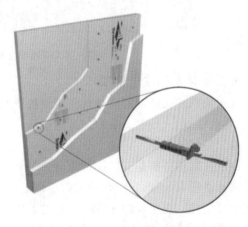

图1-35 夹心墙板拉结件

拉结件是涉及建筑安全和正常使用的连接件,须具备以下性能:

① 在内叶板和外叶板中锚固牢固,在荷载的作用下不能被拉出;

② 有足够的强度,在荷载的作用下不能被拉断、剪断;

③ 有足够的刚度,在荷载的作用下不能变形过大,导致外叶板发生位移;

④ 导热系数尽可能小,减少热桥;

⑤ 具有耐久性、防锈蚀性和防火性。

2. 拉结件分类

目前,在夹心墙板中使用的拉结件,主要有玻璃纤维拉结件(图 1-36)、玄武岩纤维钢筋拉结件(图 1-37)、不锈钢拉结件(图 1-38)。

图 1-36　玻璃纤维拉结件

图 1-37　玄武岩纤维钢筋拉结件

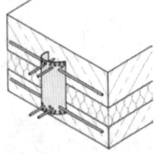

图 1-38　不锈钢拉结件及构造方法

3. 拉结件选用注意事项

技术成熟的拉结件厂家会向使用者提供拉结件抗拉强度、抗剪强度、弹性模量、导热系数、耐久性、防火性等力学物理性能指标,并提供布置原则、锚固方法、力学和热工计算资料等。

由于拉结件特别是进口拉结件成本较高,为了降低成本,一些装配式建筑工厂自制或采购价格便宜的拉结件,有的工厂用钢筋做拉结件,还有的工厂用煨成扭"Z"字形塑料钢筋做拉结件。选用拉结件时应注意如下事项:

① 鉴于拉结件在建筑安全和正常使用方面的重要性,宜向专业厂家选购拉结件。

② 拉结件在混凝土中的锚固方式应当有充分可靠的试验结果支持。外叶板厚度较薄,一般厚度只有 60 mm,最薄的板的厚度只有 50 mm,对锚固的不利影响要充分考虑。

③ 连接件位于保温层温度变化区,也是水蒸气结露区,用钢筋做连接件时,表面涂刷防锈漆的防锈蚀方式耐久性不可靠;镀锌方式要保证使用 50 年,也必须保证一定的镀层厚度,应根据当地的环境条件进行计算确定。

④ 塑料钢筋制作的拉结件,应当进行耐碱性能试验和模拟气候条件的耐久性试验。塑料钢筋一般用普通玻璃纤维制作,而不是耐碱玻璃纤维。普通玻璃纤维在混凝土中的耐久性得不到保证,所以,塑料钢筋目前只是作为临时项目使用的钢筋。对此,拉结件使用者应当注意。

项目五　装配式混凝土结构辅助材料

装配式混凝土结构的辅助材料是指与预制构件有关的材料,主要包括密封材料和保温材料。

一、密封材料

装配式混凝土结构常用的密封材料有两类,分别是建筑密封胶和密封橡胶条。

1. 建筑密封胶

装配式混凝土结构外墙板和外墙构件接缝需用建筑密封胶,有如下要求:

① 建筑密封胶应与混凝土具有相容性。没有相容性的密封胶粘不住,容易与混凝土脱离。国外装配式混凝土结构密封胶特别强调这一点。

② 密封胶性能应符合《混凝土接缝用建筑密封胶》(JC/T 881—2017)的规定。

③《装配式混凝土结构技术规程》(JGJ 1—2014)要求:硅酮、聚氨酯、聚硫密封胶应分别符合《硅酮和改性硅酮建筑密封胶》(GB/T 14683—2017)、《聚氨酯建筑密封胶》(JC/T 482—2022)和《聚硫建筑密封胶》(JC/T 483—2022)的规定。

④ 应当有较好的弹性,可压缩比率大。

⑤ 具有较好的耐候性、环保性和可涂装性。

⑥ 接缝中的背衬可采用发泡氯丁橡胶或聚乙烯塑料棒。

目前市面上较好的建筑密封胶主要是 MS 胶。MS 胶也称硅烷改性聚醚密封胶。由于不含甲醛,不含异氰酸酯,具有无溶剂、无毒、无味、低 VOC(挥发性有机物)释放等突出的环保特性,对环境和人体亲和,MS 胶适用于绝大多数建筑基材,还具有良好的施工性、黏结性、耐久性及耐候性,尤其是具有非污染性和可涂饰性,在建筑上有着广泛的应用。

建筑密封胶作为装配式混凝土结构的辅助材料,在现行市场上涌现出多种品牌。国外著名品牌有 SABA(赛佰)、Henkel(汉高)、Sikaflex(西卡)、Bostik(波士胶)和 Sunstar(盛势达);国内著名品牌有白云、安泰等。在实际施工过程中,可以根据具体情况进行选择。

2. 密封橡胶条

装配式建筑所用的密封橡胶条用于板缝节点,与建筑密封胶共同构成多重防水体系。密封橡胶条是环形空心橡胶条,应具有较好的冲击弹性、耐老化性、耐候性和耐化学腐蚀性,如图 1-39 所示。

图 1-39 不同形状的密封橡胶条

二、保温材料

1.保温材料的种类

保温材料依据材料性质来分,大体可分为有机材料、无机材料和复合材料。不同的保温材料性能各异,材料的导热系数是衡量保温材料的重要指标。

（1）聚苯板。

聚苯板(图 1-40)全称聚苯乙烯泡沫板,又名泡沫板或 EPS 板,是由含有挥发性液体发泡剂的可挥发性聚苯乙烯珠粒,经加热预发后在模具中加热成型的具有微细闭孔结构的白色固体,其导热系数为 0.035～0.052 W/(m·K)。

（2）挤塑聚苯板。

挤塑聚苯板(图 1-41)简称 XPS 板,它也是聚苯板的一种,只不过生产工艺是挤塑成型,其导热系数为 0.030 W/(m·K)。该种板集防水和保温作用于一体,刚度大,抗压性好,导热系数低。

图 1-40 聚苯板

图 1-41 挤塑聚苯板

（3）石墨聚苯板。

石墨聚苯板（图1-42）俗称"黑泡沫"或"黑板"，是化工巨头巴斯夫公司的经典产品，其导热系数为 0.033 W/(m·K)。石墨聚苯板不仅具有很强的防火性能，而且保温性能也很好，是目前所有保温材料中性价比最优的保温产品。因为聚苯板保温产品在保温领域里的应用最广泛，不论是欧洲还是国内，聚苯板保温体系都占有最大的市场份额。

（4）真金板。

真金板（图1-43）是采用国际先进水平的相变包裹隔热蓄能技术加工而成，并具有断热阻隔连续蜂窝状结构，经过改性处理，防火性能达到 A2 级，泡沫颗粒本身不会燃烧的板材。亚士创能公司研发的真金板是目前国内最成功的一个产品，它的导热系数为0.036 W/(m·K)。

图 1-42 石墨聚苯板

图 1-43 真金板

（5）泡沫混凝土板。

泡沫混凝土板（图1-44）又称发泡水泥、轻质混凝土等，是一种利废、环保、节能、低廉且具有不燃性的新型建筑节能材料，它的导热系数为 0.070 W/(m·K)。

（6）泡沫玻璃保温板。

泡沫玻璃保温板（图1-45）最早是由美国匹兹堡康宁公司发明的，是由碎玻璃、发泡剂、改性添加剂和发泡促进剂等，经过细粉碎和均匀混合后，再经过高温熔化、发泡、退火而制成的无机非金属玻璃材料。其导热系数为 0.062 W/(m·K)。

图 1-44 泡沫混凝土板

图 1-45 泡沫玻璃保温板

（7）发泡聚氨酯板。

发泡聚氨酯板（图1-46）是单一有机保温材料中性能最好的保温材料，它的导热系数为0.024 W/(m·K)。发泡聚氨酯板的主要性能指标应符合《聚氨酯硬泡复合保温板》(JG/T 314—2012)的要求。

（8）真空绝热板。

真空绝热板（图1-47）的导热系数为0.008 W/(m·K)，是现有保温材料中导热系数最低的板，其最大的优势就是保温性能强，不过该板材也有致命缺陷，例如真空度难以保持，若是发生破损，板材的保温性能即会骤降。

图1-46　发泡聚氨酯板　　　　　　　　　图1-47　真空绝热板

2. 保温材料的性能要求

（1）预制夹心保温构件的保温材料应符合以下要求：

① 预制夹心保温构件的保温材料除应符合现行国家和地方标准的要求外，还应符合设计和当地消防部门的相关要求。

② 保温材料和填充材料应按照不同材料、不同品种、不同规格进行存储，并应具有相应的防护措施。

③ 保温材料和填充材料在进场时应查验出厂检验报告及合格证书，同时，按规定要求进行复检。

（2）夹心外墙板宜采用挤塑聚苯板或发泡聚氨酯板作为保温材料。夹心外墙板中的保温材料导热系数不宜大于0.040 W/(m·K)，体积比吸水率不宜大于0.3%，燃烧性能不应低于《建筑材料及制品燃烧性能分级》(GB 8624—2012)中B2级的要求。

➲ 单元小结

本单元内容包括装配式混凝土结构概述、装配式混凝土结构工程的主要环节、装配式混凝土结构的主要材料、连接材料和辅助材料。在装配式混凝土结构概述中，阐述了装配式混凝土结构的概念、特点、分类、发展历史和应用现状；在装配式混凝土结构工程的主要环节中，简述了结构设计、预制构件制作、结构施工和质量验收；在装配式混凝土结构的主要材料中，针对两大主材混凝土和钢筋（型钢），详细介绍了其技术性能和质量要求；在装配式混凝土结构的连接材料中，介绍了常用的材料，包括灌浆套筒、机械套筒、套筒灌浆料、浆锚搭接灌浆料、灌浆导管、灌浆孔塞、灌浆堵缝料、预埋件(预埋螺栓、预埋螺母、预埋吊件)和夹心墙板拉结件;在装配式混凝土结构的辅助材料中,介绍了密封材料和保温材料这两大类辅材的性能。

➡ 思考练习题

一、填空题

1.装配式混凝土结构简称为 PC 结构,是由 _____ 通过可靠的连接方式进行连接并与 _____ 、_____ 形成整体的混凝土结构。

2.装配式混凝土框架-现浇剪力墙结构,是由 _____ 和 _____ 两部分组成。

3.装配式混凝土结构工程的主要环节包括 _____ 、_____ 、_____ 和装配式混凝土结构质量验收等相关内容。

4.装配式混凝土结构工程的质量验收主要分为 _____ 验收和 _____ 验收。

5.混凝土的和易性是一项综合的技术性质,包括 _____ 、_____ 和 _____ 等三方面。

二、选择题

1.全部或部分剪力墙采用预制墙板构建成的装配式混凝土结构,称为( )。

A.装配式混凝土剪力墙结构　　　　　　　B.现浇式混凝土剪力墙结构
C.装配式混凝土框架结构　　　　　　　　D.现浇式混凝土框架结构

2.( )是装配式混凝土结构工程的首要环节。

A.预制构件制作　　　　　　　　　　　　B.设计
C.施工　　　　　　　　　　　　　　　　D.质量验收

3.由同一牌号、同一炉罐号、同一尺寸的钢筋组成的检验批,每检验批重量通常不超过( )。

A.10 t　　　　　　B.30 t　　　　　　C.60 t　　　　　　D.100 t

4.拉结件是保证建筑安全和正常使用的一种连接件,下列不属于其性能要求的是( )。

A.有足够的强度　　　　　　　　　　　　B.有足够的刚度
C.有足够的稳定性　　　　　　　　　　　D.有足够的防锈蚀性

5.现有保温材料中导热系数最低的板是( )。

A.挤塑聚苯板　　　　　　　　　　　　　B.泡沫玻璃保温板
C.发泡聚氨酯板　　　　　　　　　　　　D.真空绝热板

三、判断题

1.叠合剪力墙是将剪力墙从厚度方向划分为三层,内外两层预制,通过桁架钢筋连接,中间现浇混凝土来制成。　　　　　　　　　　　　　　　　　（　　）

2.装配式混凝土结构与现浇混凝土结构的施工方法基本相同。　　　　（　　）

3.混凝土的和易性是指混凝土拌合物易于施工操作(搅拌、运输、浇筑、捣实)并能获得质量均匀、成型密实的性能。　　　　　　　　　　　　　　　　　　　　　（　　）

4.混凝土的在荷载作用下的变形是指物理化学因素引起的变形,包括化学收缩、碳化收缩、干湿变形、温度变形等。　　　　　　　　　　　　　　　　　　　　　（　　）

四、简答题

1.简述装配式混凝土结构的特点。

2.装配式混凝土结构的分类有哪些?

3.简述装配式混凝土结构工程的主要环节。

4.简述混凝土拌合物的和易性。

5.装配式混凝土结构有哪些常用的连接材料?

思考练习题答案

单元二 预制装配式混凝土 建筑建造过程技术分解

5分钟看完
单元二

【内容提要】

　　本单元对预制装配式混凝土建筑建造过程进行技术分解,简述了不同阶段的技术水平和实施模式对建造成本的影响。对预制装配式建筑的设计阶段、生产阶段、运输阶段和施工安装阶段进行分阶段技术分解,介绍了有效的技术优化方案和工艺流程成本管理,为控制预制装配式混凝土建筑建造成本提供依据。

【教学要求】

　　➤ 了解装配式混凝土结构设计阶段的技术。
　　➤ 了解装配式混凝土结构生产阶段的技术。
　　➤ 了解装配式混凝土结构运输阶段的技术。
　　➤ 了解装配式混凝土结构施工安装阶段的技术。

　　预制装配式混凝土建筑整个建造过程的技术与现浇式混凝土建筑相比较发生了根本变化,成本也随之发生了变化。不同阶段的建造技术对成本有着不同的影响,本单元主要讨论预制装配式建筑的设计阶段、生产阶段、运输阶段和施工安装阶段的技术。对各阶段进行技术分解,深入了解各阶段的工艺流程、技术方案,探讨有效的优化和管理方案,达到控制预制装配式混凝土建筑建造成本的目的。

项目一 设计阶段的技术

　　预制装配式混凝土建筑设计不是单纯的设计施工图纸,而是要根据施工图纸进行构件拆分和深化设计,既要符合工程设计规范的图纸要求,又能满足工厂生产的构件加工图纸的要求,同时,又要考虑其运输的可能性和便利性,增加了设计工作量和难度。

　　与传统现浇建筑设计相比,预制装配式混凝土建筑设计要将所有的部品布置、构件深化设计包含在设计阶段。在设计阶段需综合考虑构件的种类、生产工艺、设备情况、制作成本等因素,进行比较,优选合适的构件拆分方案。预制构件的制作和生产要以预制装配式混凝土建筑设计的构件拆分图纸为依据,其拆分设计的合理性会直接影响建筑的成本。

预制装配式混凝土建筑设计通常分为两个阶段,第一阶段为按设计技术规范进行的建筑整体设计,第二阶段为预制构件拆分和专业集成后的加工图纸设计阶段。由于预制建筑设计有其特殊性,设计是否合理对预制混凝土构件的生产、运输、施工等环节的造价和经济性将产生很大的影响,所以在设计阶段要综合各阶段的影响因素,各专业间互为条件、相互制约,必须建立一体化同步设计的理念,通过相互配合与协助达到最优化方案。图 2-1 为基于一体化同步设计理念的系统分解图。

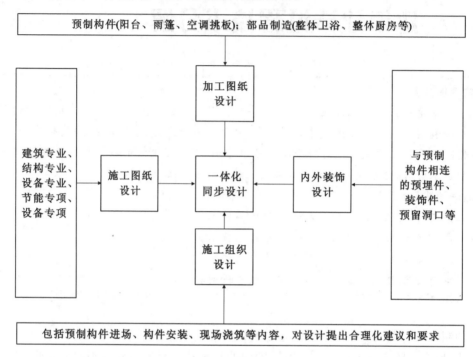

图 2-1　一体化同步设计系统分解图

传统建筑设计流程一般包括方案设计、初步设计、施工图设计,而预制装配式建筑设计流程一般包括前期策划、方案设计、初步设计、施工图设计、构件深化设计,下面重点分析一下前期策划和构件深化设计两个环节的内容。

一、前期策划

预制装配式建筑设计的前期策划阶段需要综合考虑多方面的因素。应充分考虑工厂加工能力、道路运输条件、现场安装水平、技术人员素质、专业集成程度,等等。充分协调建设单位、设计单位、制作单位、施工单位、设备材料单位等各方之间的关系,提升建筑、结构、设备、装修、节能等专业集成的程度。针对具体工程做好前期策划,在方案设计阶段统筹考虑设计、生产、施工等环节涉及的多方面的因素,使后续设计能顺利进行。

二、构件深化设计

1. 加工图设计阶段的构件拆分

构件拆分是预制混凝土构件深化设计的第一步，是在通常建筑设计的基础上对 PC 技术进行的延伸设计，是对建筑结构图纸的二次设计。拆分设计图纸时应按照工程结构特点、建筑结构图进行设计。

在装配式建筑构件拆分设计阶段，要加强建筑、结构、设备、装修等专业之间的配合，协调建设、设计、制作、施工各方之间的关系。在前期方案设计阶段，对预制构件设计、生产、安装、组织等进行相关分析，并进行有目的的构件拆分。

为了预制而去做预制，就失去了装配式建筑的真正意义，不要为了拆分而对构件强拆，要进行综合分析，考虑这样做对构件制作和施工是否有利。

2. 构件深化设计阶段中的专业集成

预制构件深化设计是 PC 建筑构件制作和施工的关键环节，对不同专业需求进行整合，完成深化设计。

在综合分析建筑专业图纸、结构专业图纸、设备专业图纸及测量定位点布置图后，对灯具接线盒、电气预留洞、烟风道留洞以及铅直仪激光投测孔进行深化设计，确定各种预留洞的几何形状、尺寸及位置，对每种规格的预制板进行详细标注，作为厂家的加工依据。

装配式建筑有别于传统现浇结构，根据工程结构特点、建筑结构图及甲方要求，出具拆分设计图纸，主要包括构件拆分深化设计说明、项目工程平面拆分图、项目工程拼装节点详图、项目工程墙身构造详图、项目工程量清单明细、构件结构详图、构件细部节点详图、构件吊装详图、构件预埋件埋设详图。预制构件制作及安装对钢筋型号与数量有不同于现浇式的要求，构件的形状及钢筋排布均应在结构分析及施工图阶段加以考虑。

为了提供经济合理的工厂化构件制作方案和方便现场施工的设计图纸，设计人员要加强设计施工图和预制构件加工图的结合，保证各图纸的相符性，才能设计出符合建筑需要的构件图。尤其做好钢筋的排列，避免吊装施工过程中因钢筋相互碰撞影响安装质量和进度。同时加强水电等其他专业与土建工程的配合，避免漏埋和漏留现象。

项目二　生产阶段的技术

预制装配式混凝土结构的生产方式是"先工厂生产构件、后现场装配施工"，彻底打破传统现浇施工的工序和流程，多个专业的多个工序可以在构件厂里进行集成生产，并且质量更好、成本更低，实现的效果更好。

预制构件生产厂在制作生产时严格按照预制方案、设计图纸及相关质量要求进行生产。依据预制构件的生产数量、形状大小、型号规格、构件自重等确定合理高效的生产方案，严格把握生产质量要点，编写配套的构件制作生产方案。提高生产效率，做好预制构件生产全过程的质量管理和计划成本管理,使预制构件产品质量和经济效益得到更好的保证。

一、生产方式选择

由于生产工法的不同,材料节约性、运作难度以及对人工技术要求和薪资方面,对预制构件生产成本有很大的影响,因此工法的选择有着重要的意义。

对多个预制构件生产厂家进行实地调研,考察其生产线和工艺流程,得出生产工艺形式和工艺流程是影响预制构件成本不可忽视的部分,所以,必须对不同的构件形式采用不同的工艺形式专门进行设计。

(1) 固定工位生产方式。它是指生产预制构件的工作平台是固定的,适合手工作业,占地面积比较多,多是构件成型后就地进行自然状态或简易覆盖后养护,成本比较低,不适合规模生产。

(2) 流水线生产方式。这种生产方式最主要的部分就是要对模具和设备进行大量的资金投入,组成模台(工作平台),然后按照工艺顺序逐步操作,规定的专业技术人员负责每一个工序的一部分作业,所有的施工操作(如钢筋摆放、混凝土浇筑等操作)都由相应位置的固定技术人员来进行。这种生产方式中每个操作人员只负责自己的作业部分,这样可以通过提高工人的熟练度来提高构件的生产效率,也可以降低操作人员的劳动强度,同时节省人工。

采用流水线生产方式,可提高构件的生产效率,降低模具和设备的折旧摊销,同时降低人工成本、构件成本,但缺点在于流水线生产线上很难生产结构复杂的异形构件。

流水线生产方式有着更好的经济性,可以减少预制构件生产的成本。具体生产工艺如下:清扫台模→自动标线系统标线→安放边模→自动喷洒脱模剂→安放钢筋→安放预留预埋件→进入浇筑混凝土工位→浇筑第一层混凝土→振实后到下一工位→安放保温板并浇筑第二层混凝土→到下一工位赶平表面→进入养护房(在养护房停留2 h)→取出来后进行磨面处理→再送入养护房(养护时间8 h)→送到下一工位脱除边模→液压顶升侧立构件进行脱模→运输到成品堆放区→修饰并标注编码。

二、预制构件制作

预制构件在工厂制作,较之现浇结构,一些质量问题在预制构件的生产过程中会得到解决,进而可有效地进行质量控制。不同于现浇式,预制构件的制作技术和方法对其成本有所影响。

1. 墙板预制

外墙板预制可以通过采用内设断热件连接工艺避免出现现浇式的"冷桥"现象,对外饰面层、保温层、粘贴层与结构层采用分层加工一体化成型的生产工艺。为形成结构、保温、装饰一体化预制外墙构件,采用卧式加工外饰面,在科学合理的蒸养条件下,外饰面层、保温层与结构层连接的整体性明显加强。

卧式加工是外墙板和内墙板预制都经常使用的加工方法,这种加工方法使墙体中的各种功能性的管线有机结合。在传统施工工艺中,不同材料之间的结合经常造成墙体裂缝,工程质量得不到控制,但是在装配式建筑中可以实现承重墙与非承重墙预制加工工艺同时进行。

预制墙板安装的关键技术在于上、下墙板的连接,也就是钢筋的连接方式。现浇施工方式的钢筋连接方式有绑扎搭接、焊接、机械连接等,现浇常规连接方式对于预制构件无法实现,所以预制墙板上、下的连接方式大多采用套筒注浆的方式,墙板上会留有套筒注浆孔。

2.叠合式楼板预制

叠合式楼板预制方便预埋不同功能的管线,在保证钢筋位置准确度的同时,使各种预埋管线的位置得到精确的定位。目前,叠合式楼板多采用钢筋桁架叠合板和PK叠合板。叠合板自身可以充当后浇楼板的模板,节省现浇楼板需要的脚手架和模板,降低现场劳动强度,缩短建设周期,减少投资风险。

3.楼梯预制

对于预制楼梯的制作一次成型,避免了工地的二次加工。采用定型工具式模具,楼梯制作难度降低,成本也会降低。预制楼梯平台分为休息平台和楼板平台,楼板平台四边钢筋留有一定的锚固长度,使预制楼梯梁、楼梯踏步、楼梯平台梁实现相互连接,进行整体现浇。

4.阳台预制

阳台、空调板等外挑构件现场浇筑难度非常大,对模板、脚手架要求较高,施工过程中上部受拉钢筋容易被踩到悬挑板的下面导致外挑构件掉落的事故时有发生。对外悬挑构件采用工厂预制,降低了现场施工难度,确保了工程质量。

5.预制构件蒸汽养护

混凝土构件养护是保证混凝土强度和质量的必要环节,施工现场浇筑的混凝土构件因养护环境达不到要求导致混凝土强度和质量不达标的情况时有发生。工厂预制构件容易保证养护环境,一般采用蒸汽养护来满足混凝土的养护要求。为了确保混凝土质量,使构件蒸养时间得到控制,在工厂内生产时,使用统一控制方法进行预制构件蒸汽养护,使蒸汽水可以回收,利用率提高,达到很好的节水效果。

项目三　运输阶段的技术

预制构件在工厂制造,在现场安装,因此运输问题是不容回避的。构件从制作完成到安装到位,要经历加工厂存放、道路运输、施工现场临时堆放、吊装就位四个阶段,要对这四个阶段进行合理规划,才能相互衔接,达到少占用堆场、流水不窝工的目的,从而降低成本。预制构件搬运的距离和运输情况以及运输安放质量如何,将在很大程度上影响运输成本。做好运输工作,预制构件成本也会随之降低,所以在发货过程中吊车转运人员等应积极配合调度,高质、高效地完成装卸工作。

（1）根据预制构件的数量及形状、施工现场的安装预制构件数量确定合理的运输车辆类型和数量,减少运输次数。

（2）对不同的运输路线在路程、路况、道路质量等方面进行勘察比较,选择最优化的路线,提高运输效率。

（3）根据预制构件生产制作效率、施工现场安装效率、堆放量等,确定运输量,避免二次搬运产生的费用、过长时间的堆放产生的管理费用及对预制构件的损害。

（4）又重又长的部品不容易调头又不容易卸车就位,更要考虑其安装方向确定装车方向。

（5）确保运输过程的安全,为防止在运输中构件倾倒或甩出,部品要安置固定牢靠。运输途中,在车辆两侧设置明显的安全标志。

（6）为免二次倒运构件进场,应按其吊装平面布置图的位置堆放构件。

项目四　施工安装阶段的技术

采用不同的施工工法和技术路线,其经济性差异相当大,将直接影响现场施工组织设计和安装成本。

预制装配式建造的关键主要是 PC 构件的安装技术、施工工序及连接技术工法。一些烦琐的施工工艺和工法在满足设计标准化的基础下可相应地简化生产和安装工序,便于控制工程质量,减少人工费用和建筑原料的损耗,并可以加快制作和安装的效率,减少总的成本。

施工过程中的施工工艺和施工顺序对于造价的影响很大,各工序之间的衔接不紧密会导致造价升高。应该制定标准化的预制装配式混凝土建筑施工技术,合理安排工序和施工工艺,并合理降低工程造价。

1. 墙板安装

（1）进场时或起吊前对剪力墙体部品预留插筋口进行透口检查,如有堵口,及时进行通口后方可起吊安装。

（2）核对剪力墙规格、型号,确认后方可进行吊装。安装顺序为沿外墙顺时针方向,从已安装完成的楼梯间处开始进行剪力墙部品的安装。

（3）剪力墙部品缓慢起吊,吊装时用缆绳控制墙体高空位置。至安装位置后,由两人扶正,两人检查预留筋对正预留孔后缓慢下落。工人可用反光镜对插筋情况进行调整。

（4）调节及就位。

墙体部品放置在板面上后,应与板面上的预先弹放的控制两边线吻合。部品安装初步就位后,为确保预制部品调整后标高、板缝间隙的一致性,要对构件进行这三项微调确保其垂直度。

（5）垂直度调节。

对构件垂直度调节可采用调节斜拉杆,每个斜拉杆后端在结构楼板上牢靠固定之前,在每个构件的一侧均安置 2 道可调节斜拉杆,通过拉杆顶部的可调螺纹装置,调节板块垂直度。垂直度通过靠尺杆来进行复核。每块板块、每个楼层吊装完成后都必须进行有效复核。

(6) 安装斜撑。

墙体落稳核对标高、轴线符合后安装固定斜撑。应用固定斜撑的微调功能调节墙体的垂直度。一片墙体上不少于 2 根斜撑,斜撑统一固定于墙体的一侧,留出过道,便于其他物品运输。

2. 钢筋套筒灌浆

(1) 预制墙体吊装完成且垂直度校正完毕后,对剪力墙预留插筋口进行孔内灌浆。

(2) 灌浆次序:依次进行底部灌浆孔灌浆→直到顶部通气孔出浆→封堵灌浆孔及出气孔。

(3) 灌浆过程:灌浆时严禁设备中进入空气;灌浆时成品保护意识要加强,保持场地整洁;灌浆时严格按设计规定的配比方法进行配制灌浆料,必须使用灌浆专用设备。将配制好的水泥浆料搅拌均匀后倒入灌浆专用设备中,保证灌浆料的坍落度。并把连通设备的喷管塞入预制剪力墙预留的小孔洞(下方小孔洞)里,然后开始喷浆,上方小孔洞溢流出水泥浆后立即塞入专用聚苯乙烯塑料堵住孔口,同时停止喷浆,抽出下方小孔洞里的喷管,同时快速用专用聚苯乙烯塑料堵住孔口。同样地,其他预留空孔洞依次喷满,不得漏喷,每个空孔洞必须一次喷完,不得进行间隙多次喷浆。

3. 预制墙体间后浇部位钢筋绑扎、合模

在预制墙体安装就位后,预制墙体间后浇部位需进行钢筋绑扎、合模。为保证钢筋绑扎符合国家规范要求,须按设计规格、型号下料后进行绑扎。后浇部分钢筋绑扎完成、经过隐蔽验收之后,进行模板合模工程。

4. 叠合板支撑架体安装

预制墙体安装就位和后浇筑部位钢筋连接绑扎并合模后,按设计位置利用支撑专用三脚架为预制叠合板安装支撑。安放其上龙骨,龙骨顶标高为预制叠合板部品下标高。

5. 预制叠合板吊装

在支撑架体安装完成之后,吊装预制叠合板。吊装步骤如下:

(1) 操作人员手扶叠合板预制部品摆正位置后用缆绳控制预制板高空位置。

(2) 受锁具及吊点影响,板起吊后有时候翘头,板的各边不是同时下落的,对位时需要三人对正:两人分别在长边扶正,一人在短边用撬棍顶住板,将角对准墙角(三点共面)、短边对准墙下落。这样才能保证各边都准确地落在墙边。

(3) 将部品用撬棍校正,各边预制部品均落在剪力墙、现浇梁(叠合梁)上 1 cm 处,预制部品预留钢筋落于支座处后下落,完成预制部品的初步安装就位。

(4) 预制部品安装初步就位后,应用支撑专用三脚架上的微调器及可调节支撑对部品进行三向微调,确保预制部品调整后标高一致、板缝间隙一致。根据剪力墙上 500 mm 控制线校正板顶标高。

6. 楼板叠合浇筑

绑扎叠合楼板负弯矩钢筋和板缝加强钢筋网片,预留预埋水电管线、埋件、套管、漏洞等。

在露出的柱子插筋上做好混凝土顶标高标志,利用外圈叠合梁上的外侧预埋钢筋固定边模专用支架,调整边模顶标高至板顶设计标高,浇筑混凝土进而控制混凝土厚度和混凝土平整度。为防止混凝土将外露预埋钢筋污染,用ϕ12 mm的PVC管做套筒加以保护。一切准备就绪,经过验收后浇筑混凝土。

7. 预制楼梯安装

产业化施工案例动画

安装预制楼板、预制楼梯是减少施工时间和降低造价经常采取的方法,使用预制楼梯段既可以达到质量标准要求,又可以随安随用,取消了脚手架和模板,可以省去抹灰工序,从而加快施工速度,提高工作效率。楼梯安装前一般需要做成品保护,避免运输和安装过程中损坏表面。安装过程要做好防护措施和吊点计算,确保工程安全和质量。

➡ 单 元 小 结

预制装配式混凝土建筑整个建造过程的技术与现浇式混凝土建筑相比发生了根本变化,成本也随之发生了变化。不同阶段的建造技术对成本有着不同的影响,本单元主要介绍了预制装配式建筑的设计阶段、生产阶段、运输阶段和施工安装阶段的技术。对各阶段进行技术分解,深入了解各阶段的工艺流程、技术方案,探讨有效的优化和管理方案,达到控制预制装配式混凝土建筑建造成本的目的。

➡ 思考练习题

1.装配式混凝土结构设计阶段的技术有哪些?
2.装配式混凝土结构生产阶段的技术有哪些?
3.装配式混凝土结构运输阶段的技术有哪些?
4.装配式混凝土结构施工安装阶段的技术有哪些?

思考练习题答案

单元三　装配式混凝土连接节点构造与识图

5分钟看完
单元三

【内容提要】

本单元主要介绍了装配式混凝土结构的相关设计规定；装配式混凝土结构的预制构件的类型及使用特点；装配式混凝土结构常用节点连接形式及适用范围，并在此基础上介绍了装配式混凝土结构的几种新型节点连接形式及特点；对常见的装配式混凝土结构的连接节点构造进行列举；介绍了 BIM 技术在装配式建筑中的应用情况。

【教学要求】

➤ 掌握装配式混凝土结构的相关设计规定。

➤ 了解装配式混凝土结构的专业术语。

➤ 了解装配式混凝土结构的预制构件的类型及使用特点。

➤ 掌握装配式混凝土结构常用节点连接形式。

➤ 了解装配式混凝土结构的新型节点连接形式。

➤ 能识读常见的装配式混凝土结构的连接节点构造。

➤ 了解 BIM 技术在装配式建筑中的应用。

装配式混凝土结构与现浇混凝土结构相比具有减少现场湿作业量、施工速度快、节约材料、有利于建筑工业化、经济和社会环境效益好等优点。装配式混凝土结构的关键在于它的连接技术。对于连接节点，欧洲标准 FIB 提出了以下的基本要求：标准化；简单化；具有抗拉能力；延性；适应主体结构变形的能力；抗火性；耐久性；美学。

在装配式混凝土结构的设计中，合理的传力途径可使构件受力符合设计人员的要求。受力构件间的连接主要起着荷载传导作用，而在结构传力途径中起荷载分配作用的节点连接，其作用更为重要。除去结构受力，实用、经济的连接同样也是设计中需要考虑的，如连接应尽量使预制构件制造时更为简便；从建筑方面来考虑，作为建筑物一部分的连接，其外形应与建筑物整体相一致。选择连接形式及设计时，应满足以下要求。

1. 荷载因素的要求

承重构件的连接必须承担建筑使用寿命内的各种荷载作用。除设计中通常考虑的恒荷载，活荷载，风、地震作用和水、土压力外，由于受约束构件体积变化所产生的应力及由常规力作用使结构发生变形而引起的次应力也是要考虑的。从结构内力计算考虑,采用铰接、半刚性连接及刚性连接的连接类型,将影响结构荷载传递及构件内力分布。

2. 延性要求

延性通常可以认为是结构破坏前,结构整体、构件或连接的综合变形能力。而整体结构的延性,可能受连接的延性所控制。抗弯或抗扭通常是由构件中钢筋或钢构件来承担,连接也一样,当连接的破坏发生在连接内部的钢筋或钢部件初始屈服后,这样的连接将具有一定的延性。在抗震区,选用合适的连接形式可以提高结构抗震能力,同时,在连接构造上,合理配置钢筋、放置恰当的钢部件,将有助于提高连接的延性和抗震能力。

3. 耐久性要求

连接属于主体结构的一部分,在所处环境中应具有耐久性。当暴露在大气中,或在腐蚀性的环境中使用时,连接中的钢部件应被混凝土充分包裹,采用热电镀或使用不锈钢。配筋构件应有足够的混凝土保护层。在水下环境,对特殊的部件,可以采用不锈钢。不同的金属材料不应该直接相连。

4. 稳定及平衡要求

设计时,在各种工况下都应考虑结构和构件的稳定和平衡。例如,L形梁在承受荷载时会受到扭转,此时,梁端的连接就必须考虑扭转作用。在有些结构中,现浇混凝土会设计为抗扭,现浇混凝土可能是现浇面层,这样在预制部件定位后,而现浇层未浇时,必须用临时部件抗扭,但这样通常需要仔细计划且导致费用增加,更好的办法是在设计连接时,既考虑装配时的抗扭连接,又考虑装配后的抗扭连接。

5. 制作要求

当连接构造简单时,预制混凝土可能获得良好的经济效益。复杂构造的连接,施工中难以控制并操作烦琐,会减慢预制结构的安装,因而结构中应少采用。连接内通常会有较多的钢筋、内植板、插筋、预留孔堵块等,这会使该部位难以浇筑混凝土。在某些情况下,加大构件尺寸可以避免此类问题的发生。需要内植的部件,如插筋、钢板、扁钢等,需要花时间和精力去放置定位并固定,这类部件应尽量少用。

6. 施工要求

为快速施工,合理节省费用,连接的场地安装应尽可能简单。

预制构件的吊装通常是安装过程中最耗时的。安装需要进行大量的定位调整工作。微小的装配误差会使现场的安装达不到设计要求,可以通过使用沟槽、略大于螺栓和销钉的孔洞、现场施焊、垫片和浇灌水泥浆等方式实现现场的定位调整。

连接应该考虑日后的检修工作。检修操作空间可以采用已完成的结构或楼板或检修平台。检修工作包括焊接、后张拉、压力注浆。应尽量避免在平台下过头顶的操作工作,特别是这种情况下的焊接操作;安装螺栓时需要给扳手足够的放置空间和转动空间;应避免在狭窄的空间进行混凝土施工。

项目一　装配式混凝土结构的设计规定

《装配式混凝土
结构技术规程》
（JGJ 1—2014）

2014 年，《装配式混凝土结构技术规程》（JGJ 1—2014）（以下简称《规程》）正式颁布，装配式混凝土结构的设计有了依据。《规程》对装配式和装配整体式的框架结构、剪力墙结构及框架-剪力墙结构从建筑材料、建筑设计、结构设计、安装施工、工程验收方面作了系统的规定。

总则：

1.0.2　本规程适用于民用建筑非抗震设计及抗震设防烈度为 6 度至 8 度抗震设计的装配式混凝土结构的设计、施工及验收。

《规程》还包含一系列相关专业术语。

2.1.1　预制混凝土构件（precast concrete component）

在工厂或现场预先制作的混凝土构件。简称预制构件。

2.1.2　装配式混凝土结构（precast concrete structure）

由预制混凝土构件通过可靠的连接方式装配而成的混凝土结构，包括装配整体式混凝土结构、全装配混凝土结构等。在建筑工程中，简称装配式建筑；在结构工程中，简称装配式结构。

2.1.3　装配整体式混凝土结构（monolithic precast concrete structure）

由预制混凝土构件通过可靠的方式进行连接并与现场后浇混凝土、水泥基灌浆料形成整体的装配式混凝土结构。简称装配整体式结构。

2.1.4　装配整体式混凝土框架结构（monolithic precast concrete frame structure）

全部或部分框架梁、柱采用预制构件构建而成的装配整体式混凝土结构。简称装配整体式框架结构。

2.1.5　装配整体式混凝土剪力墙结构（monolithic precast concrete shear wall structure）

全部或部分剪力墙采用预制墙板构建而成的装配整体式混凝土结构。简称装配整体式剪力墙结构。

2.1.6　混凝土叠合受弯构件（concrete composite flexural component）

预制混凝土梁、板顶部在现场后浇混凝土而形成的整体受弯构件。简称叠合板、叠合梁。

2.1.7　预制外挂墙板（precast concrete facade panel）

安装在主体结构上，起围护、装饰作用的非承重预制混凝土外墙板。简称外挂墙板。

2.1.8　预制混凝土夹心保温外墙板（precast concrete sandwich facade panel）

中间夹有保温层的预制混凝土外墙板。简称夹心外墙板。

2.1.9　混凝土粗糙面（concrete bough surface）

预制构件结合面上的凹凸不平或骨料显露的表面。简称粗糙面。

2.1.10 钢筋套筒灌浆连接(rebar splicing by grout-filled coupling sleeve)

在预制混凝土构件内预埋的金属套筒中插入钢筋并灌注水泥基灌浆料而实现的钢筋连接方式。

2.1.11 钢筋浆锚搭接连接(rebar lapping in grout-filled hole)

在预制混凝土构件中预留孔道,在孔道中插入需搭接的钢筋,并灌注水泥基灌浆料而实现的钢筋搭接连接方式。

一、建筑设计的基本规定

《规程》的第5部分建筑设计中作了以下规定。

1. 一般规定

5.1.1 建筑设计应符合建筑功能和性能要求,并宜采用主体结构、装修和设备管线的装配化集成技术。

5.1.2 建筑设计应符合现行国家标准《建筑模数协调标准》(GB 50002—2013)的规定。

5.1.3 建筑的围护结构以及楼梯、阳台、隔墙、空调板、管道井等配套构件、室内装修材料宜采用工业化、标准化产品。

5.1.4 建筑的体形系数、窗墙面积比、围护结构的热工性能等应符合节能要求。

5.1.5 建筑防火设计应符合现行国家标准《建筑防火设计规范》(GB 50016—2014)的有关规定。

2. 平面设计要求

5.2.1 建筑宜选用大开间、大进深的平面布置,并应符合本规程第6.1.5条的规定。

5.2.2 承重墙、柱等竖向构件宜上、下连续,并应符合本规程第6.1.6条的规定。

5.2.3 门窗洞口宜上下对齐、成列布置,其平面位置和尺寸应满足结构受力及预制构件设计要求;剪力墙结构中不宜采用转角窗。

5.2.4 厨房和卫生间的平面布置应合理,其平面尺寸宜满足标准化整体橱柜及整体卫浴的要求。

3. 立面、外墙设计要求

5.3.1 外墙设计应满足建筑外立面多样化和经济美观的要求。

5.3.2 外墙饰面宜采用耐久、不易污染的材料。采用反打一次成型的外墙饰面材料,其规格尺寸、材质类别、连接构造等应进行工艺试验验证。

5.3.3 预制外墙板的接缝应满足保温、防火、隔声的要求。

5.3.4 预制外墙板的接缝及门窗洞口等防水薄弱部位宜采用材料防水和构造防水相结合的做法,并应符合下列规定:

（1）墙板水平接缝宜采用高低缝或企口缝构造；

（2）墙板竖缝可采用平口或槽口构造；

（3）当板缝空腔需设置导水管排水时，板缝内侧应增设气密条密封构造。

5.3.5　门窗应采用标准化部件，并宜采用缺口、预留副框或预埋件等方法与墙体可靠连接。

5.3.6　空调板宜集中布置，并宜与阳台合并设置。

5.3.7　女儿墙板内侧在要求的泛水高度处应设凹槽、挑檐或其他泛水收头等构造。

4. 内装修、设备管线设计要求

5.4.1　室内装修宜减少施工现场的湿作业。

5.4.2　建筑的部件之间、部件与设备之间的连接应采用标准化接口。

5.4.3　设备管线应进行综合设计，减少平面交叉；竖向管线宜集中布置，并应满足维修更换的要求。

5.4.4　预制构件中电气接口及吊挂配件的孔洞、沟槽应根据装修和设备要求预留。

5.4.5　建筑宜采用同层排水设计，并应结合房间净高、楼板跨度、设备管线等因素确定降板方案。

5.4.6　竖向电气管线宜统一设置在预制板内或装饰墙面内。墙板内竖向电气管线布置应保持安全间距。

5.4.7　隔墙内预留有电气设备时，应采取有效措施满足隔声及防火的要求。

5.4.8　设备管线穿过楼板的部位，应采取防水、防火、隔声等措施。

5.4.9　设备管线宜与预制构件上的预埋件可靠连接。

5.4.10　当采用地面辐射供暖时，地面和楼板的设计应符合现行行业标准《辐射供暖供冷技术规程》(JGJ 142—2012)的规定。

二、结构设计的基本规定

《规程》第 6 部分结构设计基本规定中作了以下规定。

1. 装配式混凝土结构房屋的最大适用高度

6.1.1　装配整体式框架结构、装配整体式剪力墙结构、装配整体式框架-现浇剪力墙结构、装配整体式部分框支剪力墙结构的房屋最大适用高度应满足表 6.1.1 的要求，并应符合下列规定：

（1）当结构中竖向构件全部为现浇且楼盖采用叠合梁板时，房屋的最大适用高度可按现行行业标准《高层建筑混凝土结构技术规程》(JGJ 3—2010)中的规定采用。

（2）装配整体式剪力墙结构和装配整体式部分框支剪力墙结构，在规定的水平力作用下，当预制剪力墙构件底部承担的总剪力大于该层总剪力的 50% 时，其最大适用高度应适当降低；当预制剪力墙构件底部承担的总剪力大于该层总剪力的 80% 时，其最大适用高度应取表 6.1.1 中括号内的数值。

表 6.1.1 装配整体式结构房屋的最大适用高度 （单位：m）

结构类型	非抗震设计	抗震设防烈度			
		6 度	7 度	8 度(0.2g)	8 度(0.3g)
装配整体式框架结构	70	60	50	40	30
装配整体式框架-现浇剪力墙结构	150	130	120	100	80
装配整体式剪力墙结构	140(130)	130(120)	110(100)	90(80)	70(60)
装配整体式部分框支剪力墙结构	120(110)	110(100)	90(80)	70(60)	40(30)

注：房屋高度指室外地面到主要屋面的高度，不包括局部突出屋顶的部分。

2. 装配式混凝土结构房屋的高宽比要求

6.1.2 高层装配整体式结构的高宽比不宜超过表 6.1.2 的数值。

表 6.1.2 高层装配整体式结构适用的最大高宽比

结构类型	非抗震设计	抗震设防烈度	
		6 度、7 度	8 度
装配整体式框架结构	5	4	3
装配整体式框架-现浇剪力墙结构	6	6	5
装配整体式剪力墙结构	6	6	5

3. 装配式混凝土结构房屋抗震等级的要求

6.1.3 装配整体式结构构件的抗震设计，应根据设防类别、烈度、结构类型和房屋高度采用不同的抗震等级，并应符合相应的计算和构造措施要求。丙类装配整体式结构的抗震等级应按表 6.1.3 确定。

表 6.1.3 丙类装配整体式结构的抗震等级

结构类型		抗震设防烈度					
		6 度		7 度		8 度	
装配整体式框架结构	高度/m	≤24	>24	≤24	>24	≤24	>24
	框架	四	三	三	二	二	一
	大跨度框架	三		二		一	
装配整体式框架-现浇剪力墙结构	高度/m	≤60	>60	≤24	>24 且 ≤60	>60	≤24	>24 且 ≤60	>60
	框架	四	三	四	三	二	三	二	一
	剪力墙	三	三	三	三	二	二	二	一

续表

结构类型		抗震设防烈度							
		6度		7度			8度		
装配整体式剪力墙结构	高度/m	≤70	>70	≤24	>24且≤70	>70	≤24	>24且≤70	>70
	剪力墙	四	三	四	三	二	三	二	一
装配整体式部分框支剪力墙结构	高度/m	≤70	>70	≤24	>24且≤70	>70	≤24	>24且≤70	
	现浇框支框架	二	二	二	一	一	一	一	
	底部加强部位剪力墙	三	二	三	二	二	二	一	
	其他区域剪力墙	四	三	四	三	二	三	二	

注:大跨度框架指跨度不小于 18 m 的框架。

6.1.4　乙类装配整体式结构应按本地区抗震设防烈度提高一度的要求加强其抗震措施;当本地区抗震设防烈度为 8 度且抗震等级为一级时,应采取比一级更高的抗震措施;当建筑场地为Ⅰ类时,仍可按本地区抗震设防烈度的要求采取抗震构造措施。

4. 装配式结构的平面布置的要求

6.1.5　装配式结构的平面布置宜符合下列规定:

(1)平面形状宜简单、规则、对称,质量、刚度分布宜均匀;不应采用严重不规则的平面布置。

(2)平面长度不宜过长(图 6.1.5),长宽比(L/B)宜按表 6.1.5 采用。

(3)平面突出部分的长度 l 不宜过大、宽度 b 不宜过小(图 6.1.5),L/B_{max}、l/b 宜按表 6.1.5 采用。

(4)平面不宜采用角部重叠或细腰形平面布置。

表 6.1.5　　　　　　　　平面尺寸及突出部位尺寸的比值限值

抗震设防烈度	L/B	l/B_{max}	l/b
6度、7度	≤6.0	≤0.35	≤2.0
8度	≤5.0	≤0.30	≤1.5

5. 其他要求

6.1.6　装配式结构竖向布置应连续、均匀,应避免抗侧力结构的侧向刚度和承载力沿竖向突变,并应符合现行国家标准《建筑抗震设计标准(2024 年版)》(GB/T 50011—2010)的有关规定。

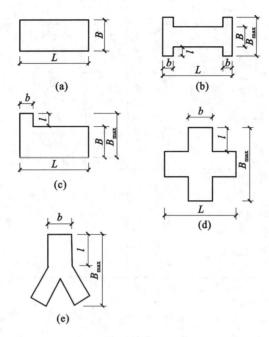

图 6.1.5　建筑平面示例

6.1.7　抗震设计的高层装配整体式结构,当其房屋高度、规则性、结构类型等超过本规程的规定或者抗震设防标准有特殊要求时,可按现行行业标准《高层建筑混凝土结构技术规程》(JGJ 3—2010)的有关规定进行结构抗震性能设计。

6.1.8　高层装配整体式结构应符合下列规定:

(1) 宜设置地下室,地下室宜采用现浇混凝土。

(2) 剪力墙结构底部加强部位的剪力墙宜采用现浇混凝土。

(3) 框架结构首层柱宜采用现浇混凝土,顶层宜采用现浇楼盖结构。

6.1.9　带转换层的装配整体式结构应符合下列规定:

(1) 当采用部分框支剪力墙结构时,底部框支层不宜超过 2 层,且框支层及相邻上一层应采用现浇结构。

(2) 部分框支剪力墙以外的结构中,转换梁、转换柱宜现浇。

三、装配式混凝土结构深化设计相关内容

深化设计是指在原设计方案、条件图基础上,结合现场实际情况,对图纸进行完善、补充、绘制成具有可实施性的施工图纸,深化设计后的图纸满足原方案设计技术要求,符合相关地域设计规范和施工规范,并通过审查,图形合一,能直接指导现场施工。

设计师的深化
设计与爱国情怀

具体项目深化设计,是根据甲方提供的建筑结构图进行 PC 构件拆分设计,以及甲方提供的专业设计院所设计的建筑、结构、电气图纸,进行构件拆分,并出具拆分设计图纸。

1.构件拆分

构件拆分主要是指预制混凝土构件(PC 构件)拆分,PC 构件即预先制作供现场装配的混凝土构件制品,PC 构件是实现主体结构预制的基础。

构件拆分服务,是深化设计服务中的一项,是根据工程结构特点、建筑结构图及甲方要求,出具拆分设计图纸,主要包括构件拆分深化设计说明、项目工程平面拆分图、项目工程拼装节点详图、项目工程墙身构造详图、项目工程量清单明细、构件结构详图、构件细部节点详图、构件吊装详图、构件预埋件埋设详图。

主要拆分构件产品有预制混凝土外墙板、预制混凝土内墙板、预制混凝土梁、预制混凝土叠合板、预制混凝土 PCF 板、预制混凝土楼梯板、预制混凝土阳台板、预制混凝土空调板、预制混凝土女儿墙等。

2.预制件设计流程

建筑预制件设计流程的特点是项目性、系统性和专业性强,建筑预制件的设计流程往往是融合于整个预制装配式建筑施工图设计中的。其设计流程如下:考虑相关预制体系的特点,完成建筑方案设计(必要的话精装修设计也要前置)→按现浇结构体系完成相关结构计算(局部有考虑装配式的参数调整)及初步施工图设计→完成预制件的深化设计(构件加工图、连接结点图、预留预埋加工图、安装平面布置图、保温连接件的设计等)→完成整套施工图。

项目二 装配式混凝土结构的预制构件

某建筑标准层预制构件组合分析图如图 3-1 所示,立面层次分析图如图 3-2 所示。

一、叠合板

叠合板由预制部分和现浇部分组成,预制部分在施工的时候起模板的作用,完毕后和现浇部分形成整体,是装配整体式结构体系的一部分。

《桁架钢筋
混凝土叠合板
(60 mm 厚底板)》
(15G366-1)

现浇板具有整体性好、抗震性能好的优点,但是费工,需要大量的模板,施工周期长,生产难以实现工业化。预制板易于实现建筑构件的工业化(设计标准化、制造工业化、安装机械化),构件制作不受季节及气候限制,可提高构件质量,且施工速度快,可节省大量模板和支承,但整体性差,不利于抗震,抗渗性差。叠合板兼具两种板的优点。

叠合板由两部分组成,预制部分多为薄板,在预制构件加工厂完成制作,施工时吊装就位,现浇部分在预制板面上完成,预制薄板既作为永久模板无须模板,又作为楼板的一部分承担使用荷载。目前,叠合板主要有钢筋桁架混凝土叠合板、PK 预应力混凝土叠合板、SP 预应力空心板、双 T 板等。

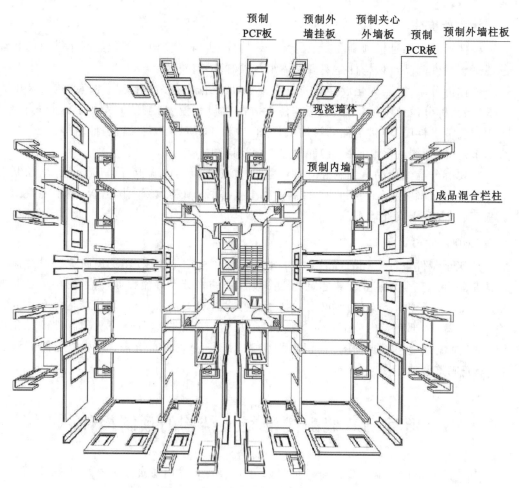

图 3-1 标准层预制构件组合分析图

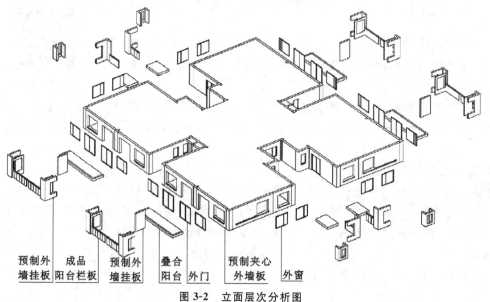

图 3-2 立面层次分析图

1. 钢筋桁架混凝土叠合板

钢筋桁架混凝土叠合板(图 3-3)是目前国内最为流行的预制底板。叠合板可根据预制板接缝构造、支座构造、长宽比按单向板或双向板设计。在预制板内设置钢筋桁架(图 3-4),可增加预制板的整体刚度和水平界面抗剪性能。钢筋桁架的下弦与上弦可作为楼板的下部和上部受力钢筋使用。施工阶段,验算预制板的承载力及变形时,可考虑桁架钢筋的作用,减少预制板下的临时支撑。

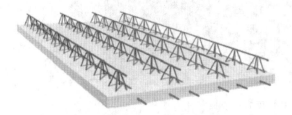

图 3-3　钢筋桁架混凝土叠合板　　　　图 3-4　钢筋桁架

2. PK 预应力混凝土叠合板

PK 预应力混凝土叠合板(图 3-5)是一种新型装配整体式预应力混凝土楼板。它是以倒 T 形预应力混凝土预制带肋薄板为底板,肋上预留椭圆形孔,孔内穿置横向非预应力受力钢筋,然后浇筑叠合层混凝土,从而形成整体双向受力楼板。它可根据需要设计成单向板或双向板。

板肋的存在,增大了新、老混凝土接触面,板肋预留孔洞内后浇叠合层混凝土与横向穿孔钢筋形成的抗剪销栓,能保证叠合层混凝土与预制带肋底板形成整体协调受力并共同承载,加强了叠合面的抗剪性能。

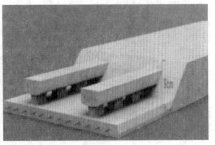

图 3-5　PK 预应力混凝土叠合板

3. SP 预应力空心板

采用高强度、低松弛预应力钢绞线及干硬性混凝土冲捣挤压成型生产跨度大、承载力高、尺寸精确、平整度好、抗震、防火、保温、隔声效能佳的 SP 预应力空心板(图 3-6)。该产品适用于混凝土框架结构、钢结构及砖混结构的楼板、屋面板及墙板,在工业与民用建筑中具有广泛的应用前景。

图 3-6 SP 预应力空心板

二、叠合梁

叠合梁是一种预制混凝土梁,它是在现场后浇混凝土从而形成的整体受弯构件。一般叠合梁下部主筋已在工厂完成预制并与混凝土整浇完成,上部主筋需现场绑扎或在工厂绑扎完毕但未包裹混凝土。叠合梁预制部分可采用矩形或凹口截面形式(图 3-7)。

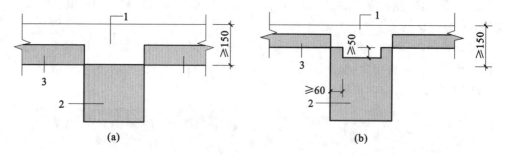

图 3-7 叠合梁截面形式

(a) 矩形截面;(b) 凹口截面

1—后浇混凝土叠合层;2—预制梁;3—预制板

叠合梁可采用整体封闭箍筋或组合封闭箍筋的形式(图 3-8)。抗震等级为一、二级的叠合框架梁的梁端箍筋加密区宜采用整体封闭箍筋。

叠合梁的梁拼接节点(图 3-9)宜在受力较小截面。梁下部纵向钢筋在后浇段内宜采用机械连接或焊接连接,上部纵向钢筋应在后浇段内连续。

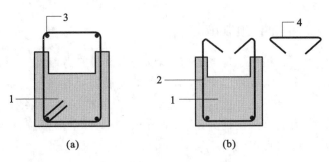

图 3-8 叠合梁箍筋构造示意图

（a）整体封闭箍筋；（b）组合封闭箍筋

1—预制梁；2—开口箍筋；3—上部纵向钢筋；4—箍筋帽

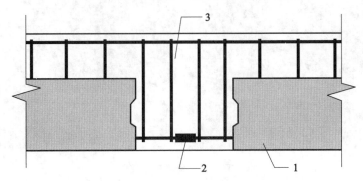

图 3-9 叠合梁的梁拼接节点

1—预制梁；2—钢筋连接接头；3—后浇带

三、预制框架柱

装配整体式结构中一般部位的框架柱采用预制柱（图 3-10）；重要或关键部位的框架柱应现浇，比如穿层柱、跃层柱、斜柱，还有高层框架结构中地下室部分及首层柱。

上、下层预制柱连接位置，一般在柱底接缝宜设置在楼面标高处。抗震性能重要，框架柱的纵向钢筋直径较大，钢筋连接方式宜采用套筒灌浆连接。

图 3-10 单节预制柱

《装配式混凝土
结构表示方法
及示例
(剪力墙结构)》
(15G107-1)

四、预制剪力墙

相对于现浇的剪力墙而言,预制剪力墙(图 3-11)可以将墙体完全预制或做成中空,剪力墙的主筋需要在现场完成连接。在预制剪力墙外表面反打上外保温及饰面材料。剪力墙结构中一般部位的剪力墙可采用部分预制、部分现浇,也可全部预制;底部加强部位的剪力墙宜现浇。

图 3-11 预制剪力墙

预制剪力墙截面形式及要求主要有以下几点:

① 预制剪力墙宜采用一字形,也可采用 L 形、T 形或 U 形;

② 预制墙板洞口宜居中布置;

③ 楼层内相邻预制剪力墙之间连接接缝应现浇形成整体式接缝;

④ 当接缝位于纵横墙交接处的约束边缘构件区域时,约束边缘构件的阴影区域宜全部采用后浇混凝土,并应在后浇段内设置封闭箍筋。

《装配式混凝土
结构住宅建筑
设计示例
(剪力墙结构)》
(15J939-1)

五、预制楼梯

预制工厂根据设计图纸要求,把混凝土浇筑于相应的楼梯模具中成型,待其硬化后运送到工地预定的位置由吊车吊装到位,并与其他建筑构件连接。使用预制楼梯不但能缩短工期,还能节省大量模板。预制楼梯可采用预制混凝土楼梯(图 3-12),也可采用预制钢结构楼梯(图 3-13)。

目前,预制钢结构楼梯已在实际工程中得到应用,尤其是建筑效果要求的异形楼梯,采用钢结构的设计及施工简便,明显比混凝土结构具有优势。采用预制钢结构楼梯时,应注意进行防腐防锈处理,并采取防火处理措施。

预制楼梯与支承构件之间宜采用一端为固定铰、一端滑动的简支连接。

图 3-12　预制混凝土楼梯

图 3-13　预制钢结构楼梯

六、预制阳台

预制阳台(图 3-14)可分为预制叠合阳台板和全预制阳台。

全预制阳台表面的平整度可以和模具的表面一样平或者做成凹陷的效果,地面坡度和排水口也在工厂预制完成。预制阳台可以节省工地制模和昂贵的支撑。在叠合板体系中,可以将预制阳台和叠合楼板以及叠合墙板一次性浇筑成一个整体。

《预制钢筋混凝土阳台板、空调板及女儿墙》

(15G368-1)

七、外挂墙板

外挂墙板采用外饰面反打技术,将保温及预制构件一体化,使防水、防火及保温性能得到提高。实现建筑外立面无砌筑、无抹灰、无外架的绿色施工。外挂墙板(图3-15)包括普通外挂墙板和预制夹心外挂墙板。

图3-14 预制阳台

图3-15 外挂墙板

外挂墙板构造要求:普通外挂墙板的厚度不宜小于120 mm,宜双层双向配筋。预制夹心外墙板的外叶墙板的厚度不宜小于50 mm,内叶墙板的厚度不宜小于80 mm,保温材料的厚度不宜小于30 mm;受力的内叶墙板宜采用双层双向配筋。

项目三 装配式混凝土结构常用节点连接形式

装配整体式混凝土结构中预制构件的连接通过后浇混凝土、灌浆料和坐浆料、钢筋及连接件等实现预制构件间的接缝以及预制构件与现浇混凝土间结合面的连续,从而满足设计需要的内力传递和变形协调能力及其他结构性能要求。在装配式混凝土结构中,连接的作用至关重要,要使装配式混凝土结构具有更广的应用性和安全性,必须选用良好的适合结构的连接方式。

在装配式混凝土结构中,钢筋常见的连接方式主要有两种:一种是套筒灌浆连接,另一种是浆锚搭接连接。

套筒灌浆连接是指在预制混凝土构件中预埋的金属套筒中插入钢筋并灌注水泥基灌浆料而实现的钢筋连接方式。连接套筒包括全灌浆套筒(图 3-16)和半灌浆套筒(图 3-17)两种形式。全灌浆套筒的两端均采用灌浆方式与钢筋连接;半灌浆套筒的一端采用灌浆方式与钢筋连接,而另一端采用非灌浆方式与钢筋连接(通常采用螺纹连接)。

在装配整体式混凝土结构中,套筒灌浆连接接头主要用于墙、柱等重要竖向连接构件中的同截面钢筋的连接部位,其连接性能应满足《钢筋机械连接技术规程》(JGJ 107—2016)中的Ⅰ级接头的要求。

套筒灌浆连接施工应采用由接头型式检验确定的匹配灌浆套筒、灌浆料,灌浆套筒、灌浆料经检验合格后方可使用。

图 3-16　套筒灌浆连接全灌浆套筒

图 3-17　套筒灌浆连接半灌浆套筒

浆锚搭接连接是指在预制混凝土构件中采用特殊工艺制成的孔道中插入需搭接的钢筋,并灌注水泥基灌浆料而实现的钢筋搭接连接方式。目前主要采用的是在预制构件中用螺旋箍筋约束的孔道中进行搭接的技术,称为钢筋约束浆锚搭接连接。

另外,比较成熟的还有金属波纹管浆锚搭接连接技术。金属波纹管浆锚搭接连接(图 3-18、图 3-19)指墙板主要受力钢筋插入一定长度的钢套筒或预留金属波纹管孔洞,灌入高性能灌浆料形成的钢筋搭接连接接头。

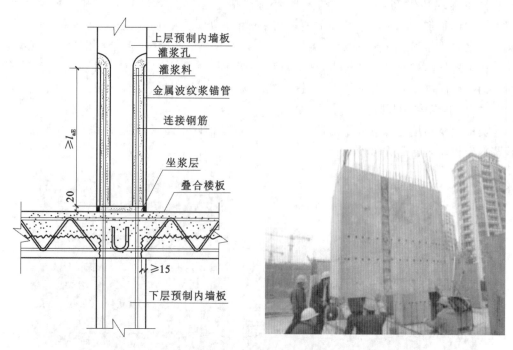

图 3-18　预制内墙板间竖向钢筋的金属波纹管浆锚搭接连接

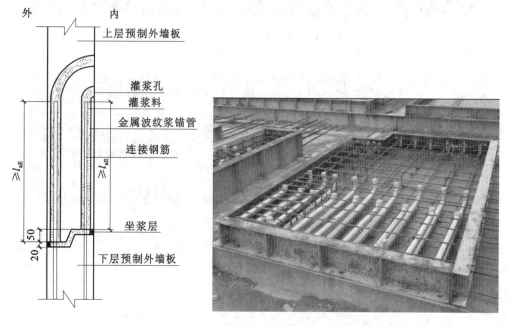

图 3-19　预制外墙板间竖向钢筋的金属波纹管浆锚搭接连接

相比较而言,钢筋套筒灌浆连接技术更加成熟,适用于较大直径钢筋的连接;钢筋浆锚搭接连接适用于较小直径钢筋($d \leqslant 20$ mm)的连接,连接长度较大,不适用于直接承受动力荷载构件的受力钢筋连接。

一、框架柱-柱连接节点

1. 榫式接头

榫式接头是把柱端做成榫头并伸出钢筋,是一种普遍的连接形式。图 3-20 所示的榫头落在下柱的顶端,经校正就位后,把上、下柱伸出的钢筋相互焊接,加上箍筋,支模后浇筑混凝土,使上、下柱连成一个整体。这种接头主要靠榫头和焊接钢筋受力。

2. 浆锚接头

浆锚接头(图 3-21)应保证上柱伸出钢筋与下柱的预留孔对正。预留孔应使钢筋有一定保护层,直径应大于两倍钢筋直径。锚固区段内应设箍筋,间距为 $50 \sim 100$ mm。在上、下柱端应增加满足构造要求的焊接网片,一般不少于两片,以提升节点强度。浆锚接头和榫式接头的优点是节点刚度大、节约钢材、焊接量少、耐锈蚀、连接可靠;缺点是湿作业、工序复杂、养护时间及工期长。

3. 焊接接头

焊接接头是将上、下柱中纵向钢筋焊在由钢板或角钢焊成的钢柱帽上。上、下柱对接后再贴焊钢板,将上、下柱连接成为整体,如图 3-22 所示。

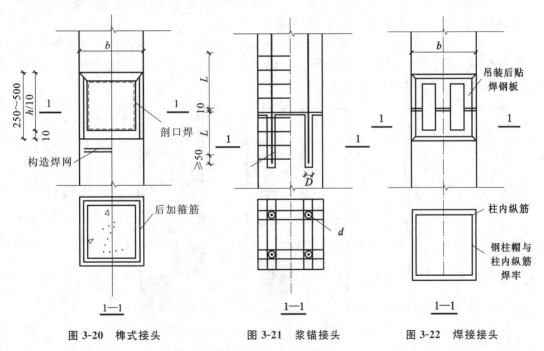

图 3-20　榫式接头　　　图 3-21　浆锚接头　　　图 3-22　焊接接头

4. 型钢支撑连接、密封钢管连接

世构体系(SCOPE)全称为键槽式预制预应力混凝土装配整体式框架结构体系,其原理是采用预制或现浇钢筋混凝土柱,预制预应力混凝土叠合梁、板,通过钢筋混凝土后浇部分将梁、板、柱及键槽式梁柱节点连成整体,形成框架结构体系。柱-柱节点的连接接头如图 3-23 所示。柱-柱节点的连接可采用两种方法,分别为型钢支撑连接和密封钢管连接。

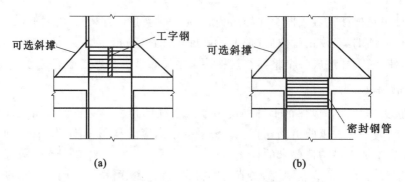

图 3-23 型钢支撑连接与密封钢管连接

(a) 型钢支撑连接;(b) 密封钢管连接

5. 齿槽连接

利用齿槽的同时,利用预埋件焊接的构造是比较理想的柱-柱连接方式。由此,可构造出钢筋混凝土平口连接柱、钢筋混凝土一齿连接柱(与连接方式为湿式的榫式连接相似)、钢筋混凝土二齿连接柱,如图 3-24 所示。

新型柱-柱干式连接柱采用混凝土承压,焊接钢板、纵向受力钢筋共同承受弯矩,齿槽、箍筋和混凝土等承受剪力,传力明确。由于钢板具有良好的受力性能,连接区的范围较小,而且不需要经过湿作业,施工过程方便。

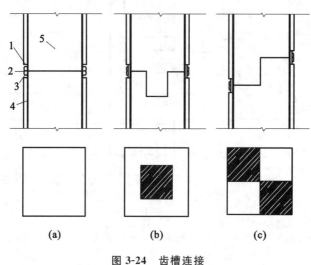

图 3-24 齿槽连接

(a) 平口连接柱;(b) 一齿连接柱;(c) 二齿连接柱

1—预埋钢板;2—活动钢板;3—焊缝;4—柱纵向受力钢筋;5—预制柱

6. 钢筋焊接接头

钢筋焊接接头是在苏联广泛使用的一种接头,如图 3-25 所示。当柱端只有四根钢筋时,则削去四角混凝土;当钢筋数量较多时,则必须削去一边混凝土。

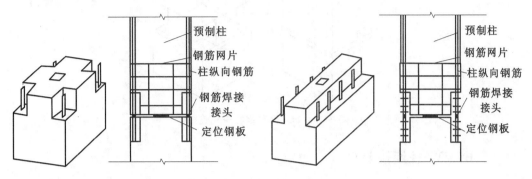

图 3-25 钢筋焊接接头

7. 砂浆连接接头

这种节点柱子相互对齐,上、下柱的纵向钢筋不用焊接,浇以砂浆即可,如图 3-26 所示。采用定位钢板及钢销钉,以便吊装定位。砂浆铺在下柱的上端,下柱中心有一个槽,供插入销钉之用,为了保证有较高的抗压和抗拉强度,宜采用环氧砂浆。

8. 无焊接的接头

该连接方式是一种不用焊接的柱子接头,如图 3-27 所示,安装时先用螺栓进行临时固定,然后进行灌浆,使上、下连成整体,借助柱中的高强硅楔块承担竖向荷载。

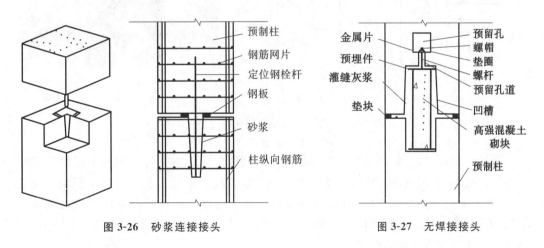

图 3-26 砂浆连接接头   图 3-27 无焊接接头

9. PCI 的螺栓连接

PCI 手册提供两种柱-柱连接方法,均是用预埋钢板、预埋螺栓进行连接,如图 3-28 所示。这两种连接方式施工方便、劳动强度低,但是连接部位削弱较多,对承载力、刚度会有一定程度的影响。

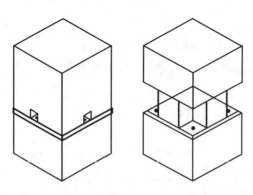

图 3-28　PCI 两种螺栓干式连接

二、框架梁-柱连接节点

1. 牛腿连接

牛腿连接是柱-柱干式连接中比较普遍的连接方式。明牛腿节点主要应用于预制装配式钢筋混凝土多层厂房中,如图 3-29 所示。这种节点施工方便,刚性好,受力可靠。但其做法影响了建筑美观,且占用空间,应用不是很普遍。

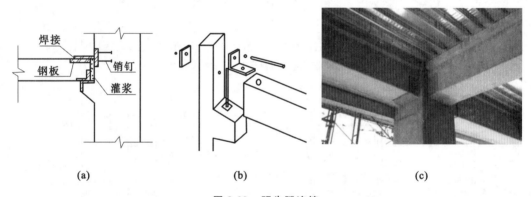

（a）　　　　　　　　　　　（b）　　　　　　　　　　　（c）

图 3-29　明牛腿连接

（a）焊接牛腿连接(刚接)；（b）螺栓牛腿连接(铰接)；（c）明牛腿连接工程图片

焊接牛腿连接:该焊接连接的抗震性能不理想,在反复地震荷载作用下焊缝处容易发生脆性破坏,所以其能量耗散性能较差。但是焊接连接的施工方法避免了现场现浇混凝土,也不必进行必要的养护,可以节省工期。开发变形性能较好的焊接连接构造也是当前干式连接构造的发展方向。在施工中,为了使焊接有效和减小焊接的残余应力,应该充分安排好相应构件的焊接工序。

螺栓牛腿连接:牛腿具有很好的竖向承载力,但需要较大的建筑空间,影响建筑外观,因此多用于一些厂房建筑;也有用型钢等做成暗牛腿连接的,可以减小空间的使用。

牛腿连接配合焊接及螺栓,形成的节点形式多样,可做成刚接形式,也可做成铰接形式,适用范围更广。

　　为了避免影响空间和利于建筑美观,一般把柱子的牛腿做成暗牛腿,如图 3-30(a)所示。但暗牛腿的做法给结构性能带来了缺点。如果梁的一半高度能够承受剪力,则另一半梁高就能够用于做出柱子的牛腿,而要使牛腿的轮廓不突出梁边,则梁端和牛腿的配筋是比较复杂的。

　　当剪力较大时,则一半的梁高不足以承担全梁的剪力,这时可以用型钢做成牛腿,如图 3-30(b)所示。这样还可以减小暗牛腿的高度,相应地增加梁端缺口梁的高度,以增加缺口梁梁端的抗剪能力。

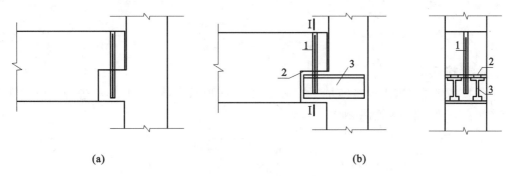

图 3-30　暗牛腿连接

(a)普通暗牛腿连接;(b)型钢暗牛腿连接

1—后加和灌浆的销;2—氯丁橡胶板;3—型钢

2. 暗牛腿-钢板连接

　　暗牛腿加预埋件焊接的构造是比较理想的节点形式。其中,暗牛腿可以是混凝土牛腿也可以是型钢牛腿。由此,构造出了钢筋混凝土暗牛腿连接、型钢暗牛腿连接、企口连接,如图 3-31 所示。

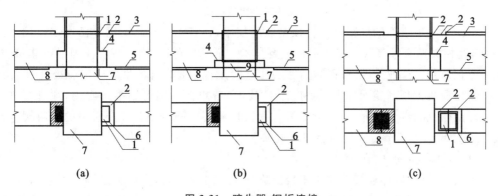

图 3-31　暗牛腿-钢板连接

(a)钢筋混凝土暗牛腿连接;(b)型钢暗牛腿连接;(c)企口连接

1—活动盖板;2—梁端的预埋钢板;3—梁端上部受力钢筋;4—承压钢板;
5—梁端下部受力钢筋;6—焊缝;7—预制柱;8—预制梁;9—型钢

3. 钢吊架式连接

　　钢吊架式连接在北美应用广泛,显著的优点是柱子的模板制作较简单,如图 3-32 所示。

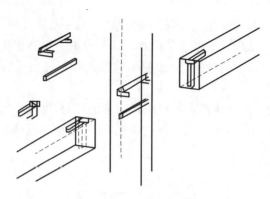

图 3-32　钢吊架式连接

4. 焊接连接

焊接连接是美国干式连接方法之一,如图 3-33 所示。焊接连接不必进行养护,可以节省工期,避免现场现浇混凝土。

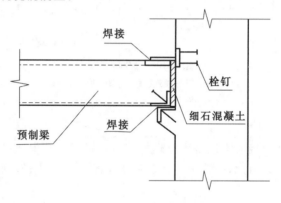

图 3-33　焊接连接

它作为一项成熟的混凝土结构预制装配技术,在日本、美国、英国等已推广应用了近 20 年,经相关专家考察认为该体系在主要技术方面基本可行,同时符合我国绿色建筑、建筑工业化及住宅产业化的发展趋势,在我国建设工程中有很好的推广应用前景。

新型混凝土预制装配技术(简称 NPC 技术)若想在我国得到推广应用,须进行进一步的理论研究和试验研究,总结形成符合我国抗震要求的全预制装配楼房的验收规范与施工工艺等。NPC 节点主要包括以下几种。

(1) 外墙竖向连接节点。

外墙上、下层墙体连接部位位于楼层面向上 500 mm 处,水平施工缝采用企口连接。企口宽 15 mm,外低内高,采用弹性密封胶封闭,如图 3-34 所示。下层墙体预留插筋,插筋数量、规格、直径同竖向受力钢筋。上层墙体内预留 ϕ50 mm 金属螺旋注浆管,注浆管长度、位置与下层墙体插筋一一对应,注浆管出口设置在外墙内侧面以方便操作。上层墙体待安装、校正到位后再进行灌浆施工形成刚性连接节点,灌浆料采用强度不低于 50 MPa 的水泥基灌浆料。

(2) 内墙竖向连接节点。

内墙上、下层墙体连接部位位于楼层层面,插筋长度一侧为 600 mm,另一侧为

1000 mm,如图 3-35 所示。上层墙体预留注浆管出口同样分别设置在墙体两侧面,长度、位置等与插筋一一对应,其余施工工序及要求相同。

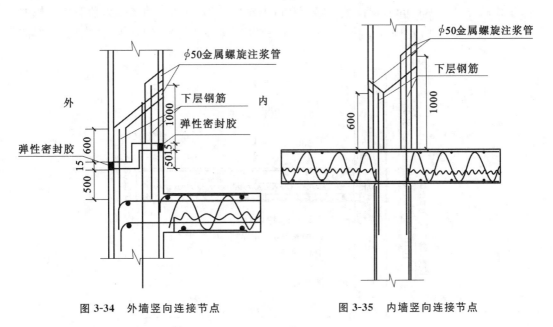

图 3-34 外墙竖向连接节点   图 3-35 内墙竖向连接节点

（3）墙体水平连接节点。

预制墙体水平连接节点分为 T 形连接,如图 3-36(a)所示;L 形连接,如图 3-36(b)所示;一字形连接,如图 3-36(c)所示。

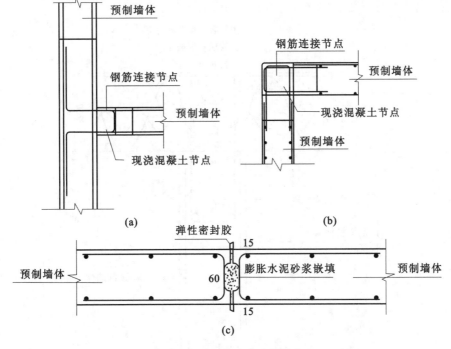

图 3-36 剪力墙水平连接节点

（a）T 形墙连接节点;（b）L 形墙连接节点;（c）一字形墙连接节点

（4）墙板连接节点。

竖向墙体安装及浆锚施工完成后即可进行楼层预制叠合板安装，叠合板厚 200 mm，其中预制部分厚 100 mm，现浇部分厚 100 mm，如图 3-37 所示。墙体作为预制叠合板的临时支座，预制叠合板搁置在墙体上，搁置长度为 20 mm，同时应做好预制叠合板下部的临时支撑。

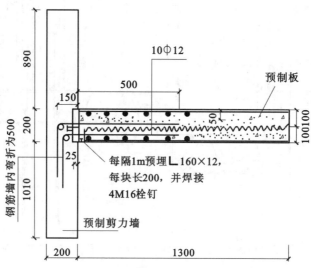

图 3-37　墙板连接

（5）墙梁连接节点。

墙体与梁连接节点采用现浇形式，在墙体预留梁槽位置。梁采用叠合形式，预制梁槽搁置在墙体上的长度为 20 mm，如图 3-38 所示。

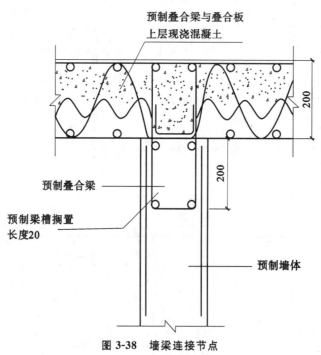

图 3-38　墙梁连接节点

5. 螺栓连接

螺栓连接的接头,安装迅速利落,缺点是螺栓位置在预制时必须制作得特别准确,运输以及安装时为了避免受弯,必须极其小心地予以保护。

比利时常采用牛腿和螺栓连接,如图 3-39 所示。钢筋混凝土暗牛腿螺栓连接,如图 3-39(a)所示;型钢暗牛腿螺栓连接方式,如图 3-39(b)所示。这两种连接可以抵抗较小的梁端弯矩和扭矩,仍然属于铰接。

另外,在门式刚架中,普遍应用预制构件的企口接头,如图 3-39(c)所示。该接头多用螺栓连接。螺栓连接可以传递弯矩和剪力,其承载能力多取决于钢板和螺栓的材性,主要靠钢板和混凝土表面的摩擦传力。

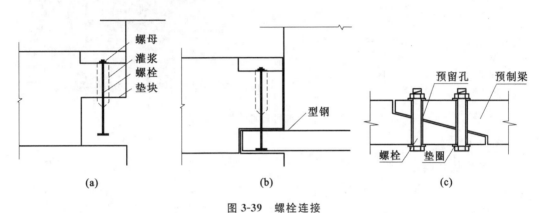

图 3-39　螺栓连接

(a) 钢筋混凝土暗牛腿螺栓连接;(b) 型钢暗牛腿螺栓连接;(c) 预制构件的企口连接

三、剪力墙结构连接节点

1. 插筋灌浆连接

目前插筋灌浆连接已经形成了成熟的混凝土结构预制装配技术(NPC 技术)。其原理主要是采用预制钢筋混凝土柱、墙,预制钢筋混凝土叠合梁、板,通过预埋件、预留插孔灌浆、钢筋混凝土后浇部分等将梁、板、柱及节点连成整体,形成整体结构体系。

2. 套筒连接

套筒连接技术是将连接钢筋插入带有凹凸槽的高强套筒内,然后注入高强灌浆料,硬化后将钢筋和套筒牢固结合在一起形成整体,通过套筒内侧的凹凸槽和变形钢筋的凹凸纹之间的灌浆料来传力。套筒连接技术在美国和日本应用广泛,如图 3-40 所示。

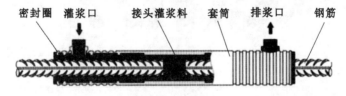

图 3-40　套筒接头

　　最新的套筒连接是将套筒一端的连接钢筋在预制厂通过螺纹完成机械连接,另一端钢筋在现场通过灌浆连接,如图 3-41 所示。钱稼茹等采用日东工业生产的 D-16 套筒,对预制剪力墙的竖向钢筋进行连接,与现浇剪力墙对比进行抗震性能试验研究。结果表明,采用此套筒连接的剪力墙能够有效传递竖向钢筋应力,破坏形态和现浇试件相同。

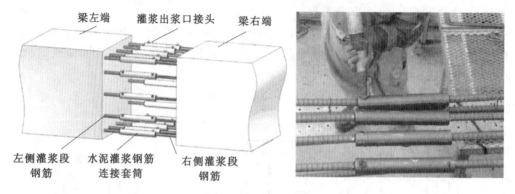

图 3-41　现代套筒灌浆连接

3. 机械连接

　　机械连接是通过钢筋与连接件的机械咬合作用或钢筋端面的承压作用,将一根钢筋中的力传递至另一根钢筋的连接方法。据日本焊接学会调查,目前的钢筋连接方法已有64 种,其中 60% 是机械连接。20 世纪 80 年代,我国开始对钢筋机械连接进行研究,发现常用的钢筋机械接头有套筒挤压接头、锥螺纹接头、镦粗直螺纹接头熔融金属充填接头等,在我国最新规范《钢筋机械连接技术规程》(JGJ 107—2016)中对相关连接方法及参数均有规定。美国 ERICO 公司是一家世界级的钢筋连接设计和生产公司,其钢筋连接方法被广泛应用于建筑结构中,具有代表性的几种钢筋机械连接方式如图 3-42 所示。

图 3-42　ERICO 公司钢筋机械连接

项目四 装配式混凝土结构新型节点连接形式

一、新型节点连接形式的构造思路

新型全预制装配式混凝土结构干式节点连接区应能承受轴力、剪力和弯矩,以保证强度和变形的连续性。以前的连接形式大多没有考虑其抗震性能,这样的节点在地震中是不安全的。鉴于以往预制混凝土结构在地震中的破坏情况,新开发的连接接头应在满足承载力要求的基础上考虑其抗震性能。在参考现有湿式连接方法和国外干式连接方法的基础上,新型节点连接形式类似于钢结构连接方法的干式连接方法,即利用钢材具有较好的变形性能这一优点来实现柱-柱、梁-柱以及剪力墙连接区的良好的变形能力。在框架柱-柱连接中,利用齿槽的剪力键作用来抵抗框架所承受的水平荷载,并在已有的企口连接形式基础上,提出更为合理的构造;在框架梁-柱连接中,利用牛腿和榫头良好的传力性能提高其承载力;在剪力墙连接中,充分应用柱-柱、梁-柱中的连接构造。

新型全预制
装配式混凝土
结构的设计
与分析

新型全预制装配式混凝土干式连接节点的构造思路为:

① 利用钢结构的连接方式连接混凝土构件;

② 连接方式为刚接,并选择干式连接;

③ 充分利用钢材良好的变形能力,保证构件有较好的延性;

④ 传力路径明确;

⑤ 法兰盘具有良好的抗弯、抗剪性能,能够承担较大的水平荷载,应充分利用;

⑥ 尽量使受力的钢结构构件置于柱截面外,以便于检修和更新;

⑦ 柱-柱连接及剪力墙连接区域尽量设置在构件受力较小的反弯点附近;

⑧ 柱-柱连接中齿槽可以提供剪力键,抵抗柱所承受的部分水平荷载;

⑨ 梁-柱连接中应该充分利用牛腿和榫头良好的传力性能。

二、新型柱-柱节点连接形式

1. 法兰盘型钢连接

法兰盘型钢连接是将方环状法兰板通过预埋件与带有企口的预制柱锚定,并将预制柱内的纵向钢筋也焊接到法兰板上,再通过分布在法兰板四周的高强螺栓将上、下预制柱连接成整体的一种干式连接节点。混凝土与法兰板共同承压,高强螺栓承受剪力和弯矩,传力路径明确,如图3-43所示。法兰板截面示意图如图3-44所示。

与以往的柱-柱连接形式相比较,其优点是充分利用了法兰板和高强螺栓良好的受力性能;安装便捷、快速,外形美观;主要承受剪力和弯矩的连接螺栓置于柱截面外,便于检修和更新;不需要经过湿作业甚至现场无明火作业。

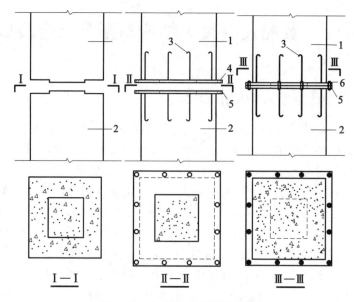

图 3-43　柱-柱法兰盘型钢连接

1—上预制柱；2—下预制柱；3—预埋件锚定；
4—螺栓孔壁；5—法兰板；6—螺栓

图 3-44　法兰板截面示意图

2. 方形薄壁钢管连接

方形薄壁钢管连接与法兰盘型钢连接类似，利用一个预埋在预制柱内的方形薄壁钢管来代替法兰板及其预埋件，构造更加简单，省去了预制阶段预埋件锚定的工序，如图 3-45 所示。薄壁钢管三维结构示意图如图 3-46 所示。这种连接形式同样以混凝土与钢管共同承压，高强螺栓承受剪力和弯矩，传力路径明确。在薄壁钢管连接中，为了提高管壁与混凝土间的抗滑移力，可以在钢管上预留孔，并布置横向钢筋，如图 3-47 所示。这样可以进一步提高结构的承载力。

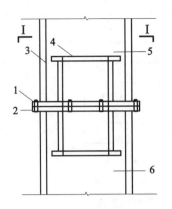

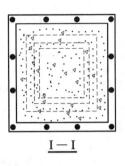

图 3-45　柱-柱方形薄壁钢管连接
1—螺栓;2—法兰板;3—柱纵向钢筋;
4—预埋方形薄壁钢管;5—上预制柱;6—下预制柱

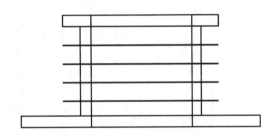

图3-46　薄壁钢管三维结构示意图　　　　**图3-47　钢管中布置的横向钢筋**

3. 新型企口连接

新型柱-柱干式连接柱采用混凝土承压,焊接钢板、纵向受力钢筋共同承受弯矩,齿槽、箍筋和混凝土等承受剪力,传力明确。这种干式连接(图3-48)由于钢板的良好受力性能,连接区的范围较小,而且不需要经过湿作业,施工过程方便。

4. 榫式-法兰连接

结合榫式连接与法兰盘型钢连接的特点,提出了一种新的构造形式——榫式-法兰连接,即在上、下预制柱截面中心区域形成榫式齿槽柱,并在四周锚定一块法兰板,最后以高强螺栓连接成为整体。在这种连接形式中,混凝土与法兰板共同承压,齿槽、箍筋、高强螺栓承受剪力,齿槽、高强螺栓共同承受弯矩,如图3-49所示。预制齿槽柱的三维结构示意图如图3-50所示。相比于法兰盘型钢连接,这种连接由于柱齿的存在,对抗剪、抗弯承载力均有提高,但在施工工艺上相对复杂。

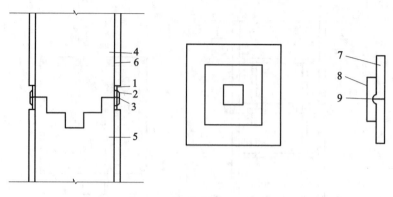

图 3-48　柱-柱新型企口连接

1—预埋钢管;2—活动盖板;3—焊缝;4—上预制柱;5—下预制柱;
6—柱纵向钢筋;7—预埋钢板;8—活动盖板;9—焊缝

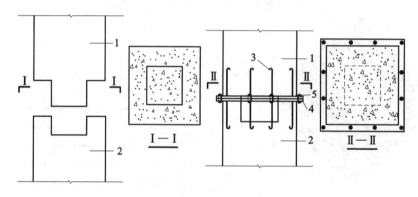

图 3-49　柱-柱榫式-法兰连接

1—上预制柱;2—下预制柱;3—预埋件锚定;4—法兰板;5—螺栓

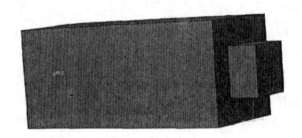

图 3-50　预制齿槽柱三维结构示意图

5. 榫式-薄壁钢管连接

这是结合榫式连接以及方形薄壁钢管连接提出的一种构造形式(图 3-51),榫式-薄壁钢管连接的三维结构示意图如图 3-52 所示。

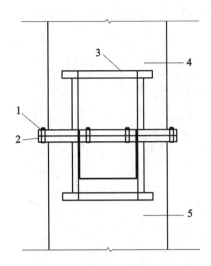

图 3-51 柱-柱榫式-薄壁钢管连接

1—螺栓;2—法兰板;3—预埋方形薄壁钢管;
4—上预制柱;5—下预制柱

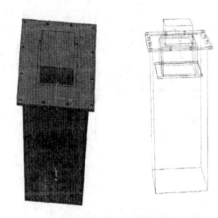

图 3-52 榫式-薄壁钢管连接三维结构示意图

三、新型梁-柱节点连接形式

1. 暗牛腿-法兰连接

这种连接分别在暗牛腿和缺口梁截面通过预埋件锚固一块法兰板,并通过高强螺栓连接成整体,如图 3-53 所示。由于钢板的存在,节点处不会存在应力集中的情况。在暗牛腿-法兰连接中,柱端剪力由暗牛腿和高强螺栓共同承受。由于梁端部产生负弯矩,故节点处上部受拉,下部受压,上部拉应力由螺栓承担,而下部压应力主要由受压钢板承担。这样节点传力路径明确,遵循尽量将剪力传递路径和弯矩传递路径分开这一构造思路,且安装十分便捷、快速,同样不需要经过湿作业甚至现场无明火作业,优势明显。

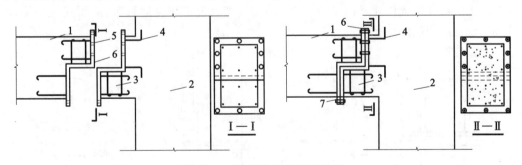

图 3-53 梁-柱暗牛腿-法兰连接

1—预制缺口梁;2—预制柱;3—暗牛腿;4—预埋件锚定;5—螺栓孔壁;6—法兰板;7—螺栓

2. 榫式-法兰连接

这是与柱-柱连接中的榫式-法兰连接相类似的一种节点形式,研究发现,它同样适用于梁-柱节点连接,如图 3-54 所示。首先,柱端突出的榫头部分类似于暗牛腿,它既可以承受缺口梁传来的竖向剪力,也可以承担一定的弯矩作用。而高强螺栓则同时可以承担剪力和弯矩。这种构造的优势在于其更有利于缺口梁和榫头的配筋,且结构形式更加合理,由于钢板的用量减少,其经济性也更好。

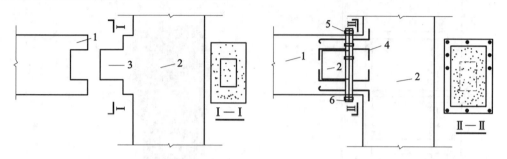

图 3-54　梁-柱榫式-法兰连接

1—预制缺口梁;2—预制柱;3—榫头;4—预埋件锚定;5—螺栓;6—法兰板

四、新型剪力墙连接

目前,剪力墙节点连接形式基本为半预制,充分利用钢结构的干式连接方法,提出了以下几种新型全预制装配式剪力墙干式连接节点的方式。以下设计的几种干式节点均可以沿剪力墙四周布置。

1. 法兰盘型钢连接

剪力墙连接中的法兰盘型钢连接与框架干式节点中的法兰盘型钢连接相似,只是在截面尺寸以及受力情况上有所不同。在剪力墙结构中,连接节点分为竖向节点和水平节点,剪力墙法兰盘型钢竖向连接节点如图 3-55 所示。法兰板三维示意图如图 3-56 所示。一字形墙、T 形墙和 L 形墙的水平连接节点构造示意图如图 3-57 所示。截面尺寸的改变,使法兰盘连接节点可以承受更大的弯矩,故有较好的抗震性能,且安装便捷、快速,外形美观;主要承受剪力和弯矩的连接螺栓置于柱截面外,便于检修和更新;不需要经过湿作业甚至现场无明火作业。出于经济性的考虑,法兰板不应该通长布置,而应该根据设计要求设计一定的间隔。

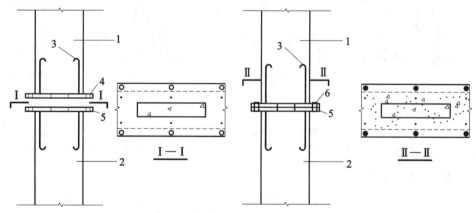

图 3-55　剪力墙法兰盘型钢竖向连接节点

1—上预制剪力墙;2—下预制剪力墙;3—预埋件锚定;4—螺栓孔壁;5—法兰板;6—螺栓

图 3-56 法兰板三维示意图

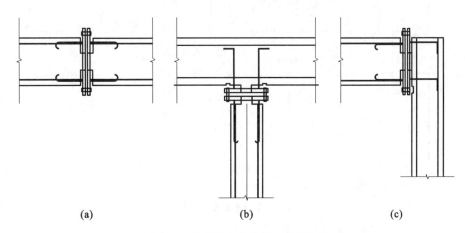

(a)　　　　　　　　　　(b)　　　　　　　　　　(c)

图 3-57 剪力墙法兰盘型钢水平连接

（a）一字形墙节点；（b）T 形墙节点；（c）L 形墙节点

2. 方形薄壁钢管连接

这种连接与柱-柱节点中的方形薄壁钢管连接类似,如图 3-58 所示。薄壁钢管的三维示意图如图 3-59 所示。

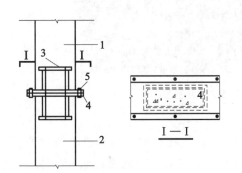

图 3-58 剪力墙方形薄壁钢管连接

1—上预制剪力墙；2—下预制剪力墙；

3—方形薄壁钢管；4—法兰板；5—螺栓

图 3-59 薄壁钢管三维示意图

3. 榫式-法兰连接

这种连接与柱-柱节点中的榫式-法兰连接类似,如图 3-60 所示。预制剪力墙的三维结构示意图如图 3-61 所示。

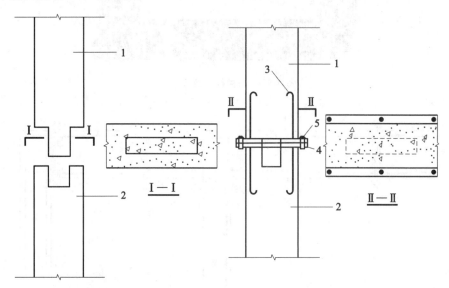

图 3-60 剪力墙榫式-法兰连接

1—上预制剪力墙;2—下预制剪力墙;3—预埋件锚定;4—法兰板;5—螺栓

图 3-61 预制剪力墙三维结构示意图

4. 企口连接

剪力墙企口连接是在东南大学提出的新型柱-柱齿连接柱的基础上提出的一种新型剪力墙干式连接形式,如图 3-62 所示。新型剪力墙企口连接采用混凝土承压,焊接钢板、纵向受力钢筋共同承受弯矩,企口齿槽、箍筋和混凝土承受剪力,传力明确,受力性能良好且施工方便。

5. 螺栓连接

螺栓连接是结构形式较为合理,且受力性能良好的剪力墙干式连接形式,如图 3-63 所示。由于连接节点处有混凝土截面损失,故应在结构拼装结束后,在缺口部分现浇混凝土以保证承载力和整体刚度的要求。

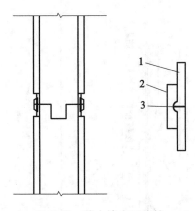

图 3-62 剪力墙企口连接

1—预埋钢管；2—活动盖板；3—焊缝

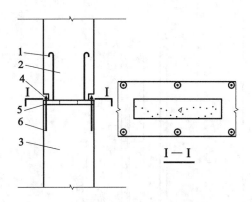

图 3-63 剪力墙螺栓连接

1—预埋件；2—上预制剪力墙；3—下预制剪力墙；
4—螺杆；5—钢板；6—预留孔

　　法兰盘连接与榫式连接的组合应用是诸多新型连接节点的核心，其优点是充分利用了法兰板和高强螺栓良好的受力性能；安装便捷、快速，外形美观；主要承受剪力和弯矩的连接螺栓置于柱截面外，便于检修和更新；不需要经过湿作业甚至现场无明火作业。

项目五　装配式混凝土结构连接节点的识读

一、混凝土叠合板连接构造

　　常见混凝土叠合板连接构造的连接节点如表 3-1 所示。[表中节点参考图集《装配式混凝土结构连接节点构造（楼盖和楼梯）》(15G310-1)。]

二、混凝土叠合梁连接构造

　　常见混凝土叠合梁连接构造的连接节点如表 3-2 所示。[表中节点参考图集《装配式混凝土结构连接节点构造（楼盖和楼梯）》(15G310-1)。]

三、连梁及楼(屋)面梁与预制墙的连接构造

　　常见连梁及楼(屋)面梁与预制墙的连接构造如表 3-3 所示。[表中节点参考图集《装配式混凝土结构连接节点构造（剪力墙）》(15G310-2)。]

《装配式混凝土
结构连接节点
构造（楼盖和楼梯）》
（15G310-1）

《装配式混凝土
结构连接节点
构造（剪力墙）》
（15G310-2）

表 3-1

混凝土叠合板连接构造

1. 双向叠合板整体式接缝连接构造

后浇带形式接缝(一)(板底纵筋直线搭接)

接缝处顺缝板底纵筋 A_{sB}

$\geq l_l$

$l_b \geq 200$

≥ 10

后浇带形式接缝(三)(板底纵筋末端带 90°弯钩搭接)

接缝处顺缝板底纵筋 A_{sB}

$\geq l_a$

$l_b \geq 200$

≥ 10

后浇带形式接缝(二)(板底纵筋末端带 135°弯钩连接)

接缝处顺缝板底纵筋 A_{sB}

$\geq l_a$

$l_b \geq 200$

≥ 10

后浇带连接(四)(板底纵筋弯折锚固)

接缝处顺缝板底纵筋 A_{sB}

折角处附加通长构造钢筋 2 根, 直径 ≥ 6 且不小于该方向预制板内钢筋直径

$\geq 10d$

$l_b \geq 200$

$\leq 30°$

混凝土自然流淌面

$\leq 30°$

$\geq 10d$, 且 ≥ 120

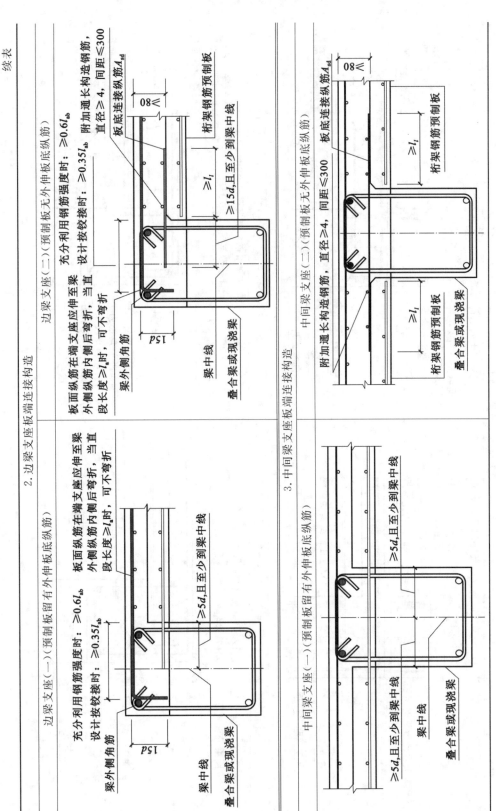

2. 边梁支座板端连接构造

边梁支座（一）（预制板留有外伸底纵筋）

边梁支座（二）（预制板无外伸底板纵筋）

3. 中间梁支座板端连接构造

中间梁支座（一）（预制板留有外伸板底纵筋）

中间梁支座（二）（预制板无外伸底板纵筋）

75

续表

4. 剪力墙边支座板端连接构造

中间层剪力墙边支座（一）（预制板留有外伸板底纵筋）

中间层剪力墙边支座（二）（预制板无外伸板底纵筋）

顶层剪力墙边支座（一）（预制板留有外伸板底纵筋）

顶层剪力墙边支座（二）（预制板无外伸板底纵筋）

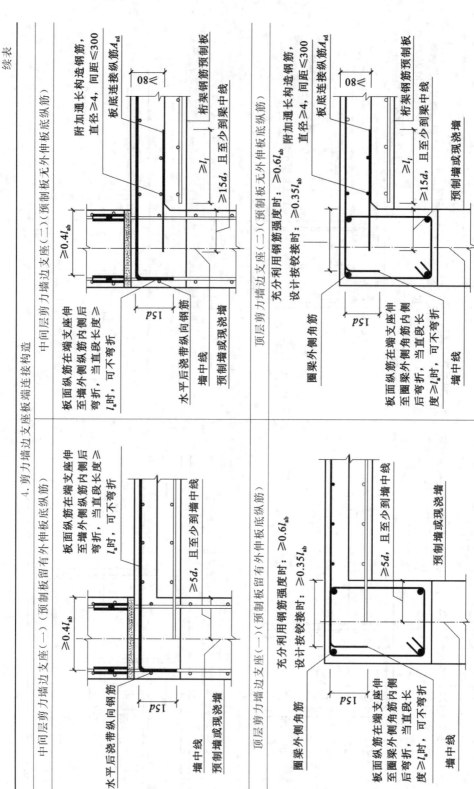

续表

5. 剪力墙中间支座板端连接构造

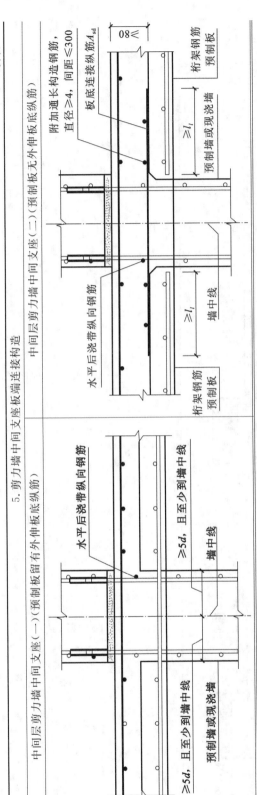

中间层剪力墙中间支座（一）（预制板留有外伸板底纵筋）

中间层剪力墙中间支座（二）（预制板无外伸板底纵筋）

水平后浇带纵向钢筋

桁架钢筋预制板

附加通长构造钢筋，直径≥4，间距≤300

板底连接纵筋A_{sd}

预制墙或现浇墙

墙中线

$≥5d$，且至少到墙中线

$≥l_l$

6. 单向叠合板侧连接构造

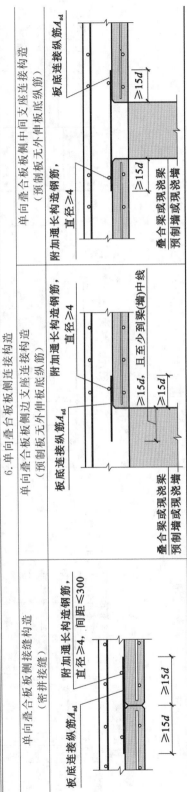

单向叠合板板侧支座连接构造（预制板无外伸板底纵筋）

单向叠合板板侧边支座连接构造（预制板无外伸板底纵筋）

单向叠合板侧接缝连接构造（密拼接缝）

单向叠合板板侧中间支座连接构造（预制板无外伸板底纵筋）

附加通长构造钢筋，直径≥4

附加通长构造钢筋，直径≥4，间距≤300

板底连接纵筋A_{sd}

叠合梁或现浇梁预制墙或现浇墙

$≥15d$，且至少到梁（墙）中线

$≥15d$

$≥l_l$

注：1. 叠合板中的底筋应采用桁架整体式接连构造。其中桁架钢筋预制板，双向叠合板宜沿主受力方向布置。桁架钢筋与板受力钢筋的位置仅为示意，由设计确定。
2. "1. 双线叠合板整体式接连构造"中，接缝处顺接板底纵筋A_{sd}及后浇段宽度的后浇带接缝宜设置在受力较小部位。
3. "1. 双线叠合板整体式接连构造"中，接缝处顺接板底纵筋A_{sd}，由设计确定l_l，由设计确定l_a。l_a为板底受拉钢筋锚固长度。
4. 设"1. 双线叠合板整体连接构造"（四）中的动画连接预制板两侧预制板底弯折纵筋直径的较大值。
5. 图中板底连接纵筋A_{sd}由设计确定。

表 3-2 混凝土叠合梁连接构造

1. 主次梁边支座节点连接构造

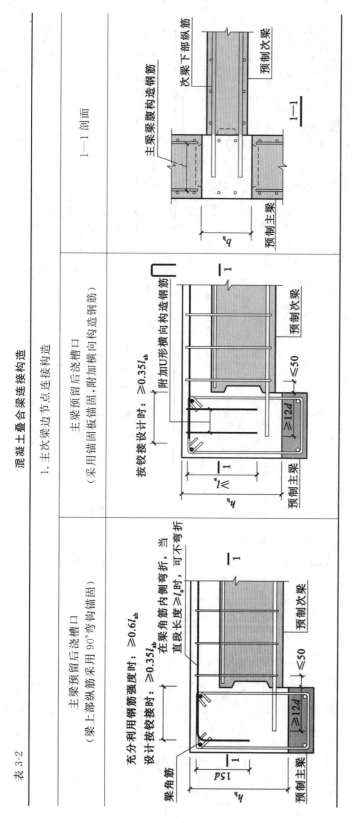

1—1 剖面

主梁预留后浇槽口
（采用锚固板后锚固，附加横向构造钢筋）

铰接设计时：≥0.35l_{ab}

附加U形横向构造钢筋

预制次梁

≤50

≥12d

预制主梁

主梁预留后浇槽口
（梁上部纵筋采用 90°弯钩锚固）

充分利用钢筋强度时：≥0.6l_{ab}
铰接设计时：≥0.35l_{ab}

15d

在梁角筋内侧弯折，当
直段长度≥l_a时，可不弯折

预制次梁

≤50

≥12d

梁角筋

预制主梁

78

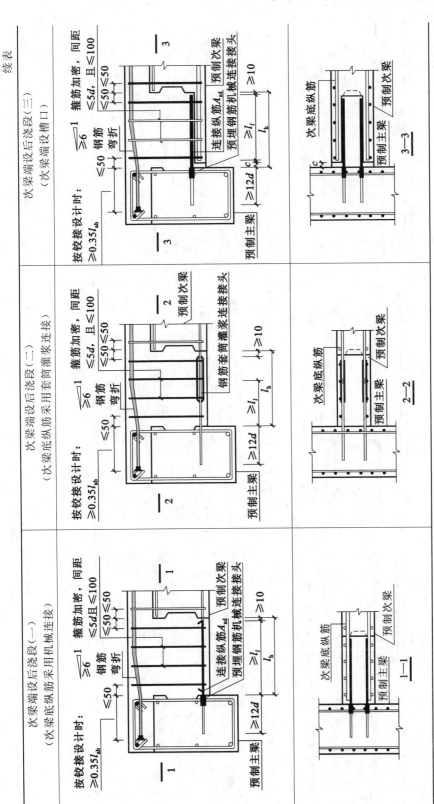

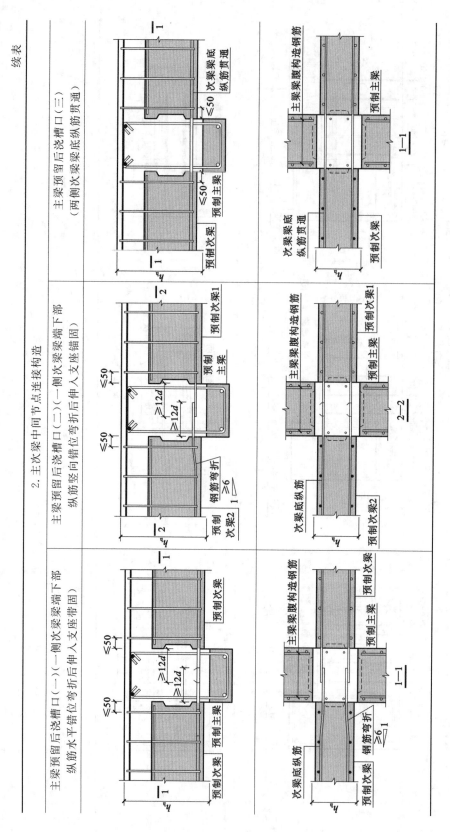

2. 主次梁中间节点连接构造

主梁预留后浇槽口(一)(一侧次梁梁端下部纵筋水平错位弯折后伸入主座带固)

主梁预留后浇槽口(二)(一侧次梁梁端下部纵筋竖向错位弯折后伸入支座锚固)

主梁预留后浇槽口(三)(两侧次梁底纵筋贯通)

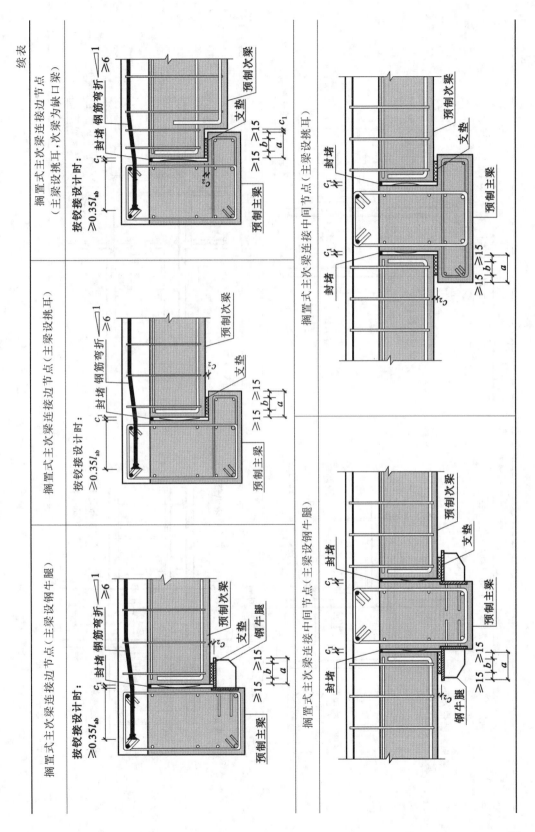

续表

3. 楼面梁与剪力墙平面外连接边节点构造

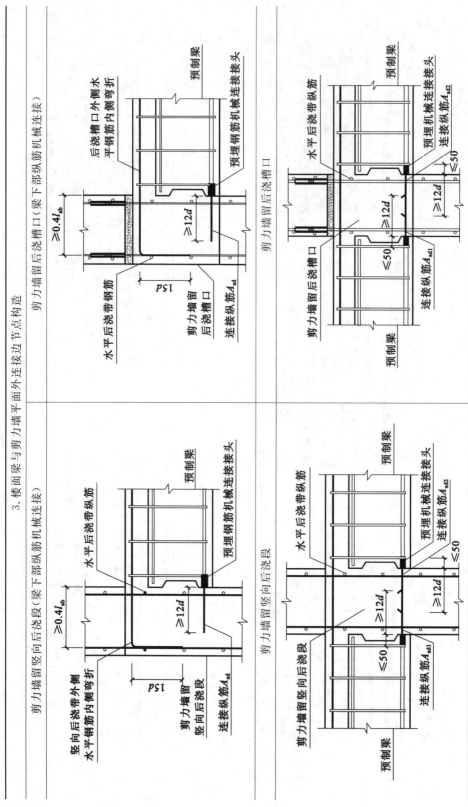

注：1. 图中预制梁为非框架梁。

2. 图中连接纵筋 A_{sd1}、A_{sd2} 由设计确定。

表 3-3 连梁及楼（屋）面梁与预制墙的连接构造

1. 预制连梁与墙后浇段的连接构造（预制连梁纵筋锚固段采用机械连接）

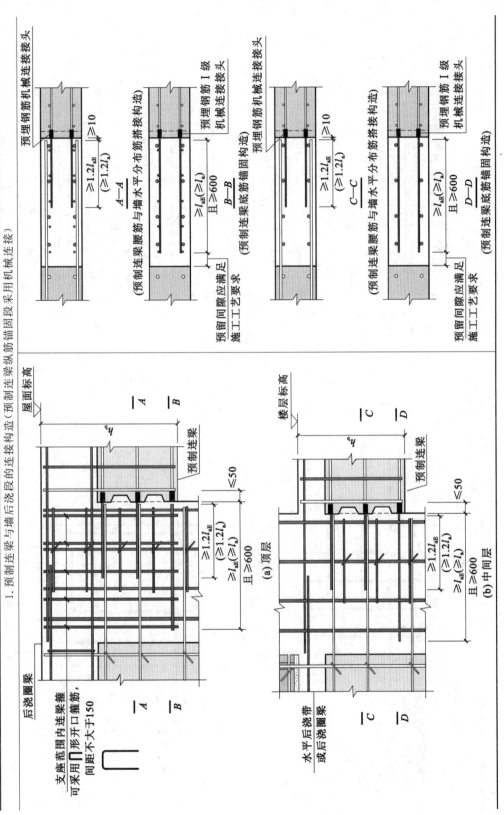

续表

2. 预制连梁与墙后浇段的连接构造（预制连梁预留纵筋在后浇段内锚固）

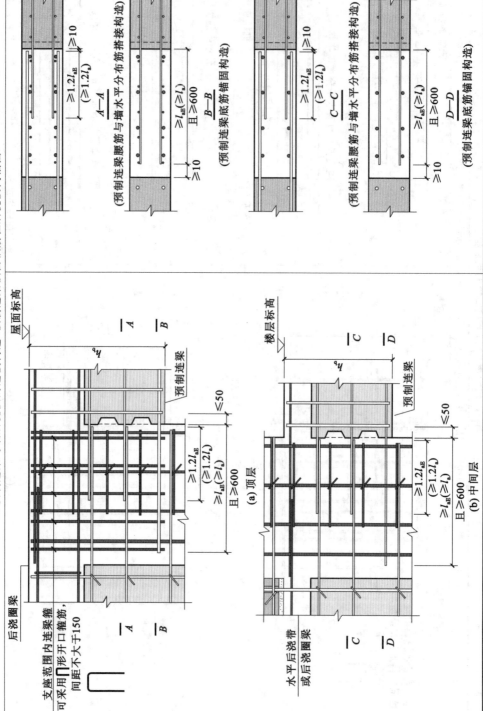

项目六　BIM 在工程设计中的应用

我国每年竣工的城乡建筑总面积约 13333 亿平方米,是全球第一大建筑市场,但是我国建筑业存在能耗大、质量差、周期长、成本高、不环保等一系列问题,迫切需要采取现代化手段推进建筑业转型升级。在 2016 年的"政府工作报告"中特别提出,积极推广绿色建筑,大力发展装配式建筑,提高建筑工程标准和质量。在中共中央、国务院印发的《关于进一步加强城市规划建设管理工作的若干意见》中也提出,发展新型建造方式,加大政策支持力度,力争用 10 年左右的时间,使装配式建筑占新建建筑的比例达到 30%。提供符合市场要求、节能环保、省工省时的新型装配式建筑,已经成为推进建筑产业可持续发展的必然趋势。

建筑工业化以标准化设计、工厂化生产、机械化施工、信息化管理为目标,装配式结构能很好地满足这一要求,积极发展各种预制装配式结构体系是实现装配式结构和建筑工业化的关键。美国、日本、欧洲等地区的装配式结构的应用较为广泛,装配化程度高。装配式结构在工厂生产预制构件,并在现场施工安装与构造处理,施工方式高效、便捷,能源耗用率低,工业化生产水平高,有利于将粗放型、密集型的现场施工工人转变为技能型的产业化工人,符合绿色建筑的概念以及建筑产业工业化转型的发展趋势。在我国,建筑产业属于劳动密集型产业,装配化程度和工业化水平均较低,装配式结构在市场上的占有率也较低。装配式结构还未能做到完全的标准化设计,不能满足工业化的自动生产方式,信息化管理还有待提高。

BIM 以建筑全寿命周期为主线,将建筑的各个环节通过信息关联起来。BIM 技术改变了建筑的生产方式与管理模式,使建筑项目在规划、设计、施工和运营维护等过程中实现信息共享,并保证各过程信息的集成。将 BIM 技术应用到装配式结构设计中,以预制构件模型的方式进行全过程的设计,可以避免设计与生产、装配的脱节,并利用 BIM 模型中详细而精确的建筑信息,指导预制构件进行生产。在预制构件的工业化生产中,对每个构件进行统一、唯一的编码,并利用电子芯片技术植入构件信息,对构件进行实时跟踪。通过 BIM 技术建立四维 BIM 模型,对构配件的需求量进行全程控制,并通过 BIM 模型对构配件进行管理,防止构配件丢失或错拿的情况出现。BIM 技术为装配式结构的设计、生产、施工、管理过程的信息集成化提供了可能。

一、BIM 技术和装配式建筑

BIM 为建筑信息模型(building information modeling),该模型的创建以建筑项目中的各类数据、信息为基础,再通过数字信息虚拟仿真建筑物的实际真实信息,呈现的方式是数据库+三维模型,具有可视化、模拟性、协调性、优化性、可出图性等特点。作为建筑工程项目设计建造管理的数字化工具,BIM 技术通过参数化的模型整合项目的各类相关信息,从项目策划开始,直至生产、施工、运行和维护的全过程中进行数据及信息传递和共享,提高项目建设人员对建筑信息的认识、理解及应对的实效性,为建设方、设计方、生产方、施工方等相关方提供协同工作的基础和平台,从而促进生产效率提高、成本节约和工期优化。

装配式建筑的核心是"集成",信息化是"集成"的主线。对装配式建筑来说,通过BIM技术可以有效实现装配式建筑全生命周期的管理和控制,包括设计方案优化、构配件深化设计、构件生产运输、施工现场装配模拟、建筑使用中运营维护,等等,提高装配式建筑设计、生产及施工的效率,促进装配式建筑进一步推广,实现建筑工业化(图 3-64、图 3-65)。

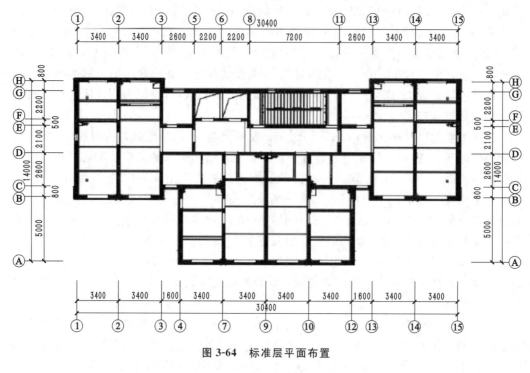

图 3-64 标准层平面布置

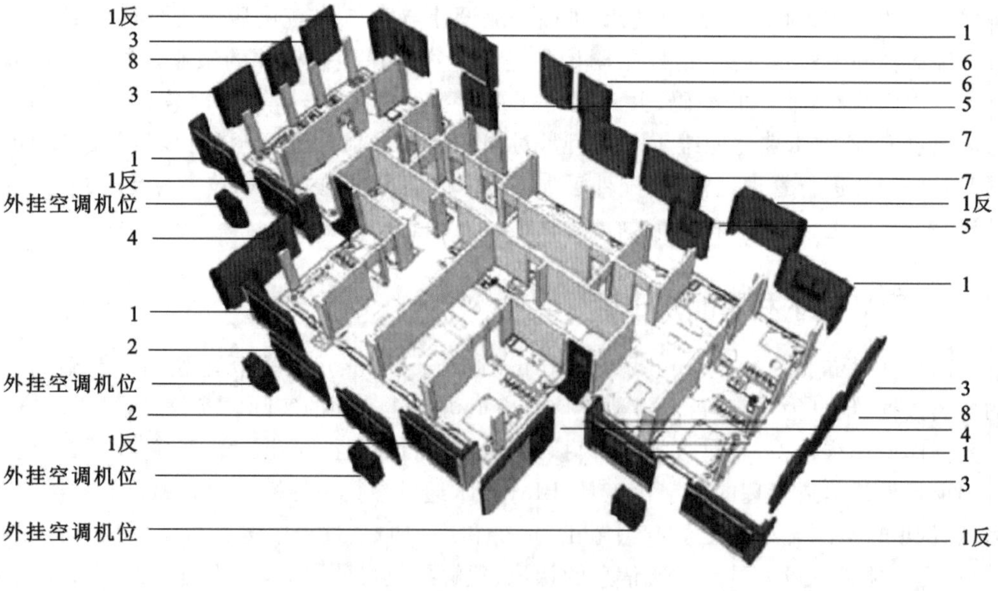

图 3-65 BIM 拆分方案

二、BIM 技术在装配式建筑中的应用

BIM 能够全面描述建筑工程项目的信息,项目的各参与方能同时根据自己的需要获取并使用信息,以达到规划、设计、施工、运营维护的一致。BIM 具有以下特点。

(1)可视化。对于传统的二维建筑施工图,工程人员只能依靠大脑想象构件的形式,而工程项目日益复杂,依靠想象困难重重。BIM 可视化使建筑构件以三维立体方式直观地展现在工程人员面前,并且项目的沟通、讨论、决策均能够在可视化状态下进行。

(2)协调性。建筑的设计过程参与的专业众多,设计时如果各专业沟通协调不到位,产生碰撞问题在所难免,返工修改耗时耗力,而 BIM 的协调性可以解决此类问题,在建造前协调各专业的设计,避免出现碰撞问题,将各专业的冲突降到最低。

(3)模拟性。BIM 技术能够在建造之前对建筑物的日照、热传导、建筑节能、施工等进行模拟,也可以模拟运营维护阶段的消防逃生等紧急情况的应急处理方案。

(4)优化性。工程的设计、施工和运营维护是不断优化的过程,BIM 模型可以向工程设计人员提供几何、物理、规则等建筑物可靠而详细的信息数据进行优化设计。现代建筑物达到一定的复杂程度后,工程人员必须依靠 BIM 技术和配套的优化工具进行优化。

(5)可出图性。BIM 技术不仅可以输出工程中常见的施工图纸,还可以输出经过协调、模拟、优化后的综合管线图、综合结构预留洞图、碰撞检查侦测报告和建议改进方案。

在预制装配式混凝土结构设计中使用 BIM 技术,能够有效解决设计、施工以及构件加工对接不足的问题,减少资源浪费。通过建立 BIM 参数化构件族,可以优化模型设计,合理利用劳动资源,提高工程质量。

1. BIM 技术在预装配式房屋建设中的应用优势

(1)产业化建造工期可控,提高效率。

在预装配式房屋设计中,根据实际工程所需要的构件,在 BIM 中建立对应的构件库,有利于提升设计单位、构件厂和施工企业的可视化协同能力,实现了将生产工艺集中在工业流水线上,现场以安装构件为主,避免了建筑材料浪费,可减少人力劳动,增加机械生产,提高生产效率。

(2)实现设计、施工一体化建造。

基于 BIM 的预制装配式混凝土结构设计的主要特点是精度高,覆盖设计、构件加工、现场施工等,能够妥善解决以往住宅设计图纸控制宽泛、对现场施工指导性差的问题。通过强化设计与施工的联系,搭建基于 BIM 技术的预制装配式设计施工一体化协同平台。该平台可以根据工程初步设计、审查等多个阶段完成的施工图,搭建预制装配式 BIM 模型,模型等级定为 LOD400 等级标准,并进行拆分模拟。根据设计阶段的 BIM 成果,完成 PC 运输、施工过程中各种工况的相关深化设计计算;通过结构计算确定脱模、存放时的吊装和支撑位置。根据 PC 的 BIM 模型搭建及深化设计,生成完整的 BIM 信息模型,形成深化设计图纸,用于指导后期生产和施工。

（3）三维技术交底，提高施工质量。

目前，施工企业对装配式混凝土结构施工尚缺少经验，对此，现场依据工程特点和技术难易程度可选择三维技术交底形式，例如套筒灌浆、叠合板支撑、各种构件（外墙板、内墙板、叠合板、楼梯等）的吊装等施工方案通过 BIM 技术三维直观展示，模拟现场构件安装过程和周边环境。对劳务队伍则采用三维技术交底，指导工人安装。交底内容明确直观，方便了施工现场对分包工程质量的控制。

采用三维技术交底的方式，建立了产业化施工标准，拥有了产业化设计施工团队，培养了专业化人才，提高了对工程质量的控制水平。

2. BIM 技术在装配式建筑不同阶段的应用

装配式建筑与现浇式建筑相比，多一个预制构件生产阶段，BIM 技术在装配式建筑的应用框架如图 3-66 所示。

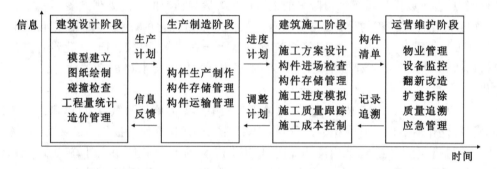

图 3-66　BIM 技术在装配式建筑的应用框架

（1）BIM 技术在建筑设计阶段的应用。

① BIM 模型建立及图纸绘制（图 3-67）。BIM 技术建模以 3D 为基础，以参数化的设计方式建立构件的信息资料库，呈现的方式是数据库、三维模型。BIM 模型建立主要分为三个阶段：标准制定、模型建立、模型应用。BIM 模型中的图形单元都涵盖了构件的类型、尺寸、材质等参数，所有构件模型都是由参数控制，这就实现了 BIM 模型的关联性，若构件模型中某一参数发生改变，与之相关的所有构件都会随之更新，解决了图纸之间的错漏及信息不一致的问题。BIM 模型建成后，可根据需要导出一维 CAD 图纸、各构件数量表等，方便快捷。设计单位可利用 BIM 的可视化特征，与建设方、施工方、构件厂商等进行交流沟通，及时对设计方案进行修订完善，为后续各阶段的协同合作打下良好基础。

② 协同工作及碰撞检查。BIM 技术最大价值在于信息化和协同管理，为参与各方提供了一个三维设计信息交互的平台，将不同专业的设计模型在同一平台上交互合并，使各专业、各参与方协同工作成为可能。碰撞检查是针对整个建筑设计周期中的多专业协同设计，各专业将建好的 BIM 模型导入 BIM 碰撞软件，对施工流程进行模拟，开展施工碰撞检查，然后对碰撞点认真分析、讨论、排除，解决因信息不互通造成的各专业设计冲突，优化工程设计，在项目施工前预先解决问题，减少不必要的设计变更与返工。

③ 工程量统计与造价管理。在传统图纸时代,造价人员需花费大量的时间、精力统计工程量,且造价精确度不是很高。而在 BIM 中,因 BIM 是一个含有大量建筑信息的数据库,工程量可以由计算机快速地根据模型中的数据进行统计与计算,避免了人工操作,减少计算误差。

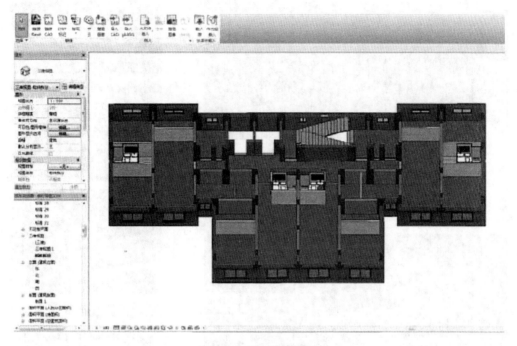

图 3-67　BIM 方案模型

(2) BIM 技术在生产制造阶段的应用。

① 构件生产制作(图 3-68)。装配式建筑建造中特有的且非常重要的一个环节是预制构件生产,此环节是连接建筑设计与施工吊装的桥梁与纽带。预制构件生产商可直接从 BIM 信息平台调取预制构件的尺寸、材质等,制订构件生产计划,开展有计划的生产,同时将生产信息反馈至 BIM 信息平台,及时让施工方了解构件生产情况,以便施工方做好施工准备及计划,有助于在整个预制装配过程实现零库存、零缺陷的精益建造目标。

为保证预制构件的质量,且便于对构件在生产、存储、运输、施工、运营维护进行全过程管理,在构件生产制作阶段,将 BIM 与物联网 RFID 技术相结合,根据用户需求,借鉴工程合同清单编码规则,对构件进行编码,编码具有唯一性、扩展性,从而确保构件信息的准确性。然后制作人员将含有构件类型、尺寸、材质、安装位置等信息的 RFID 芯片植入构件中,供各阶段工作人员读取、查阅并使用相关信息。根据实际施工情况,及时将构件质量、进度等信息反馈至 BIM 信息共享平台,以便生产方及时调整生产计划,避免待工、待料,实现双方协同互通。

② 构件运输管理。在运输预制构件时,通常可采用在运输车辆上植入 RFID 芯片的方法,这样可准确地跟踪并收集到运输车辆的信息数据。在构件运输规划中,要根据构件大小合理选择运输工具(特别是特殊构件),依据构件存储位置合理布置运输路线,依

照施工顺序安排构件运输顺序,寻求路程及时间最短的运输线路,降低运输费用,加快工程进度。

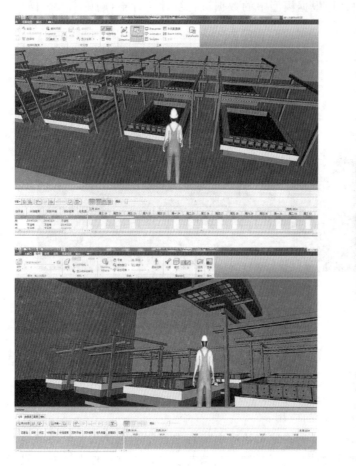

图 3-68　构件生产制作

(3) BIM 技术在建造施工阶段的应用。

① 预制构件现场管理。装配式建筑因预制构件种类繁多,经常会出现构件丢失、错用、误用等情况,所以对预制构件现场管理务必要严格。在现场管理中,主要将 RFID 技术与 BIM 技术结合,对构件进行实时追踪控制。构件入场时,在门禁系统中设置 RFID 阅读器,当运输车辆的入场信息被接收后,应马上组织人员进入现场检验,确认合格且信息准确无误后,按此前规划的线路引导到指定地点,并按构件存放要求放置,同时在 RFID 芯片中输入构配件到场的相关信息。在构件吊装阶段,工作人员手持阅读器和显示器,按照显示器上的信息依次进行吊运和装配,做到规范和一步到位,提升工作效率。

② 施工模拟仿真(图 3-69)。装配式建筑施工机械化程度高,施工工艺复杂,安全防护要求也高,需要各方协调配合,为此在施工前,施工方可利用 BIM 技术进行装配、吊装的施工模拟和仿真,进一步优化施工流程及施工方案,确保构件准确定位,从而实现高质量的安装。利用 BIM 技术优化施工场地布置,包括垂直机械、临时设施、构配件等位置合理布置,优化临时道路、车辆运输路线,尽可能降低二次搬运的浪费,降低施工成本,提升

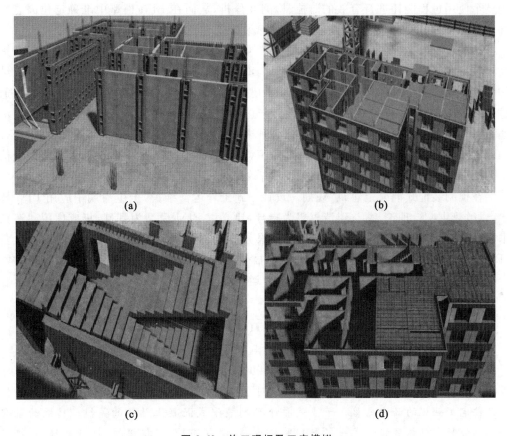

图 3-69　施工现场及工序模拟

（a）现浇部分模板支护安装；（b）预制楼板吊装；（c）预制楼梯吊装；（d）后置钢筋绑扎

施工机械吊装效率，加快装配进度。在各工序施工前，利用 BIM 技术实现可视化技术交底，通过三维展示，使交底更直观，各部门沟通更高效。另外，施工方也可通过 BIM 技术模拟安全突发事件，完善应急预案，减小安全事故发生概率。

③ 施工质量进度成本控制。在装配式建筑施工过程中，利用 BIM 技术将施工对象与施工进度数据连接，将"3D-BIM"模型转换成"4D-BIM"可视化模型，实现施工进度的实时跟踪与监控。在此基础上再引入资源维度，形成"5D-BIM"模型，施工方可通过此模型模拟装配施工过程及资源投入情况，建立装配式建筑"动态施工规划"，对质量、进度、成本实现动态管理。

（4）BIM 技术在运营维护阶段的应用。

随着物联网应用越来越广泛，装配式建筑运营维护阶段 BIM 技术的应用也迎来了新的发展机遇。在突发火灾等应急管理方面，通过 BIM 信息模型界面，可自动触发火警警报，准确定位火灾发生位置，为及时疏散人群和处理灾情提供重要信息。在装配式建筑及设备维护方面，运营维护管理人员可直接从 BIM 模型调取预制构件及设备的相关信息，提高维修的效率及水平。运营维护人员利用预制构件的 RFID 标签，获取保存其中的构件质量信息，也可取得生产工人、运输工人、安装工人及施工人员等相关信息，实现装配式建筑质量可追溯，明确责任归属。利用预制构件中预埋的 RFID 标签，对装配式建筑的整个使用过程能耗进行有效的监控、检测并分析，从而在 BIM 模型中准确定位高能耗部位，并采取合适的办法进行处理，从而实现装配式建筑的绿色运营维护管理。

目前，装配式混凝土结构设计日渐完善，建筑产业化可节省资源，推动技术创新，提高建筑品质，是建筑行业发展的必然趋势。BIM 技术的推广有利于预制装配式混凝土结构的推广，尤其是住宅产业化的推广，BIM 技术是实施住宅产业化的一个重要手段。通过引用 BIM 技术以构件族为核心使设计与施工良好衔接，强化了与构件厂及业主的沟通；通过 BIM 参数化与可视化手段模拟各种未知情况，为快速决策提供了支撑；制定符合项目特点的 BIM 标准是实施的必要保障；工程经验、施工设备等信息必须与 BIM 模型信息相结合才能有效指导施工；BIM 技术可有效记录承载知识与经验以利于后续工作。

在预制装配式混凝土建筑"规划—设计—施工—运营维护"全生命期中应用 BIM 技术，以敏捷供应链理论、精益建造思想为指导，建立以 BIM 模型为基础，集成虚拟建造技术、RFID 质量追踪技术、物联网技术、云服务技术、远程监控技术、高端辅助工程设备（RTK／智能机器人放样／3D 打印机／3D 扫描等）等数字化精益建造管理系统，实现对整个建筑供应链（勘察设计／生产／物流／施工／运营维护）的管理，是未来发展的必然方向。

🔶 单元小结

预制装配式混凝土技术通过工厂预制、现场装配，可以缩短工期、降低成本、保证建筑物质量、节约能源与资源、减少建筑垃圾对于环境的不良影响，发展预制装配式结构体系是住宅工业化的必由之路。节点是整个预制装配式混凝土结构的关键。传统的装配式钢筋混凝土结构装配形式一般采用胶锚连接、浆锚连接、间接搭接、机械连接、焊接连接或其他连接方式，通过后浇混凝土或灌浆使预制构件成为具有可靠传力和满足承载要求的混凝土结构。近年来，随着装配式结构的逐步发展，装配式结构无论是在装配形式还是外观上都有了很大改善，装配式结构的形式也不再拘泥于以前的"半装配式"的形式，越来越适应社会的发展需要，如今装配式结构的应用涵盖了大多数建筑领域，包括住宅、办公楼、工业厂房、仓库、公共建筑、体育建筑等，在建筑领域中所占的比重也越来越大。

BIM 技术以建筑全寿命周期为主线，将建筑的各个环节通过信息关联起来。BIM 技术改变了建筑的生产方式与管理模式，使建筑项目在规划、设计、施工和运营维护等过程实现信息共享，并保证各过程信息的集成。将 BIM 技术应用到装配式结构设计中，以预制构件模型的方式进行全过程的设计，可以避免设计与生产、装配的脱节，并利用 BIM 模型中详细而精确的建筑信息，指导预制构件进行生产。在预制构件的工业化生产中，对每个构件进行统一、唯一的编码，并利用电子芯片技术植入构件信息，对构件进行实时跟踪。通过 BIM 技术建立 4D-BIM 模型，对构配件的需求量进行全程控制，并通过 BIM 模型对构配件进行管理，防止构配件丢失或错拿的情况出现。BIM 技术为装配式结构的设计、生产、施工、管理过程的信息集成化提供了可能。

→ 思考练习题

一、填空题

1.在装配式混凝土结构的设计中,选择连接形式及设计时,应满足_____、_____、_____、_____、_____、_____的要求。

2.装配式混凝土结构是由_____通过可靠的连接方式装配而成的混凝土结构,包括装配整体式混凝土结构、全装配混凝土结构等。在建筑工程中,简称_____;在结构工程中,简称_____。

3.建筑设计应符合_____和_____,并宜采用_____、_____和_____的装配化集成技术。

4.在装配式混凝土结构中,钢筋常见的连接方式主要有两种,一种是_____,另一种是_____。

5.套筒灌浆连接是指在预制混凝土构件中预埋的金属套筒中插入钢筋并灌注水泥基灌浆料而实现的钢筋连接方式。连接套筒包括_____和_____两种形式。

二、选择题

1.墙板主要受力钢筋采用插入一定长度的钢套筒或预留金属波纹管孔洞,灌入高性能灌浆料形成的钢筋搭接连接接头的钢筋连接技术是(　　　)。

　A.金属波纹管浆锚搭接连接技术　　　　　B.套筒灌浆连接

　C.浆锚搭接连接　　　　　　　　　　　　D.半灌浆套筒

2.建筑预制件设计流程的特点是项目性、系统性和专业性强,建筑预制件往往是融合于整个预制装配式建筑施工图设计的,其设计流程是(　　　)。

①考虑相关预制体系的特点,完成建筑方案设计;②完成预制件的深化设计;③按现浇结构体系完成相关结构计算及初步施工图设计;④完成整套施工图。

　A.①②③④　　　　　　　　　　　　　　B.①③②④

　C.②①③④　　　　　　　　　　　　　　D.③①②④

3.榫式接头是把柱端做成榫头并伸出钢筋,是一种普遍的连接形式,榫头坐落在下柱的顶端,经校正就位后,把上、下柱伸出的钢筋相互焊接,加上箍筋,支模后浇筑混凝土,使上、下柱连成一个整体。这种接头主要靠(　　　)受力。

　A.榫头　　　　　　　　　　　　　　　　B.焊接钢筋

　C.榫头和焊接钢筋　　　　　　　　　　　D.混凝土

三、简答题

1.叠合板主要有哪些类型,特点分别是什么?

2.预制剪力墙截面形式及要求主要有哪些?

3.在装配式混凝土结构中,钢筋常见的连接方式主要哪些?简述各种连接方式。

4.框架柱-柱连接节点的连接方式有哪些?

5.框架梁-柱连接节点的连接方式有哪些?

6.剪力墙结构连接节点的连接方式有哪些?

7.BIM技术在预装配式房屋建设中的应用优势有哪些?

思考练习题答案

单元四　装配式混凝土结构预制构件的制作

5分钟看完
单元四

【内容提要】

本单元围绕装配式混凝土结构预制构件的制作展开,主要介绍了预制构件的制作工艺、制作工厂布置、工艺车间布置;预制构件的制作设备、模具的类型及使用要求等。详细介绍了预制构件制作的全过程,包括从原材料的入厂检验与储存、钢筋加工、混凝土拌合料制作,到构件制作的依据、准备、主要工序、标识、成品保护,再到构件吊运、堆放、装车、运输等,过程中所涉及的技术、质量、安全、节能要点为本单元重点内容。

【教学要求】

➤ 熟悉装配式混凝土结构预制构件的制作工艺及其适用性、特点等。

➤ 了解装配式混凝土结构预制构件工厂及车间的布置。

➤ 熟悉装配式混凝土结构预制构件的制作设备及模具。

➤ 掌握装配式混凝土结构预制构件制作模具的组装、使用等操作。

➤ 熟悉装配式混凝土结构预制构件制备前的原材料入厂检验与储存、钢筋加工、混凝土拌合料制备等知识。

➤ 熟悉装配式混凝土结构预制构件的制作依据和准备。

➤ 掌握装配式混凝土结构预制构件的制作工序、成品标识与保护。

➤ 掌握装配式混凝土结构预制构件制作过程中的质量、安全与节能要点。

➤ 熟悉装配式混凝土结构预制构件成品的吊运、堆放及运输。

　　装配式混凝土结构预制构件在工厂中进行制作,制作工厂应具备相应的制作工艺设施。多种制作工艺各有不同的适用性及优缺点,对车间布置各有相应要求。构件制作要求有先进的制作设备和合适的制作模具,并应注意模具的存放、验收、使用和维修。制作过程包括原材料制备、制作成型、成品保护、吊运堆放和装车运输等环节,在各环节中均需要注意过程中的相关质量检验。

项目一　制作工艺与工厂布置

一、制作工艺

1. 常用的制作工艺

装配式混凝土构件有多种不同的制作工艺,采用何种制作工艺需综合考虑多种因素,如生产场地条件、生产构件的类型、生产规模及构件生产的复杂程度等。

固定台座法和机组流水法是最常用的两种预制构件制作工艺。二者的区别为加工对象位置是否固定。固定台座法指加工对象位置固定,如位于特制的地坪或台座上,操作人员按不同工种依次在各个工位上操作的制作工艺。其适应性强,加工灵活,适用于非标准化异形构件的生产。固定台座法包括固定模台工艺、立模工艺、预应力工艺和长线模台工艺等。机组流水法也称为流水线工艺,特点是操作人员位置相对固定,而加工对象按一定的顺序在各个工位间移动。

2. 固定模台工艺

固定模台也称平模工艺。固定模台是一块平整度较高的钢结构平台,也可以是高平整度的水泥基材料平台。固定模台[图 4-1(a)]作为构件底模,在模台上固定构件侧模,组合成完整的模具。该工艺是在车间里布置一定数量的固定模台,模台固定不动,作业人员和钢筋、混凝土等材料在各个模台间"流动"。绑扎或焊接好的钢筋用起重机送到各个固定模台处,混凝土用送料机或送料吊斗送到模台处,养护蒸汽管道也通到各个模台下。构件就地养护,构件脱模后再用起重机送到存放区。

固定模台工艺使用范围较广,适合于生产各种构件,包括标准化构件、非标准化构件和异形构件。具体构件包括柱、梁、叠合梁、叠合楼板、剪力墙板、外挂墙板、楼梯、阳台板、飘窗、空调板、曲面造型构件等,如图 4-1(b)、图 4-1(c)所示。它最大的优势是对产品适应性强、加工工艺灵活,当前仍是构件制作应用最广的工艺。其缺点是属手工作业,难以机械化、人工消耗较多、生产效率较低。

固定模台工艺流程大致为:根据构件制作图计划采购各种原材料(钢筋、水泥、石子、中砂、预埋件、涂装材料等),包括固定模台和侧模;将模具按照模具图组装,然后吊入已加工好的钢筋笼,同时安放好各种预埋件(脱模、支撑、翻转、固定模板等),将预拌好的混凝土通过布料机注入模具内,浇筑后就地覆盖构件,经过蒸汽养护使其达到脱模强度,脱模后如需要修补涂装,经过修补涂装后搬运到存放场地,待强度达到设计强度的75%时,即可出厂安装。

3. 立模工艺

立模工艺与固定模台工艺相似,固定模台工艺构件是"躺着"浇筑的,而立模工艺构件是立着浇筑的。其模板近似一个箱体,箱体腔内可通入蒸汽,并装有振动设备,可分层振动成型。立模分为独立立模和组合立模,独立浇筑柱子或楼梯板时,采用独立立模;成

(a)

(b)　　　　　　　　　　　　　　　　(c)

图 4-1　固定模台

（a）固定模台；（b）一体预制的带门窗转角；（c）带外装饰的飘窗

组浇筑墙板时，采用组合立模，如图 4-2 所示。组合立模的模板可以在轨道上平行移动，在安放钢筋、套筒、预埋件时，模板移开一定距离，留出足够的作业空间，安放结束后，模板移动到墙板宽度所要求的位置，然后再封堵侧模。立模工艺通常用于生产外形比较简单而又要求两面平整的构件，如内墙板、楼梯段等；不适合楼板、夹芯保温板、装饰一体化板及侧边出筋复杂的剪力墙板制作。立模工艺具有节省生产用地、养护效果好、预制钢筋表面平整等优点，但其受制于构件形状，通用性不强。

图 4-2　组合立模

4. 预应力工艺

预应力工艺分为先张法预应力工艺和后张法预应力工艺。先张法预应力工艺一般用于制作预应力楼板，如图 4-3 所示；后张法预应力工艺则主要用于制作混凝土梁，如图 4-4 所示。

图 4-3　先张法预应力工艺制作楼板　　　　　图 4-4　后张法预应力工艺制作梁

先张法预应力工艺是在固定的钢筋张拉台上制作构件。钢筋张拉台是一个长条形平台,钢筋张拉设备和固定端在其两端。在张拉台上张拉钢筋、浇筑混凝土,待养护达到要求强度后,拆卸侧模、卸载钢筋拉力、切割预应力楼板。除张拉钢筋和切割楼板外,其他工艺环节与固定模台工艺接近。

后张法预应力工艺与固定模台工艺接近,构件预留预应力钢筋(或钢绞线)孔,待养护达到要求强度后张拉钢筋。

5. 长线模台工艺

长线模台工艺的模台较长(一般超过 100 m),如图 4-5 所示,操作人员和设备在生产产品的不同环节,沿长线模台依次移动。模台用混凝土浇筑而成,按构件的种类和规格进行构件的单层或叠层生产,或采用快速脱模的方法生产较大的梁、柱类构件。

图 4-5　长线模台

6. 流水线工艺

流水线工艺(图 4-6)是指按工艺要求在生产线上依次设置若干操作工位,在模台沿生产线行走过程中完成各道工序,然后将已成型的构件连同模台送进养护窑。在流水线上,模台通过移动装置在水平和竖直两个方向循环,首先进行模具处理,如清洁模具、喷涂隔离膜、模具拼装等,然后将钢筋、预埋件、管道布置入模具内并浇筑混凝土,待养护达到要求强度后拆除模具,有些表观质量要求高的预制构件还需进行精加工修整,最后送到存放区。这种工艺的特征和优势为:模台在生产线上循环流动,能够快速高效地生产各类外形规格简单的产品,同时也能制作耗时且更复杂的产品,而且不同产品生产工序之间互不影响,生产效率明显提高。因此,为了满足装配式建筑产业的发展需求,无论从生产效率还是质量管理角度考虑,流水线工艺无疑是一种较为理想的预制构件生产方式。

图 4-6　流水线工艺

流水线工艺包括半自动流水线、手控流水线和全自动流水线三种类型。

半自动流水线包括混凝土成型设备,但不包括全自动钢筋加工设备。半自动流水线实现了图样输入、模板清理、划线、组模、脱模剂喷涂、混凝土浇筑、振捣等自动化,钢筋加工和入模仍然需要人工作业。

手控流水线的工艺流程是将模台通过机械装置移送到每一个作业区,完成一个循环后进入养护区,实现了模台流动,作业区、人员固定,浇筑和振捣在固定的位置上进行。

全自动流水线是指在工业生产中依靠各种机械设备,并充分利用能源和信息手段完成工业化生产,提高生产效率、减少生产人员数量,使工厂实现有序管理。全自动流水线通过计算机中央控制中心,按工艺要求依次设置若干操作工位,托盘装有行走轮或借助辊道,在生产线行走过程中完成各道工序,然后将已成型的构件连同底模托盘送进养护窑,直至脱模,实现设备全自动对接。

二、制作工厂布置

1. 布置要求

装配式混凝土构件一般情况下是在工厂制作的。工厂应根据生产工艺进行工厂布置,即合理选择厂内设施(如混凝土搅拌站、钢筋加工车间、构件制作车间、构件堆放场地、材料仓库、试验室、模具维修车间、办公室及生活区等)的位置(图 4-7)及关联方式,满足标准化管理要求。

企业借势转型
行业加快发展

按照系统工程的观点,工厂内合理的设施布置十分有助于提高设施系统整体功能。装配式混凝土构件工厂进行设施布置时,应满足以下原则:

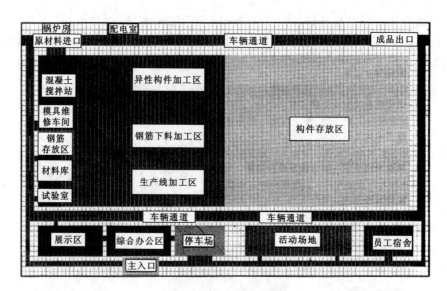

图 4-7 工厂基本功能示意图

（1）分区原则。工厂分区应把生产区域和办公区域分开,有的工厂会设置单独的生活区;试验室与混凝土搅拌站应在同一个区域内;若工厂没有集中供气,锅炉房应独立设置。

（2）系统性原则。为使整体优化,关联密切的设施之间应按距离最短原则设置,这样会减少无效运输,降低物流成本,减少工序间的互相干扰。

（3）有效利用原则。为使空间充分利用,各区域的面积应匹配、平衡,各个环节都要能满足生产能力的要求,既避免生产瓶颈,又有利于节约资金。

（4）灵活性原则。为满足时代发展、建筑发展需要,工厂内部分设施要求方便拆卸、替换。

（5）道路组织有序原则。厂区内道路布置要满足原材料进场、半成品厂内运输和成品出厂的要求,人行道与机动车道应区分,原材料进场路线和产品出厂路线也应区分。车间内道路布置要考虑钢筋、模具、混凝土、构件、人员的流动路线和要求,实行人、物分流,避免空间交叉互相干扰,确保作业安全。

（6）地下管网合理规划原则。构件工艺要求有很多管网,例如蒸汽、供暖、供水、供电等,应当在工厂规划阶段一并考虑进去,有条件的工厂可以建设小型地下管廊满足管网的铺设。

2. 混凝土搅拌站

装配式混凝土构件厂内的混凝土搅拌站常兼有构件专用搅拌站和商品混凝土搅拌站。因构件混凝土与商品混凝土不同,构件专用搅拌站应单独设置搅拌机系统。搅拌站内设备普遍自动化程度较高,以减少人工,保证质量。搅拌站的位置常布置在距生产线布料点近的地方,一般布置在车间端部或端部侧面,通过轨道运料系统将混凝土运到布料区,这样运输时间大大缩短。对于固定模台工艺,搅拌站的位置还应考虑罐车运输的便利。

混凝土搅拌站十分注重环保设计,会设置废水处理系统和废料回收系统。废水处理系统将用于处理清洗搅拌机、运料斗和布料机所产生的废水,通过沉淀的方式来完成废水回收再利用。废料处理系统将残余混凝土通过砂石分离机把石子、中砂分离出来后回收再利用。

3. 钢筋加工车间

装配式混凝土构件厂钢筋加工车间宜单独设置,也可与构件制作车间布置在一个厂房内。钢筋加工设备常为自动化智能设备,可避免错误,保证质量,还可减少人员、提高效率、降低损耗。目前,国内构件制造厂钢筋加工处在人工与设备配合的半自动化阶段,还不能够和混凝土流水线形成加工、入模的无缝对接。

4. 构件堆放场地

装配式混凝土构件厂构件堆放场地不仅可以存储构件,还可对构件进行质量检查、修补、粗糙面处理、表面装饰处理等。场地应平整坚实,并具有排水措施。室外场地应有供构件运输的专用道路。构件堆放场地与生产车间相邻,可方便运输、减少运输距离。

5. 水、电、汽

水指厂内生产用水和生活用水。生产用水包括混凝土搅拌用水、蒸汽用水、构件冲洗用水等。生活用水必须符合饮用水标准,多采用市政供水管网。混凝土搅拌用水必须对其化验,使其符合用水标准;构件冲洗用水可以使用处理后的污水。

电指办公、生活、生产用电。装配式混凝土构件厂的用电总功率一般不低于 800 kV·A,常常需要单独增容设线,并根据设备负荷合理规划设置配电系统,靠近生产车间设置配电室。

汽在生产中用于构件养护。装配式混凝土构件厂因集中供暖无法满足生产用汽的要求,一般会自建蒸汽锅炉。此外,较为先进的构件厂已逐步利用太阳能养护小型构件。

三、常见工艺车间布置

1. 固定模台工艺的车间布置

固定模台工艺的车间布置应符合如下要求:

① 固定模台一般为钢制模台,也可用钢筋混凝土或超高性能混凝土模台。常用的模台尺寸:预制墙板模台一般为 4 m×9 m;预制叠合楼板一般为 3 m×12 m;预制柱梁构件一般为 3 m×9 m。

② 固定模台生产完构件后在原地通蒸汽养护,所以常会分配一定的厂房面积来摆放固定模台,还要考虑留出作业通道及安全通道。

③ 每个固定模台应配有蒸汽管道和自动控温装置,可定做移动式覆盖篷来保温覆盖。

④ 当采用运料罐车运送混凝土时,固定模台处应方便运料罐车进出。

⑤ 加工好的钢筋可通过起重机或运输车运输到模台处。

⑥ 混凝土的振捣多采用振动棒,板类构件可以在固定模台上安放附着式振捣器。

固定模台也可以实现部分自动化,比如在标准化模台两边设置轨道,在轨道上设置自动划线机械手以及自动清扫模具、自动刷脱模剂和自动布料系统等。

2.流水线工艺的车间布置

流水线工艺的车间布置应符合如下要求:

① 生产单一产品的专业流水线,如叠合板流水线,为使流水线可以考虑自动化、最大化提高效率效能,不同工程不同规格的叠合板,其边模、钢筋网、桁架筋等都有共性,养护窑的高度也一样。

② 生产不同产品的综合流水线,以所生产产品中最大尺度和最难制作的产品作为设计边界,保证适宜性。

③ 生产线流程较为顺畅。

④ 各环节作业均衡,流水线可匀速运行。

项目二 制作设备与模具

一、制作设备

鲁班学艺

装配式混凝土构件工厂内主要设备按照构件制作工序可分为混凝土制造设备、钢筋加工组装设备、材料出入及保管设备、成型设备、加热养护设备、搬运设备、起重设备、测试设备等,如图4-8所示。下面主要介绍成型设备中的主要设备,包括送料机、布料机、模台、模台存取机、振动台、立体养护窑等。

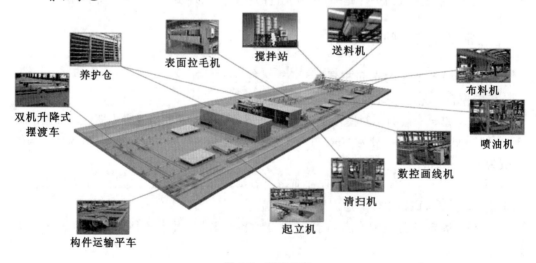

图 4-8 制作设备

1. 送料机

送料机(图 4-9)是输送材料的设备,其有效容积不小于 2.5 m³,运行速度为 0～30 m/min,速度变频控制可调,外部振捣器辅助下料。

生产时输送料斗自动运行至布料机位置并设置互锁保护;在自动运转的情况下与布料机实现联动;可采用自动、手动、遥控等多种操作方式;每个输送料斗均有防撞感应互锁装置,行走中有声光报警装置以及静止时锁紧装置。

2. 布料机

布料机(图 4-10)沿上横梁轨道行走,装载的拌合物以螺旋式下料方式工作。布料机的储料斗容积不小于 2 m³;外形尺寸中宽度和长度应满足可在 3500 mm×12000 mm～11000 mm×12000 mm 范围内任意布料,高度不小于 3500 mm;布料口高度按底模高度＋构件高度＋轨道高度计算,需达到 800～1400 mm;下料速度按不同的坍落度采用 0.5～1.5 m³/min,在布料过程中,下料口开闭数量可控;与输送料斗、振动台、模台运行等实现联动互锁;具有安全自锁装置;纵横向行走速度及下料速度变频控制,可实现完全自动布料功能。

图 4-9　筒式送料机　　　　　　　　　图 4-10　布料机

3. 模台

模台(图 4-11)设计时,根据楼层高度和构件长度确定面板,宜选用整块钢板;每个大模台上布置不宜超过 3 块构件,据此选择底模长度,宽度由建筑层高确定;对于板面要求不严格的,可采用拼接钢板的形式,但要注意拼缝的处理方式;模台支撑结构可选用工字钢或槽钢,为了防止焊接变形,大模台最好设计成单向板的形式,面板一般选用 10 mm 厚钢板;大模台使用时,需固定在平整的基础上,定位后的操作高度不宜超过 500 mm。

模台的主要参数如下:

① 常见尺寸为 9000 mm×4000 mm×310 mm。

② 表面不平度在任意 3000 mm 长度内不大于 ±1.5 mm。

③ 表面质量要求,钢板拼缝的缝隙不大于 0.3 mm;拼缝处钢板高低差不大于 0.2 mm;钢板拼缝不得漏浆水;钢板表面不得锈蚀和划痕损伤;钢板表面不得含有对混凝土构件造成污染的基源。

4. 模台存取机

模台存取机(图 4-12)的性能应满足:完成一个工作循环的时间小于 15 min;外形尺寸适应 4000 mm×9000 mm 平底模的要求;必须保证接驳对位的准确性和输送、提升的运行可靠性;提升运行满足 20 t 的额定质量(包括模具和构件的质量);有专职人员操作,设安全自锁和联动互锁装置,并可实现手动和程序控制。

图 4-11 模台   图 4-12 模台存取机

5. 振动台

振动台(图 4-13)的性能应满足:载荷振幅不大于 1 mm;噪声不大于 90 dB;振捣时间小于 30 s,振捣频率可调;具有模台液压锁紧功能;与模台升降、移动、布料机行走等可实现安全联动互锁。

6. 立体养护窑

立体养护窑(图 4-14)的性能应满足:窑内温度控制在 50~55 ℃;升温(2 h)→恒温(6 h)→降温(2 h)过程能够自动检测、显示和监控,且升温、恒温、降温时间可调;蒸养形式(从节能考虑)优先选用干湿混合蒸养形式,湿热蒸养形式次之,且湿度也可自动检测监控;加热加湿自动控制;窑门启闭机构灵敏、可靠,封闭性能强,并不得泄漏蒸汽。

图 4-13 振动台   图 4-14 立体养护窑

二、模具

1.模具的类型

模具对装配式混凝土结构构件质量、生产周期和成本影响很大,是预制构件生产中非常重要的环节。模具可按不同的标准进行分类。模具按生产工艺分类有固定模台工艺模具、流水线工艺模具、立模工艺模具和预应力工艺模具;按材质分类有钢材、铝材、混凝土、超高性能混凝土、GRC等单材质及多种材质组合的模具;按构件是否出筋分类有不出筋模具(封闭模具)和出筋模具(半封闭模具)。另外,模具还可按构件类别、是否有装饰面层、是否有保温层、周转次数等分类。

模具设计要点

固定模台工艺的模具包括固定模台、各种构件的边模和内模。固定模台属于构件制作设备,但其作为构件的底模,也可认为属于模具,其具体要求见"制作设备"中相关内容。构件边模(图4-15)是指构件侧边和端部模具,包括柱、梁构件边模和板式构件边模。柱、梁构件边模高度较高,一般用钢板制作,没有出筋的边模也可用混凝土或超高性能混凝土制作,宜用三角支架支撑边模;板式构件边模高度较低,常用钢结构制作,通过螺栓连接。构件内模(图4-16)是指形成构件内部构造(如肋、整体飘窗探出板)的模具。构件内模在构件内不与模台连接,而是通过悬挂架固定。

图 4-15　边模

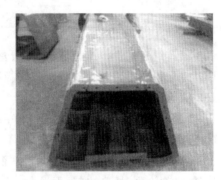

图 4-16　内模

流水线工艺的模具主要指流转模台与板边模。流转模台要求与固定模台相似,均参见"制作设备"中的模台相关内容。板边模可依自动化程度分别采用磁性边模和螺栓固定边模。磁性边模用于全自动流水线上,由3 mm钢板制作,包含两个磁铁系统,每个磁铁系统内镶嵌磁块,通过磁块直接与模台吸合连接;螺栓固定边模用于手动流水线上,将边模与流转模台用螺栓固定在一起,同固定模台边模。

预应力工艺模具中的底模和边模均为钢制,底模即为台座,边模通过螺栓与台座固定。板肋模具即内模也是钢制,用龙门架固定。生产预应力楼板时,其模具在工艺设计和生产线制作时就已经定型,不再需要另外设计。

立模工艺生产定型的规格化墙板时,其模具是工艺系统的一部分,不需要另外设计模具。

2. 模具的组装

（1）组模前检查模具是否清理干净,有无损坏、变形、缺件。

精"模"细做

大有可为

（2）模具组装应保证混凝土结构构件各部分形状、尺寸和相对位置准确。螺栓应拧紧,确保模具所有尺寸偏差控制在允许偏差范围内。

（3）对固定在模板上的预埋件、预留孔和预留洞,应检查其数量和尺寸,允许偏差应符合表 4-1 的规定。

（4）模具组装时应在拼接处贴上密封胶条,密封胶条粘贴要平直,无间断,无褶皱,胶条不应在转角处搭接,拼缝处不应有间隙,以防漏浆。

表 4-1　　　　　　　　　　　预埋件、预留孔和预留洞的允许偏差

项目		允许偏差/mm
预埋钢板中心线位置		3
预埋管、预留孔中心线位置		3
插筋	中心线位置	5
	外露长度	+10.0
预埋螺栓	中心线位置	2
	外露长度	+10.0
预留洞	中心线位置	10
	截面内部尺寸	+10.0

（5）模具组装时不得遗忘埋件、接线盒、螺母、螺线或磁盒。

（6）模具须采用磁吸盒或螺丝与底板固定,以防止模具因底边漏浆而上浮。

（7）涂隔离剂:

① 模具与混凝土接触面应清理干净并涂刷隔离剂;

② 隔离剂应采用水溶性隔离剂,但不得采用影响结构性能或妨碍装饰面的隔离剂;

③ 隔离剂涂刷前应检查模具表面是否清洁,可以采用喷涂或涂刷方式;

④ 隔离剂涂刷时,应均匀、无遗漏、模具内无积液,且不得污染钢筋、预埋件和混凝土接槎处。

（8）在浇注混凝土之前,应对模具几何尺寸进行复核,其组装应符合下列要求:

① 模具的拼缝处应严密不漏浆;

② 模板内不应有杂物、积水或冰雪(室外作业);

③ 模板与混凝土的接触面应平整、清洁;

④ 用作模板的地坪、胎膜等应平整、清洁,不应有影响构件质量的下沉、裂缝、起砂或起鼓;

⑤ 对清水混凝土或装饰混凝土构件,应使用能达到设计效果的模具。

（9）固定在模具上的预埋件、预留孔洞均不得遗漏,且应安装牢固。

（10）预埋件和预留孔洞的位置应满足设计和施工方案的要求,当设计无具体要求时,其偏差应符合表 4-1 的规定。

（11）模具拆卸时，先拆吊模，再按先内后外、先面后底顺序拆卸。模具拆卸时不得用锤敲击或硬撬，以免造成模具变形损坏，模具拆除后应及时清理涂油，搁置在模架上。

3. 模具的存放

所有模具都应当有标识，以方便制作构件时查找，避免出错。模具标识应当写在不同侧面的显眼位置。模具标识内容包括项目名称、构件名称与编号、构件规格、制作日期与制作厂家编号等。

模具恰当存放对节约成本有重要影响。模具存放时应注意以下要点：

（1）模具应组装后存放，配件等应一同储存，并应当连接在一起，避免散落。

（2）模具应设立保管卡，记录内容包括名称、规格、型号、项目、已经使用次数等，还应当有所在模具库的分区与编号。保管卡的内容应当输入计算机模具信息库，便于查找。

（3）模具储存要有防止变形的措施。细长模具要防止塌腰变形。模具原则上不能码垛堆放，以防止压坏。堆放储存也不便于查找。

（4）模具不宜在室外储存，如果模具库不够用，可以搭设棚架，防止日晒雨淋。

4. 模具的验收

不合格的模具生产出的每个产品都是不合格的。模具质量是保证产品质量的前提。在新模具投入使用前，以及另外一个项目再次重复使用或维修改用后，工厂应当组织相关人员对模具进行组装验收，填写模具组装验收表并拍照存档。预制构件模具尺寸的允许偏差、检验方法及质量要点可见本书单元六相关内容。

5. 模具的使用

模具使用时除应满足承载力、刚度和整体稳定性要求外，还应注意以下要点。

（1）编号：由于每套模具被分解得较零碎，需按顺序统一编号，防止错用。

（2）吊模等工装的拆除：在预制构件蒸汽养护之前，应把吊模和防漏浆的部件拆除。选择此时拆除吊模是因其好拆卸，在流水线上不占用上部空间，可降低蒸养窑的层高；而此时拆除防漏浆的部件则是因混凝土几乎还没有强度，很容易拆除，若等到脱模时，混凝土的强度已达到 20 MPa 左右，防漏浆部件、混凝土和边模会紧紧地粘在一起，极难拆除。

（3）模具的拆除：当构件脱模时，首先将边模上的螺栓和定位销全部拆卸掉，为了保证模具的使用寿命，禁止使用大锤，拆卸的工具宜为皮锤、羊角锤、小撬棍等工具。

（4）模具的养护：在模具暂时不使用时，需在模具上涂刷一层机油，防止腐蚀。

6. 模具的维修与使用

模具的维修与使用应注意以下要点：

（1）首先要建立健全日常模具的维护和保养制度。

（2）模具的维修和改用应当由技术部设计并组织实施。

（3）有专人负责模具的维修和改用。

（4）厂房应有模具维修车间或模具维修场所。

（5）维修和改用的模具应确保达到设计要求。

（6）维修和改用好的模具应填写模具组装验收表并拍照存档。

（7）维修和改用后的首件模具应当做首件检查记录，并填写检查记录表，拍照存档。

项目三　原材料制备

一、原材料入厂检验与储存

1. 原材料入厂检验

装配式混凝土工厂生产预制构件时,需要按国家、行业和地方的有关标准,按设计图样的要求采购原材料,并注意做好原材料的入厂检验和储存。

原材料入厂检验包括核对、数量验收和质量检验。核对指对照采购单,核对品名、厂家、规格、型号和生产日期等。数量验收指对各种原材料分别进行检斤称重(适用于水泥、钢材、外加剂、骨料等)或清点核实数量(适用于预埋件、套筒、拉结件等)。质量检验指原材料应符合现行国家标准的规定,并按照现行国家相关标准的规定进行进场复验,检验合格后方可使用。原材料入厂检验的具体要求详见本书单元六相关内容。

2. 原材料储存

各种原材料入厂后,一般不会立即投入使用,需储存一段时间。原材料储存需注意以下要点:

(1)水泥。水泥要按强度等级和品种分别存放在完好的散装水泥仓内,不得混入杂物,按照水泥到场时间的先后依次码放,做到先入先出、依序出库。水泥储存时间不宜过长,以免受潮而降低水泥强度,一般水泥的储存期为三个月,高级水泥的储存期为一个半月,快硬水泥的储存期为一个月,硅酸盐膨胀水泥的储存期为两个月,超过期限的,必须重新进行复试试验,合格后方可使用。

(2)钢材。不同品种的钢材应分别堆放,防止混淆,防止接触腐蚀,晴天应注意通风,雨天应注意防潮。同品种应按入库先后顺序分别堆码,便于执行先进先发的原则。每堆钢筋要挂有标识牌,标明进厂日期、型号、规格、生产厂家、数量。

(3)骨料。骨料要按品种、规格分别堆放,每堆要挂有标识牌;标明规格、产地、存放数量。骨料存储应有防混料和防雨措施。

(4)外加剂。外加剂存放要按型号、产地分别存放在完好的罐槽内,并保证雨水等不会混进罐中。大多数液体外加剂有防冻要求,冬季必须在 5 ℃以上环境下存放。外加剂存放要挂有标识牌,其上标明名称、型号、产地、数量、入厂日期。

(5)装饰材料。反打石材和瓷砖宜在室内储存,如果在室外储存必须遮盖,周围设置车挡。反打石材一般规格不大,装箱运输存放。无包装箱的大规格板材直立码放时,应光面相对,倾斜角不应大于 15°,底面与层间用无污染的弹性材料支垫。装饰面砖的包装箱可以码垛存放,但不宜超过 3 层。

(6)预埋件、套筒、拉结件。预埋件、套筒、拉结件要存放在防水、干燥环境中。

(7)保温材料。保温材料要存放在防火区域中,存放处配置灭火器。存放时应防水防潮。

（8）修补料。液体修补料应存放在避光环境中,室温高于 5 ℃。粉状修补料应存放在防水、干燥的环境中,并应进行遮盖。

二、钢筋加工

钢筋加工是预制构件成型重要的前期工作。钢筋加工时,要将钢筋加工图与深化设计图复核,检查下料表是否有错误和遗漏,对每种钢筋要按下料表检查是否达到要求,经过这两道检查后,再按下料表放出试样,试制合格后方可成批加工。预制构件在使用过程中单独计算其受力作用,钢筋对预制构件的边角的保护具有重大作用,因此预制构件的钢筋加工及连接较其他现浇构件复杂,特别是有预埋件的预制构件,需使用钢筋对预埋件进行保护。应严格把好配料关,实行定期的抽检,不合格者责令返工,严重者给予处罚,直至符合设计要求。

钢筋加工一般要经过六道工序:钢筋配料、钢筋除锈、钢筋调直、钢筋切断、钢筋弯曲成型和钢筋骨架组装。

钢筋配料是根据构件配筋图,先绘出各种形状和规格的单根钢筋简图并编号,然后分别计算钢筋下料长度和根数,填写配料单,申请加工。下料长度计算时,应注意钢筋因弯曲或弯钩会使其长度变化,故不能直接根据图样的尺寸下料,必须了解对混凝土保护层、钢筋弯曲、弯钩等的规定,再根据计算后的尺寸下料。钢筋配料单是钢筋加工的依据,是提出材料计划、签发任务单和限额领料单的依据,合理的配料不但能节约钢材,还能使施工操作简化。

钢筋除锈是指其表面应洁净,应清除油污和捶打能剥落的浮皮、铁锈。大量除锈,可在调直过程中完成;少量除锈,可采用电动除锈机或喷砂方法完成。除锈后钢筋表面不应有严重的麻坑、斑点等,否则视为已伤蚀截面,应降级使用或剔除不用,且严禁采用带有蜂窝状锈迹的钢筋。

钢筋调直(图 4-17)是指对局部曲折、弯曲或成盘的钢筋应加以调直。钢筋调直时,应注意控制冷拉率,Ⅰ级钢筋不宜大于 4‰,Ⅱ、Ⅲ级钢筋不宜大于 1‰。用调直机调直钢筋时,表面伤痕使截面面积的减小应低于 5%。

钢筋切断(图 4-18)是指钢筋经过除锈、调直后按其下料长度进行切断。钢筋的切断应保证钢筋的规格、尺寸和形状符合设计要求,并应尽量减少钢筋的损耗。切断时应注意:将同规格钢筋根据长度进行长短搭配,统筹配料,即一般先断长料、后断短料,减少短头,减少损耗;避免用短尺量长料,防止在量料中产生累计误差,宜在工作台上标出尺寸刻度线并设置控制断料尺寸用的挡板;发现钢筋有劈裂、缩头或严重的弯头等必须切除;如发现钢筋的硬度与该钢种有较大的出入,应建议做进一步的检查,钢筋的端口不得有马蹄形或起弯等现象。

钢筋弯曲成型(图 4-19)是将已经调直、切断、配置好的钢筋按照配料表中的简图和尺寸,加工成规定的形状。其加工顺序是:先画线,再试弯,最后弯曲成型。操作多用弯曲机,在缺乏设备或少量钢筋加工时,也可用手工弯曲。弯曲时应注意将各弯曲点位置画出,画线尺寸应根据不同弯曲角度和钢筋直径扣除钢筋弯曲调整值;画线应在工作台上进行,若无工作台而直接以尺度量画线时,应使用长度适当的木尺,不宜用短尺(木折尺)接量,以防出错;第一根钢筋弯曲成型后,应与配料表进行复核,符合要求后再成批加工;成型后的钢筋要求形状正确,平面上无凹曲,弯点处无裂缝。

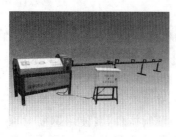  

图 4-17　钢筋调直　　　　　图 4-18　　钢筋切断　　　　　图 4-19　　数控钢筋弯曲

　　钢筋骨架组装是将成型钢筋通过仪器组装成钢筋桁架或焊成钢筋网片。钢筋桁架成型采用数控全自动钢筋桁架生产线(图 4-20)来完成,钢筋网片成型采用电阻电焊方式(图 4-21)。在生产中要时刻注意安全生产,操作人员须培训上岗,操作时要戴好手套,不要用手直接触摸生产后的成品,以免被烫伤。钢筋网片是用专门的焊网机将相同或不同直径的纵向和横向钢筋用电阻电焊成形的网状钢筋制品。

 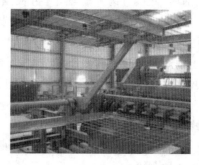

图 4-20　数控全自动钢筋桁架生产线　　　　　图 4-21　　钢筋网片成型机

三、混凝土拌和

1. 配合比

　　混凝土拌和是预制构件成型重要的前期工作,应取样试配,按试配的配合比施工,严格控制坍落度。

　　配合比设计需按照构件性能要求,遵照《普通混凝土配合比设计规程》(JGJ 55—2011)和《高强混凝土应用技术规程》(JGJ/T 281—2012)的有关规定,在现场进行配比验证,生产时应严格掌握混凝土材料配合比,混凝土原材料按质量计的允许偏差应满足表 4-2的规定。

表 4-2　　　　　　　　　　　混凝土原材料质量允许偏差

项目	胶凝材料	骨料	水、外加剂
最大允许质量偏差	$\pm2\%$	$\pm3\%$	$\pm2\%$

各种衡器应定时校验,保持准确。骨料含水率应按规定测定。雨天施工时,应增加测定次数。

2.拌和工艺

混凝土拌和一般经过拌前准备、上料程序、首盘拌制等工序,并注意搅拌时间及出料时间。

每台班开始前,对搅拌机及上料设备进行检查并试运转;对所用计量器具进行检查并定磅;校对施工配合比;对所用原材料的规格、品种、产地、牌号及质量进行检查,并与施工配合比进行核对;对砂、石的含水率进行检查,如有变化,及时通知试验人员调整用水量。一切检查符合要求后,方可开盘拌制混凝土。

现场拌制混凝土,一般是计量好的原材料先汇集在上料斗中,经上料斗进入搅拌主机。水及液态外加剂经计量后,在往搅拌主机中进料的同时,直接进入搅拌主机。

首盘拌制时,先加水使搅拌筒空转数分钟,搅拌筒被充分湿润后,将剩余积水倒净;由于砂浆粘筒壁而损失,因此,根据试验室提供的砂石含水率及配合比配料,每班需增加水泥 10 kg,砂 20 kg;从第二盘开始,按给定的配合比投料。

混凝土搅拌时间在 60~120 s 之间为佳,冬期施工时搅拌时间应取常温搅拌时间的1.5 倍。

出料时,在观察口目测拌合物的外观质量,保证混凝土搅拌均匀、颜色一致,具有良好的和易性。每盘混凝土拌合物必须出尽,下料时间为 20 s。

拌制成的混凝土拌合物的均匀性应按本书单元六相关内容的要求进行检查。

项目四　构件制作与成品保护

一、制作依据与准备

1.制作依据

装配式混凝土构件制作须依据设计图样、有关标准、工程安装计划和操作规程进行。

设计图样即构件制作图,是构件制作所依据的图样,集中体现对构件的所有要求。工厂收到构件设计图后应详细读图,领会设计指令,对无法实现或无法保证质量的设计问题,以及其他不合理问题,应当向设计单位书面反馈。常见的构件制作图样的问题:构件无法或不易脱模;钢筋、预埋件和其他埋设物间距太小导致混凝土浆料无法浇筑;预埋件设置不全;构件编号不唯一等。构件制作图样如果需要变更,必须由设计机构签发变更通知单。

有关标准指构件制作应执行的国家和行业标准,包括《装配式混凝土结构技术规程》(JGJ 1—2014)、《混凝土结构工程施工规范》(GB 50666—2011)、《高强混凝土应用技术规程》(JGJ/T 281—2012)、《混凝土结构工程施工质量验收规范》(GB 50204—2015)等,还有项目所在地关于装配式建筑的地方标准。

工程安装计划是制订构件制作计划的依据,按照工程安装要求的各品种规格构件进场次序组织制作。

构件制作还应根据每个产品的特点,制订生产工艺、设备和各个作业环节的操作规程,并严格执行。

2. 制作准备

构件制作的准备工作包括设计交底、编制生产计划、技术准备、质量管理方案、安全管理方案等。

设计交底由建设单位组织设计单位、监理单位、施工总包单位(应包含分包单位如起重机厂家、电梯厂家、机电施工单位、内装施工单位等)和构件生产单位的相关技术、质量、管理人员进行,内容包括讲解图样要求和质量重点,进行答疑;提出质量检验要求,列出检验清单,包括隐蔽工程记录清单;提出质量检验程序;各分包单位提出需要工厂预埋配套的相关预埋件等。

生产计划应按如下内容进行编制:根据安装计划编制详细的生产总计划,应当包含年度计划、月计划、周计划,进度计划落实到天、落实到件、落实到模具、落实到工序、落实到人员;编制模具计划,组织模具设计与制作,对模具制作图及模具进行验收;编制材料计划,选用和组织材料进场并检验;编制劳动力计划,根据生产均衡或流水线合理流速安排各个环节的劳动力;编制设备、工具计划;编制能源使用计划;编制安全设施、护具计划。

技术准备的内容包括:如果构件使用套筒灌浆连接方式,做套筒和灌浆料试验;构件有表面装饰混凝土,需进行配合比设计,做出样块,由建设、设计、监理、总包和工厂会签存档,作为验收对照样品;构件制作前,对带饰面砖或饰面板的应绘制排砖图或排版图;修补料配合比设计,对其附着性、耐久性进行试验,颜色与修补表面一致或接近;对构件裂缝制订预防措施和处理方案;进行详细的制作工艺设计,如保温板排列,处理拉结件处的冷桥;吊架、吊具设计、制作或复核;翻转、转运方案设计;构件堆放方案设计,场地布置分配,货架设计制作等;产品保护设计;装车、运输方案设计等。

质量管理方案是由质量管理组织制定质量标准、编制操作规程进行的全过程全面的质量控制制度。构件制作过程必须配置足够的质量管理人员,建立质量管理组织,并宜按照生产环节分工,加强专业性。制定三层次的质量标准:以国家、行业或地方标准为依据制定每个种类产品的详细标准;制定过程控制标准和工序衔接的半产品标准;将设计或建设单位提出的规范规定之外的要求编制到产品标准中。操作规程的编制应符合产品的制作工艺,具有针对性、易操作性和可推广性。技术要求、操作规程等由技术部牵头、质量部参与,对生产一线工人进行规程培训,并安排考试。质量控制应对每个生产程序、生产过程进行监控,并认真执行检验方法和检验标准。按照生产程序安排质量管理人员,进行过程质检,要求按照上道工序对下道工序负责的原则,不合格品不得流转到下道工序。质量标准、操作规程经培训考试后张贴在生产车间醒目处,方便操作工人及时查看。车间内应当设立质检区,质检区要求光线明亮,配备相关的质检设施,如各种存放架、模拟现场的试验装置等,脱模后的产品应转运到质检区。不合格品应进行明显的标识,并进行隔离。经过修补仍不合格的产品必须报废;对不合格品应分析成因,采取对应措施以防止再次发生。经过检验合格的产品出货前应进行标识,张贴合格证。

　　安全管理方案的内容包括建立安全管理组织;制订安全管理目标;制订安全操作规程;进行安全设施设计,制订配置计划;制订安全保护护具计划;制订安全培训计划;列出安全管理重点清单。

二、制作工序

1. 模具组装

　　模具组装需根据生产计划合理选取模具,按照顺序组装,对于需要先吊入钢筋骨架的构件,在吊入钢筋骨架后,再组装模具。模具组装要稳定牢固,组装后的模具应对照图样自检,然后由质检员复检。所有模具组装均应按照清理模具、画线、组模三步完成。不同工艺的具体操作又有区别,此处主要以流水线工艺为例说明。

装配式建筑
工厂生产线

装配式建造技术
助力中国速度

　　清理模具由自动流水线上的清理设备(图 4-22)进行。模台通过设备时,刮板降下来铲除残余混凝土,另外一侧圆盘滚刷扫掉表面浮灰。对残余的大块的混凝土要提前清理掉,并分析原因提出整改措施。边模由边模清洁设备清洗干净,通过传送带将清扫干净的边模送进模具库,由机械手按照一定的规格储存备用。

　　画线是由机械手按照输入的图样信息在模台上绘制出模具的边线,如图 4-23 所示。

图 4-22　清理模具

图 4-23　画线

　　组模(图 4-24)是由组模机械手将边模按照放好的边线逐个摆放,并按下磁力盒开关把边模通过磁力与模台连接牢固。模具的组装应符合以下条件:模板的接缝应严密,在拼装部位粘贴密封条来防止漏浆;模具内不应有杂物、积水或冰雪等;模板与混凝土的接触面应平整、清洁;组模前应检查模具各部件、部位是否洁净,脱模剂喷涂是否均匀。

2. 涂刷脱模剂

清理模台与模具后,每一块模板上要均匀喷涂脱模剂,包括连接部位。对于有粗糙面要求的模具面,如果采用缓凝剂方式,须涂刷缓凝剂。脱模剂等使用前须确保在有效使用期内,且必须涂刷均匀。

常用脱模剂有两种材质:油性和水性,且应选用对产品表面没有污染的脱模剂。流水线配有自动喷涂脱模剂设备(图4-25),模台运转到该工位后,设备启动开始喷涂脱模剂,设备上有多个喷嘴以保证模台每个地方都均匀喷到,模台离开设备工作面,设备自动关闭。脱模剂喷涂后不要马上作业,应当等脱模剂成膜以后再进行下一道工序。

图4-24　组边模　　　　　　　图4-25　喷涂脱模剂设备

3. 表面装饰

表面装饰主要采用反打工艺,将加工好的饰面材料铺设到模具中,再浇筑混凝土使两者紧密结合。此处主要介绍石材和装饰面砖的反打进行表面装饰。

石材反打(图4-26)主要采用花岗岩饰材。反打工艺包括背面处理、铺设及缝隙处理三道工序。操作时应注意:在模具中铺设石材前,应绘制排版图,根据排版图要求提前将石板加工好;应按设计要求在石材背面钻孔、安装不锈钢卡钩、涂覆隔离层;石材与石材之间的接缝应当采用具有抗裂性、收缩小且不污染装饰表面的防水材料嵌填;石材与模具之间,应当采用橡胶或聚乙烯薄膜等柔韧性的材料进行隔垫,防止模具划伤石材;拼角处用石材黏结剂黏结,竖直模具上石材用卡钩或不锈钢棒和不锈钢丝等固定,避免石材在浇筑时错位。

图4-26　石材反打

装饰面砖反打(图 4-27)前应先绘制排砖图并将单块面砖根据构件加工图的要求分块制成套件,即瓷砖套,其尺寸依饰面砖的大小、图案、颜色取一个或若干个单元组成。其操作按下列工序进行:根据面砖的分割图,在模板地面、侧立面弹墨线;在墨线两侧及模板侧面粘贴双面胶带;根据面砖分割图进行面砖铺设。操作时砖背面应当有燕尾槽,燕尾槽的尺寸应符合相关要求;砖缝之间用专用的泡沫材填充;铺设饰面砖应当从一边开始铺,有门窗洞口的先铺设门窗洞口;要防止砖内表面污染造成混凝土与砖之间黏结不好,同时要防止硬鞋底损坏砖的燕尾槽,应当光脚或穿鞋底比较柔软的鞋子。

图 4-27　装饰面砖反打

4. 钢筋入模

钢筋按上文"钢筋加工"的内容进行加工后,进入入模工序。

钢筋入模(图 4-28、图 4-29)有两种方式,一种是全自动入模,另一种是通过起重机人工入模。入模时,钢筋网片或者钢筋桁架应符合《混凝土结构工程施工质量验收规范》(GB 50204—2015)中的要求。保护层厚度应符合规范及设计要求,应从上部吊起钢筋骨架并用塑料(或混凝土)垫块来确保,钢筋入模前应将钢筋保护层间隔件安放好。保护层间隔件间距与构件高度、钢筋质量有关,应按《混凝土结构设计标准(2024

钢筋入模
工序示例

年版)》(GB/T 50010—2010)的规定布置,一般不大于 600 mm 且不宜小于 300 mm,宜呈梅花形。从模具伸出的钢筋位置、数量、尺寸等要符合图样要求,并严格控制质量。出筋位置、尺寸要有专用的固定架来固定。绑扎丝的末梢不应接触模板,应向内侧弯折。

钢筋入模时,应注意套筒、波纹管、浆锚孔内模及螺旋钢筋的安装。套筒、波纹管、浆锚孔内模的数量和位置要确保正确。套筒与受力钢筋连接,钢筋要伸入套筒定位销处;套筒另一端与模具上的定位螺栓连接牢固。波纹管与钢筋绑扎连接牢固,端部与模具上的定位螺栓连接牢固。浆锚孔内模与模具上的定位螺栓连接牢固。要保证套筒、波纹管、浆锚孔内模的位置精度,方向垂直。保证注浆口、出浆口方向正确;如需要导管引出,与导管接口应严密牢固,将导管固定牢固。注浆口、出浆口做临时封堵。浆锚孔螺旋钢筋位置正确,与钢筋骨架连接牢固。

图 4-28　钢筋桁架入模　　　　　　　　图 4-29　钢筋网片入模

钢筋骨架、钢筋网片吊入模具后,安装质量应符合下列要求:

① 钢筋安装应牢固。受力钢筋的安装位置及锚固方式应符合设计要求。有钢筋连接套筒或锚接套管时,应将套筒或套管固定在模具上,以防移位。

② 钢筋骨架安装应采取可靠措施防止钢筋受模板、模具内表面的隔离剂污染。

③ 钢筋骨架入模后应检查外露钢筋的尺寸及位置。钢筋安装偏差及检验方法应符合相关规定要求。

5. 预埋件、连接件固定及孔眼定位

预制构件中的预埋件、连接件及预留孔洞(图 4-30、图 4-31)种类繁多、功能各异,其定位非常重要,切不可因其小而轻率操作,生产时应按要求逐个检验。

图 4-30　预留孔洞　　　　　　　　　图 4-31　预埋件埋设

定位方法应当在模具设计阶段考虑周全,增加固定辅助设施,如预埋件必须全部采用夹具固定。尤其要注意控制灌浆套筒及连接用钢筋的位置及垂直度。需要在模具上开孔固定预埋件及预埋螺栓的,应由模具厂家按照图样要求开孔,严禁工厂使用气焊自行开孔。

预埋件安装应注意如下要点:

① 固定在模具上的套筒、螺栓、螺母、预埋件和预留孔洞应按图纸要求进行配置,应连同工装支架固定在模具上,不得有遗漏,安装尺寸允许偏差应符合相关规定。

② 钢筋采用直螺纹套筒连接或直套筒连接时按照图纸要求,将连接套筒和进出浆管固定在模具及钢筋笼(骨架)上。

③ 采用金属螺旋管做浆锚孔时,螺旋管的一端应用水泥砂浆进行封堵,另一端与模具侧板固定以防漏浆,进出浆孔道应保持畅通。

④ 其他连接件、接线盒、穿线管、门窗防腐木块等预埋件宜采用磁吸盒固定。

⑤ 预留孔洞的尺寸偏差应符合相关规定要求。

6. 钢筋和预埋件隐蔽工程检查

混凝土浇筑前,应对钢筋以及预埋部件进行隐蔽工程检查(图 4-32),具体检查项目及检验标准见本书单元六相关内容。隐蔽工程检查除应作书面检查记录外,还应有照片记录,拍照时用小白板记录该构件的使用项目名称、检查项目、检查时间、生产单位等。关键部位应当多角度拍照,照片要清晰。隐蔽工程检查记录应当与原材料检验记录一起在入厂时存档,存档按照时间、项目进行分类存储,照片影像类资料应电子存档与刻盘。

图 4-32　隐蔽工程检查

7. 门窗及保温材料固定

对于墙板等构件,门窗及保温材料需固定在模具中。

门窗的固定是将门窗框直接安装在墙板构件的模具中,模具体系上应设置限位框或限位件进行固定,如图 4-33 所示。门窗框应有产品合格证或出厂检验报告,明确其品种、规格、生产单位等,质量应符合现行有关标准的规定;门窗框的品种、规格、尺寸、性能、位置、开启方向、型材壁厚和连接方式等应符合设计要求;门窗框在构件制作、搬运、堆放、安装过程中,应进行包裹或遮挡,避免污染、划伤和损坏。

保温材料的固定则体现在预制混凝土夹心保温外墙板(简称"夹心外墙板")中。夹心外墙板(图 4-34)是一种维护结构构件,同时又具有保温节能功能,集围护、保温、防水、防火、装饰等多项功能于一体,在我国也得到了越来越多的推广。夹心外墙板由内外叶墙板、夹心保温层、连接件及饰面层组成。夹心外墙板宜采用平模工艺生产,生产时应先浇筑外叶墙板混凝土层,再安装保温材料和拉结件,最后浇筑内叶墙板混凝土层;当采用立模工艺生产时,应同步浇筑内外叶墙板混凝土层,并应采取保证保温材料及拉结件位置准确的措施。

图 4-33　门窗框固定　　　　　　　　　　图 4-34　夹心外墙板

8.混凝土运送

混凝土按要求拌和后,运送至浇筑振捣平台处。如果流水线工艺混凝土浇筑振捣平台设在搅拌站出料口位置,混凝土直接出料给布料机,没有混凝土运送环节;如果流水线浇筑振捣平台与出料口有一定距离,或采用固定模台生产工艺,则需要考虑混凝土运送。

常用的混凝土运输方式有三种:自动鱼雷罐(图 4-35)运输、起重机-料斗运输、叉车-料斗运输。当工厂超负荷生产时,厂内搅拌站无法满足生产需要,可能会在工厂外的搅拌站采购商品混凝土,采用搅拌罐车运输。流水线的混凝土输料系统,可以实现搅拌楼和生产线的无缝结合,输送效率大大提高,自带称量系统,可以精确控制浇筑量并随时了解罐体内剩余的混凝土数量,从而有效提高构件的浇筑质量。

图 4-35　自动鱼雷罐

9.混凝土布料

混凝土拌合料入模板前是松散体,粗骨料质量较大,在布料时容易向前抛离,引起离析,将导致混凝土外表面出现蜂窝、漏筋等缺陷,内部出现内外分层现象,造成混凝土强度降低,产生质量问题。为此,在操作上应注意:混凝土布料前应当做好混凝土的检查,检查内容包括混凝土坍落度、温度、含气量等,并且拍照存档;布料混凝土应均匀连续,从模具一端开始;投料高度不宜超过 500 mm;布料过程中应有效控制混凝土的均匀性、密实性和整体性;混凝土布料应在混凝土初凝前全部完成;混凝土应边布料边振捣;冬季混凝土入模温度不应低于 5 ℃;混凝土布料前应制作同条件养护试块等。

混凝土布料方式按自动化程度可分为手工布料、人工料斗布料和流水线自动布料三种方式。手工布料是混凝土工人最基本的技能,在浇筑时机器无法布料的特殊位置,多采用手工布料的方式。人工料斗布料是人工通过控制起重机来前后移动料斗完成混凝土布料。人工料斗布料适用在异形构件及固定模台的生产线上且布料点、布料时间不固定,布料量完全通过人工控制,优点是方便灵活,对生产线需求不高。随着预制构件生产量的提高,流水线自动布料(图 4-36、图 4-37)可以扩大混凝土浇筑范围,提高施工机械化水平,对提高施工效率、减轻劳动强度,发挥了重要作用。

图 4-36　布料机

图 4-37　混凝土布料

10. 混凝土振捣

混凝土振捣方式按生产工艺分为固定模台振捣和流水线振捣。固定模台振捣一般采用振动棒、附着式振动器、平板振动器三种器具振捣,流水线振捣通常采用振动台振捣。

固定模台振动棒(图 4-38)振捣时,由于模具中套管、预埋件多,普通振动棒可能下不去,应选用超细振动棒。操作时应注意:因质量较大,宜双手同时掌握手把,同时就近操纵电源开关;插入时应对准工作点,勿在混凝土表面停留;应按分层浇筑厚度分别振捣,振动棒的前端应插入前一层混凝土中,插入深度不小于 50 mm;振动棒应垂直于混凝土表面并快插慢拔均匀振捣;当混凝土不再显著下沉、基本上不再出现气泡、混凝土表面呈水平并出现水泥浆时,应当结束该部位振捣;钢筋密集区、预埋件及套筒部位应当选用小型振动棒振捣,并且加密振捣点,延长振捣时间;反打石材、瓷砖等墙板振捣时应注意振动损伤石材或瓷砖。

固定模台附着式振动器(图 4-39)振捣适用于生产板类构件如叠合楼板、阳台板等薄壁性构件。附着式振动器振捣混凝土应符合下列规定:振动器与模板紧密连接,设置间距通过试验来确定;模台上使用多台附着式振动器时,应使各振动器的频率一致,并应交错设置在相对的模台上。

固定模台平板振动器适用于墙板生产内表面找平振动,或者局部辅助振捣。

流水线振动台(图 4-40)通过水平和垂直振动从而使混凝土密实。欧洲的柔性振动平台可以上下、左右、前后 360°方向运动,从而保证混凝土密实,且噪声控制在 75 dB以内。

图 4-38　振动棒

图 4-39　附着式振动器

图 4-40　振动台

11. 浇筑表面处理

在混凝土浇筑振捣完成后、终凝前,应当先采用木质抹子对混凝土表面砂光、砂平,然后用铁抹子压光表面。需要粗糙面的可采用拉毛机(图 4-41)拉毛,或者使用露骨料剂喷涂等方式来完成粗糙面。需要在浇筑面预留键槽的,应在混凝土浇筑后用内模或工具压制成型。浇筑面边角应做成 45°抹角,如叠合板上部边角,或用内模成型,或由人工抹成。人工抹面质量可控而且较为灵活,不受构件形状和角度的限制,但缺点是人工量大、效率低。自动化生产线的表面抹平设备(图 4-42)可大幅提高抹面效率,但仅局限于平面的抹面。

图 4-41　拉毛机

图 4-42　表面抹平设备

12. 养护

养护是保证混凝土质量的重要环节,对混凝土强度的增长有重要影响。在施工过程中,应采取有效的养护措施,保证混凝土有适宜的硬化条件,强度正常增长。装配式混凝土构件养护一般采用蒸汽(或加温)养护,蒸汽(或加温)养护可以缩短养护时间,快速脱模,提高效率,减少模具和生产设施的投入。蒸汽养护常在预养护窑(图 4-43)和立体养护窑(图 4-44)中进行。

蒸汽养护可分为静停、升温、恒温和降温四个阶段。静停阶段是指混凝土浇捣完毕至升温前应先在室温下放置 2～6 h,以增强混凝土对升温阶段温度变化产生拉应力的抵抗能力。升温阶段是指混凝土原始温度上升到恒温阶段,若温度上升过快可能会使混凝土表面因温度应力过快增长产生裂缝,必须控制升温速度,一般应不大于 20 ℃/h。恒温阶段是混凝土强度增长最快的阶段,最高养护温度不宜超过 70 ℃。降温阶段是指养护后温度降至正常温度,同升温阶段,温度变化过快将导致混凝土表面产生裂缝,因此应控制降温速度,一般应不大于 20 ℃/h。构件出窑的表面温度与环境温度的差值不宜超过 25 ℃。

图 4-43　预养护窑

图 4-44　立体养护窑

蒸汽养护要点如下:

① 采用低压蒸汽养护时,为保证构件在养护覆盖物内得到均匀的温度,应设置适量的蒸汽输入点。

② 蒸汽养护过程中,不允许蒸汽射流冲击构件、试件或模具的任何部位,不允许蒸汽管道与模具接触,以免造成构件局部过热开裂。

③ 采用养护罩养护时,为保证养护罩内温度均衡,罩的底部及四周离钢膜表面应有 15～20 cm 距离,使蒸汽在养护罩内循环流通。

④ 蒸汽养护宜采用自动控制方式。采用人工控制时,须有专人巡回观测各养护罩内温度,适时调整供气流量,使罩内温度保持在规定的温控范围内,并做好测温记录以备查核。

⑤ 构件抹面结束后蒸汽养护前需静停,静停时间以手按压混凝土表面无压痕为标准。

⑥ 用干净的塑料布覆盖在混凝土表面,再用帆布或棚罩将模具整个盖住,且保证气密性,之后方可进行蒸汽养护。

13. 脱模和起吊

构件脱模起吊时混凝土强度应达到设计图样和规范要求的脱模强度,且不宜小于15 MPa。构件强度依据试验室同批次、同条件养护的混凝土试块抗压强度判定。拆模在拆模台(图4-45)上进行,拆模前构件经过足够的降温过程,起吊之前确保构件与模板没有任何程度的连接,且拆模顺序与模板安装顺序相反,各紧固件依次拆除,先将可以提前解除锁定的预埋件工装拆除,解除螺栓紧固,再依次拆除端模、侧模模板,严禁用振动、敲打方式拆模。构件起吊应平稳,楼板应采用专用多点吊架(图4-46)进行起吊,复杂构件应采用专门的吊架进行起吊。脱模后的构件运输到质检区待检。

图 4-45　拆模台

图 4-46　构件吊点埋设

14. 表面检查

脱模后进行外观检查和尺寸检查。构件外观主要检查是否有蜂窝、孔洞、夹渣、疏松,表面层装饰质感以及表面是否开裂或破损。尺寸则主要检查伸出钢筋是否偏位;套筒是否偏位;孔眼是否偏位,孔道是否歪斜;预埋件是否偏位;外观尺寸是否符合要求;平整度是否符合要求等。另外,对于套筒和预留钢筋孔的位置误差,可以采用模拟检查。即按照下部构件伸出钢筋的图样,用钢板焊接钢筋制作检查模板,上部构件脱模后,与检查模板试安装,看能否顺利插入,如果有问题,及时找出原因,进行调整改进。

15. 表面处理与修补

采用后浇混凝土或砂浆、灌浆料连接的预制构件结合面,制作时应按设计要求进行粗糙面处理。设计无具体要求时,可采用化学处理、拉毛或凿毛等方法制作粗糙面。具体可采用缓凝剂、稀释盐酸和机械打磨三种方式形成粗糙面。使用缓凝剂时,应在脱模后立即处理,将未凝固水泥浆面层洗刷掉,露出骨料,并注意防止水对构件表面形成污染。使用稀释盐酸时,也应在脱模后立即处理,采用浓度为5%左右的稀释盐酸,按要求粗糙面的凹凸深度涂刷,将被盐酸中和软化的水泥浆面层洗刷掉,露出骨料,切忌将盐酸刷到其他表面,并注意防止盐酸残留液对构件表面形成污染。采用机械打磨时,按要求对粗糙面的凹凸深度进行打磨,并注意防止粉尘污染。处理后,粗糙面表面应坚实,不能留有疏松颗粒。

预制构件在生产制作、存放、运输过程中造成的非加工质量问题,应采用常温修补措施进行修补,对于影响结构的质量问题应做报废处理。对承载力不足引起的裂缝,除进行修补外,还应采取适当加固方法进行加固。混凝土构件缺陷可分为尺寸偏差缺陷和外观缺陷。尺寸偏差缺陷和外观缺陷可分为一般缺陷和严重缺陷。尺寸偏差缺陷中,当预制混凝土构件尺寸偏差超出规范规定,但尺寸偏差对结构性能和使用功能未构成影响时,属于一般缺陷;当尺寸偏差对结构性能和使用功能构成影响时,属于严重缺陷。外观缺陷中,当露筋出现在纵向受力钢筋上,蜂窝、孔洞、夹渣、疏松等缺陷出现在构件主要受力部位,裂缝出现在构件主要受力部位且影响结构性能、使用功能,或外形缺陷、外表缺陷出现在具有装饰效果的清水混凝土上时,属于严重缺陷,其他属于一般缺陷。构件生产中发现缺陷时,应认真分析缺陷产生的原因,对严重缺陷应制定专项修整方案,方案应经论证审批后实施,不得擅自处理。

　　预制构件的外观质量不应有严重缺陷,且不宜有一般缺陷。对已出现的一般缺陷,应按技术方案进行修补,并应重新检验。常见外观质量有构件表面麻面、漏筋、蜂窝、空洞、缺棱掉角、堵孔等。表面麻面时,对于结构表面作粉刷的可不处理,对于无粉刷的,应在麻面部位浇水充分湿润后,用1∶2的水泥砂浆抹平压光。表面漏筋时,刷洗干净后,在表面抹1∶2或1∶2.5的水泥砂浆,将漏筋部位抹平;漏筋较深时,凿去薄弱混凝土和突出颗粒,洗刷干净后,用高一等级标号的细石混凝土填塞压实,并认真养护。表面存在蜂窝时,按蜂窝大小进行处理,小蜂窝可洗刷干净,用1∶2的水泥砂浆抹平压实;较大蜂窝,将松动石子和突出颗粒剔除,洗刷干净后,用高一等级标号的细石混凝土填塞压实,并认真养护;较深蜂窝,埋压浆管、排气管,表面抹砂浆或浇筑混凝土封闭后,进行水泥压浆处理。表面空洞时,将周围的松散混凝土和软弱浆膜凿除,用压力水冲洗(图4-47),支设带托盒的模板,洒水充分湿润后,用高强度等级的细石混凝土仔细浇筑捣实。缺棱掉角时,掉角较小,将该处用钢丝刷干净,清水冲洗充分湿润后,用1∶2或1∶2.5的水泥砂浆抹补修正;掉角较大,将松动石子和突出颗粒剔除,刷洗干净后,用高一等级标号的细石混凝土填塞压实,并认真养护。堵孔时,缝隙夹层不深,可将松散混凝土凿去,洗刷干净后,用1∶2或1∶2.5的水泥砂浆强力填嵌密实;缝隙夹层较深,应清除松散部分和内部夹杂物,用压力水冲洗干净后支模,强力灌细石混凝土或将表面封闭后进行压浆处理。

PC 构件
生产线动画

图 4-47　压力水冲洗

三、标识及成品保护

为了便于构件运输和安装时快速找到构件,进行质量追溯,明确各个环节的质量责任,便于生产现场管理,预制构件脱模并检查合格后应在明显部位做构件标识。

构件标识包括直接标识、内埋标识和文件标识三种方式,内容应依据设计图纸、标准及规范确定。直接标识是指脱模后在构件醒目位置用电子笔喷绘或记号笔手写构件编号、制作日期、合格状态、生产单位等信息和"合格"字样。内埋标识是将 RFID 芯片安装在构件(位置在表层混凝土 20 mm 厚度以内)中,用以输入更详细的内容,另外,可使用软件根据构件编号生成二维码,贴在构件表面,安装时用手机客户端扫描查阅相关信息。文件标识指相关合格证,即构件生产企业按照有关标准规定和合同要求,对供应的产品签发产品质量证书,明确重要技术参数,有特殊要求的产品应提供安装说明书。构件生产企业的产品合格证应包括合格证编号、构件编号、产品数量、预制构件型号、质量情况、生产企业名称、生产日期、出厂日期、质检员及质量负责人签字等。

构件成品应根据其种类、规格、型号、使用先后次序等条件,有计划地分开堆放,堆放须平直、整齐、下垫枕木或木方。构件成品中暴露在空气中的金属预埋件应当采取保护措施,防止产生锈蚀。预埋螺栓孔应用海绵棒进行填塞,防止异物入内,外露螺杆应套塑料帽或用泡沫材包裹以防碰坏螺纹。产品表面禁止油脂、油漆等污染。成品堆放隔垫应采用防污染的措施。

四、质量、安全与节能要点

1. 质量要点

构件制作过程中,应着重控制如下工序的质量。

(1)模具组装。模具精度是预制构件精度的基础与保证。模具到厂后必须先对模具进行单片检查,检查合格后再进行组装。实行首件检验制度,即每个模具生产的第一个构件须经过全面仔细的质量检查确认没有问题后,才可以投入使用。

(2)钢筋制作。钢筋骨架制作按设计图样要求翻样、断料及成型。总装必须在符合精度要求的专用靠模上加工拼装。严格控制焊接、绑扎质量,并由专人检测、记录、挂牌标识。在总体拼装时发现系统误差,应及时修正钢筋骨架在加工工程中所产生的变形。实行首件钢筋龙骨质量检验制度。需要套螺纹的钢筋保证端部平整,套螺纹长度、丝距和角度符合设计要求。

(3)钢筋骨架与套筒安装。钢筋骨架经检查合格后,在钢筋骨架指定位置装上保护层垫块后吊放入模具,要避免钢筋骨架与模具发生碰撞。钢筋骨架放入模具后要检查周侧、底部保护层是否符合要求,保护层不得大于规定公差。严重扭曲的钢筋骨架不得使用。预埋件、钢筋骨架由专人负责检验,位置合格且安装牢固后方可进行下步工序。安装套筒使用套筒相配套的固定夹具。

(4)预埋件安装。预埋件的安装位置、数量、尺寸应符合图样要求,使用固定夹具将其固定。

（5）混凝土入模与振捣。应保证混凝土入模的连续性，严格控制振捣方法和振捣时间，防止振动棒损伤石材和瓷砖。

（6）养护。应确保自动养护控制系统的完好准确，按照规定的静养时间、升温降温速度、养护温度，由专人负责养护。

（7）成品保护。应有符合要求的堆放场地，按照设计要求的位置、距离和方式进行支垫，按照设计允许的层数堆放。验收合格后的成品应当采取包装膜或拉伸膜进行成品保护，运输过程中应加强护角防磕碰措施保护。

另外，还需重视首件验收。为加强工程质量控制，减少预制构件的不合格产品，确保工程进度稳步前进，需对工程项目上的每种预制构件进行首次验收。由建设单位组织预制构件首件验收，邀请监理单位、设计单位、施工单位对同类型预制构件的首次生产进行验收，待五方检查后，制作单位可开始批量生产。

2. 安全要点

构件制作过程中，应特别强调安全生产，具体做到以下几点：

① 必须进行深入细致、具体定量的安全培训；

② 对新工人或调换工种的工人经考核合格后，方准上岗；

③ 必须设置安全设施和备齐必要的工具；

④ 生产人员必须佩戴安全帽、防砸鞋、皮质手套等；

⑤ 必须确保起重机的完好，起重机工必须持证上岗；

⑥ 吊运前要认真检查索具和被吊点是否牢靠；

⑦ 在吊运构件时，吊钩下方禁止有人站立或行走；

⑧ 班组长每天要对班组工人进行作业环境的安全交底；

⑨ 控制安全隐患点，如高模具、立式模具的稳定，立式存放构件的稳定，存放架的固定，外伸钢筋醒目提示，物品堆放防止磕绊的提示，装车吊运安全，电动工具安全使用。修补打磨时，须戴眼镜及防尘护具。

3. 节能要点

装配式建筑的一个重要优势是节能环保，减少工地建筑垃圾。装配式混凝土构件制作过程是实现进一步节能环保的重要环节。应注意如下要点：

① 降低养护能源消耗，自动控制温度，夏季及时调整养护方案；

② 混凝土剩余料可制作一些路沿石、车挡等小型构件；

③ 模具的改用；

④ 全自动机械化加工钢筋，减少钢筋浪费；

⑤ 钢筋头利用；

⑥ 粉尘防护。

项目五　吊运、堆放与运输

一、构件吊运与堆放

1.构件吊运

构件脱模后要吊运到质检修补或表面处理区,质检修补后再运到堆场堆放,墙板构件还会出现翻转的情况,在吊运环节,必须保证安全和构件完好无损。

构件吊运(图4-48)首先要设计吊点,然后选择吊索和吊具,最后还要注意在脱模、翻转与运输过程中,吊运的相关作业要点。

图4-48　构件吊运

（1）吊点。吊点必须由结构设计师经过设计计算确定,给出位置和结构构造设计。工厂在构件制作前的读图阶段应关注脱模、吊运和翻转吊点的设计,如果设计未予考虑,或设计得不合理,工厂应与设计师沟通,由设计师给出吊点设计,在构件制作时埋置。对于不用吊点预埋件的构件,如有桁架筋的叠合板,以及用捆绑吊带吊运与翻转的小型构件,设计也应给出吊点位置,工厂须严格执行。

（2）吊具。吊具有绳索挂钩、一字形吊装架和平面框架吊装架三种类型。工厂应针对不同构件,设计制作吊具。吊具必须由结构工程师进行设计或选用,设计时应遵循重心平衡的原则,保证构件在脱模、翻转和运输作业中不偏心。吊索长度的实际设置应保证吊索与水平间夹角不小于45°,以60°为宜;且保证各根吊索长度与角度一致,不出现偏心受力情况。工厂常用的吊索和吊具应当标识其额定起重量,避免超负荷起吊,并应定期进行完好性检查和采取防锈蚀措施。

（3）脱模起吊作业要点。吊点连接必须紧固,避免脱扣。绳索长度和角度符合要求,没有偏心。起吊时缓慢加力,不能突然加力。当脱模起吊时出现构件与底模粘连或构件出现裂缝的情况时,应停止作业,由技术人员做出分析后给出作业指令再继续起吊。

（4）吊钩翻转作业要点。吊钩翻转包括单吊钩翻转和双(组)吊钩翻转两种方式。单吊钩翻转应在翻转时为触地一端铺设软隔垫,避免构件边角损坏。隔垫材料可用橡胶垫、XPS聚苯乙烯板、轮胎或橡胶垫等。双(组)吊钩翻转应当在绳索与构件之间用软质材料隔垫,如橡胶垫等,防止棱角损坏。双吊钩翻转时,两个(组)吊钩升降应协同。翻转作业应当由有经验的信号工指挥。

（5）吊运作业要点。吊运作业是指构件在车间、场地间用起重机、龙门式起重机,小型构件用叉车进行的短距离吊运。吊运路线应事先设计,吊运路线应避开工人作业区域,设计吊运路线时,起重机驾驶员应当参加,确定后应当向驾驶员交底;吊索吊具与构件要拧固结实;吊运速度应当控制,避免构件大幅度摆动;吊运路线下禁止工人作业;吊运高度要高于设备和人员;吊运过程中要有指挥人员;航式起重机要打开警报器。

2. 构件堆放

构件成品运到堆场堆放时,应符合相应要求,确保预制构件在装车运输前不受损破坏。

(1) 堆放场地。其位置应符合吊装位置的要求,放置在吊装区域,避免吊车移位而耽误工期,并应当方便运输构件的大型车辆装车和出入。场地应为钢筋混凝土地坪、硬化地面或草皮砖地面,平整坚实,避免地面凹凸不平。场地应有良好的排水措施,防止雨天积水后不能及时排泄,导致预制构件浸泡在水中,污染预制构件。存放构件时要留出通道,不宜密集存放。堆放场地应设置分区,根据工地安装顺序分类堆放构件。

(2) 堆放方式。堆放时,必须根据设计图样要求的构件支承位置与方式支承构件。如果设计图样没有给出要求,墙板采用竖放方式,楼面板、屋顶板和柱构件采用平放或竖放方式,梁构件采用平放方式,如图 4-49~图 4-52 所示。平放时,在水平地基上并列放置2 根木材或钢材制成的垫木,放上构件后可继续在上面放置同样的垫木,一般不宜超过 6层;垫木上下位置之间如果存在错位,构件会产生弯矩、剪力等不利内力,故垫木必须放置在同一条线上;垫木在构件下的位置宜与脱模、吊装时的起吊位置一致。竖放时,要将铺设路面修整为粗糙面,防止脚手架滑动;固定构件两端并保持构件垂直使其处于平衡状态;非规则形状的柱和梁等构件要根据各自的形状和配筋选择合适的储存方法。

(3) 堆放操作。堆放前应先对构件进行清理,使套筒、埋件内无残余混凝土、粗糙面分明、光面上无污渍、挤塑板表面清洁等。清理完的构件装到摆渡车上,并运至堆放场地。摆渡车应由专人操作,其轨道内严禁站人,严禁人车分离,人车距离保持在 2~3 m。堆放时,预埋吊件应朝上,标识宜朝向堆垛间的通道。各种构件均要采取防止污染的措施。伸出钢筋超出构件的长度或宽度时,在钢筋上做好标识,以免伤人。

图 4-49　墙板竖放

图 4-50　楼板平放

图 4-51　楼梯平放

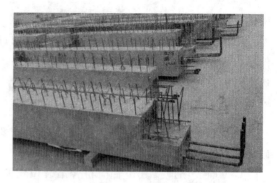

图 4-52　梁平放

二、构件装车与运输

1. 构件装车

构件运输一般采用专用运输车(图 4-53),若采用改装车,应采取相应的加固措施。装车前,应对车辆及箱体进行检查,配好驾照、送货单和安全帽。装车出厂前应检测混凝土强度,普通构件的实测值不应低于 30 MPa,预应力构件应按设计要求,若无设计要求,其实测值不应低于混凝土立方体抗压强度设计值的 75%。构件装车应事先进行装车方案设计,注意将同一楼层的构件放在同一车上,以免到现场卸车费时费力,并注意避免超高超宽,做好配载平衡。梁、柱、楼板装车应平放,楼板、楼梯装车可叠层放置,剪力墙构件运输宜用运输货架。构件立放时,采取防止构件移动或倾倒的固定措施,如采用专用托架并与构件绑扎牢固。搬运托架、车厢板和构件间应放入柔性材料,构件边角或锁链接触部位应采用柔性垫衬材料保护,保证车辆转急弯、急刹车、上坡、颠簸时构件不移动、不倾倒、不磕碰。装车前转运工应先检查钢丝绳、墙板架子等工具是否完好、齐全,确保挂钩没有变形,钢丝绳没有断股开裂现象,确定无误后方可装车。支承垫方垫木的位置与堆放一致,宜采用木方作为垫方,木方上宜放置橡胶垫,橡胶垫的作用是在运输过程中防滑。构件与构件之间要留出间隙,构件之间、构件与车体之间、构件与架子之间应有隔垫,防止在运输过程中构件与构件之间的摩擦及磕碰。对各种构件均应采取防止污染措施。为达到经济最优化,在不超载和确保构件安全的情况下尽可能提高装车量。对超高、超宽构件,应办理准运手续,运输时应在车厢上放置醒目的警示灯和警示标志。

2. 构件运输

构件运输应制订运输方案,选取运输时间、路线、次序、固定要求等,针对超高、超宽、形状特殊的大型构件要求采取专门的质量安全保证措施。运输路线须事先与货车驾驶员共同勘察,注意有没有过街桥梁、隧道、电线等对高度的限制,有没有大车无法转弯的急弯或限制质量的桥梁等情况,并采取措施避免构件损伤。应对运输车驾驶员进行运输要求交底,不得急刹车、急提速,转弯要缓慢,在指定地点停放,停时应熄火、刹车、防止溜车等。应当派出车辆在第一辆运输车后面随行,观察构件稳定情况。构件运输次序应根据施工安装顺序来制订。如施工现场在车辆禁行区域,则应选择夜间运输,要保证夜间行车安全。

图 4-53　构件装车

三、质量与安全要点

吊运、堆放、运输时,应注意设计正确的吊装位置与支承点位置、选择合适的吊架吊具,所采用的垫方、垫块应符合要求,并注意防止磕碰、污染,以保证质量。同时,应时刻确保吊运、堆放、运输过程中构件的稳定,不倾倒、不滑动,检查靠放架与堆放支点,以保证安全。

预制构件装车前,应组织监理、质量员等进行出厂检验,经检验符合设计和规范要求后,在明显位置进行标识,并随车携带相应的预制构件的质量证明文件。

➡ 单元小结

装配式混凝土结构预制构件的制作工艺多样,如固定模台工艺、立模工艺、预应力工艺、流水线工艺等,各种工艺各有其优缺点,选用时应综合考虑多种因素。预制构件的制作工厂应根据生产工艺选择厂内设施并合理进行厂区布置,满足标准化管理要求;其制作车间也应针对不同工艺的流程合理布置设备,满足生产需求。预制构件制作所用设备种类繁多、功能各异,如送料机、布料机、振动台、立体养护窑等,为实现机械化、智能化生产提供了良好的基础。预制构件制作的模具对构件质量、生产周期和成本均有较大影响,其组装、存放、验收、使用、维修及改用都应严格按规程进行操作。构件制作前,应严格按照规定完成原材料入厂的检验储存、钢筋加工及混凝土拌合料配置等工作。构件制作时,首先确定制作依据(设计图样、有关标准、工程安装计划和操作规程)、做好制作准备(设计交底、编制生产计划、技术准备、质量管理方案、安全管理方案等),然后按主要工序(模具组装、涂刷脱模剂、表面装饰、钢筋入模、预埋件与连接件定位、孔眼定位、钢筋和预埋件隐蔽工程检查、门窗及保温材料固定、混凝土运送、混凝土布料、混凝土振捣、浇筑表面处理、养护、脱模和起吊、表面检查、表面处理与修补等)制作,最后做好标识与成品保护。在此过程中,应严格把控质量、安全与节能要点。构件制作完成后,成品的吊运、堆放、装车及运输均须按要求进行,确保构件完好无损地运至施工现场,为装配式混凝土结构施工做好准备。

➡ 思考练习题

一、填空题

1. 常见的装配式混凝土构件制作工艺有固定台座法和机组流水法,固定台座法包括_____工艺、_____工艺、_____工艺和_____工艺等;机组流水法也称为_____工艺。

2. 原材料入厂检验包括_____、_____和_____。

3. 装配式混凝土构件制作须依据_____、_____、_____和_____进行。

4. 所有模具组装均应按照_____、_____、_____三步完成。

5. 钢筋入模时,保护层厚度应符合规范及设计要求,保护层间隔件应按有关规范规定布置,一般不大于_____ mm且不宜小于_____ mm。

6. 混凝土浇筑前,应对钢筋以及预埋部件进行_____,除应作书面检查记录外应有照片记录,拍照时用小白板记录该构件的_____、_____、_____、_____等。

7. 对于墙板等构件,门窗及保温材料需固定在_____中,夹心外墙板由_____、_____、_____及_____组成。

8. 常用的混凝土运输方式有:_____运输、_____运输、_____运输。

9. 装配式混凝土构件养护一般采用蒸汽(或加温)养护,蒸汽养护可分为_____、_____、_____和_____四个阶段。

10. 验收合格后的成品应当采取_____或_____进行成品保护,运输过程中应加强_____措施保护。

二、选择题

1. 模具可按不同的标准进行分类,按构件是否出筋可分为( )。

A. 固定模台工艺模具、流水线工艺模具

B. 立模工艺模具和预应力工艺模具

C. 钢材模具、铝材模具、混凝土模具、GRC模具

D. 封闭模具、半封闭模具

2. 关于模具的使用,以下说法错误的是( )。

A. 每套模具均需按顺序统一编号

B. 吊模和防漏浆部件的拆除是在预制构件蒸汽养护之后

C. 模具暂时不使用时,需在模具上涂刷一层机油

D. 当构件脱模时,宜用皮锤、羊角锤、小撬棍等工具敲击模具

3. 关于原材料储存,以下说法正确的是(　　　)。

A. 水泥要按强度等级和品种分别存放在完好的散装水泥仓内,不得混入杂物

B. 同一品种的钢材应按入库先后分别堆好码放,按后进先发的原则使用

C. 骨料要按品种、规格分别堆放,若虽为同一品种但因数量较多分开堆放时,只需其中一堆挂标识牌

D. 保温材料可放于非防火区域,但存放处必须配置灭火器

4. 关于钢筋加工,以下说法错误的是(　　　)。

A. 钢筋配料时,计算下料长度应注意钢筋因弯曲或弯钩而发生的长度变化,不可直接根据图样的尺寸下料

B. 钢筋除锈后若表面仍带有蜂窝状锈迹,应降级使用或剔除不用

C. 钢筋切断时将同规格钢筋根据长度长短搭配,统筹配料,即一般先断长料、后断短料,减少短头,减少损耗

D. 钢筋骨架组装时操作人员须培训上岗,操作时要戴好手套,以免被烫伤

5. 在如下装配式混凝土构件制作工序相关表述中,错误的是(　　　)。

A. 石材反打工艺包括背面处理、铺设及缝隙处理三道工序

B. 钢筋骨架安装应采取可靠措施防止钢筋受模板、模具内表面的隔离剂污染

C. 采用金属螺旋管做浆锚孔时,螺旋管的两端均应用水泥砂浆进行封堵

D. 蒸汽养护过程中,不允许蒸汽射流冲击构件、试件或模具的任何部位

6. 关于构件制作过程中的质量要点,以下说法错误的是(　　　)。

A. 模具到厂后必须实行首件检验制度

B. 预埋件、钢筋骨架由专人负责检验,位置合格且安装牢固后方可进行下步工序

C. 需要重视构件首件验收,由构件厂家组织,邀请建设单位、监理单位、设计单位、施工单位对同类型预制构件的首次生产进行验收,待五方检查后,构件方可开始批量生产

D. 混凝土入模与振捣时应保证入模的连续性,严防振动棒损伤石材和瓷砖

7. 关于构件制作过程中的安全和节能要点,以下说法错误的是(　　　)。

A. 必须进行深入细致具体定量的安全培训

B. 对新工人或调换工种的工人经考核合格,方准上岗

C. 班组长每周要对班组工人进行作业环境的安全交底

D. 构件制作过程中要降低养护能源消耗、自动控制温度、夏季及时调整养护方案

8. 关于构件吊运、堆放与运输,以下说法错误的是(　　　)。

A. 构件吊运时,若结构设计师未给出吊点设计,工厂应凭可靠经验提前确定吊点位置

B. 当脱模起吊时出现构件与底模粘连或构件出现裂缝时,应停止作业

C. 堆放时,必须根据设计图样要求的构件支承位置与方式支承构件

D. 装车出厂前应检测混凝土强度,普通构件其实测值不应低于 30 MPa

三、判断题

1.不合格的模具也可以制作出合格的产品。　　　　　　　　　　　　　　（　　）

2.维修和改用好的模具应填写模具组装验收表并拍照存档。　　　　　　　（　　）

3.工厂收到构件设计图后应详细读图,领会设计指令,对无法实现或无法保证质量的设计问题,以及其他不合理问题,应当向设计单位书面反馈。　　　　　　（　　）

4.模台为保证板面平整,必须选用整块钢板。　　　　　　　　　　　　　（　　）

5.混凝土布料应均匀连续,从模具中间向两端进行。　　　　　　　　　　（　　）

6.固定模台一般采用振动棒、附着式振动器、平板振动器三种器具振捣,流水线振捣通常采用振动台振捣。　　　　　　　　　　　　　　　　　　　　　　　（　　）

7.构件脱模起吊时混凝土强度应达到设计图样和规范要求的脱模强度,且不宜小于15 MPa。　　　　　　　　　　　　　　　　　　　　　　　　　　　　　（　　）

8.采用后浇混凝土或砂浆、灌浆料连接的预制构件结合面,制作时应按设计要求进行粗糙面处理。　　　　　　　　　　　　　　　　　　　　　　　　　　　（　　）

四、简答题

1.装配式混凝土构件制作的准备工作包含哪些内容?

2.装配式混凝土构件工厂内有哪几类主要设备? 主要的成型设备包括哪些?

3.装配式混凝土构件制作的主要工序包含哪些?

4.构件制作过程中,需控制哪些安全隐患点?

思考练习题答案

单元五　装配式混凝土结构施工

5分钟看完
单元五

【内容提要】

　　本单元主要对装配式混凝土建筑施工准备工作、预制混凝土构件吊装施工工艺和安装要点、预制构件节点施工等做了具体的阐述,并介绍了施工现场安全管理和绿色施工的实施方法。

【教学要求】

> ➤ 熟悉装配式混凝土建筑施工准备工作。
> ➤ 掌握预制混凝土构件吊装施工工艺及安装要点。
> ➤ 掌握预制混凝土构件的连接形式。
> ➤ 掌握预制混凝土构件节点构造。
> ➤ 了解掌握预制混凝土构件预留洞管设置。
> ➤ 了解施工现场安全管理和绿色施工。

　　装配式建筑是一种利用预先制作好的构配件在施工现场通过组合装配后形成的建筑结构,其最为突出的特点是建造速度快,施工过程基本不会受到气候条件的影响和制约,能够有效节约人力成本,并大幅度提升建筑工程的整体质量。随着我国建筑行业的快速发展和人们生活需求的提高,传统的建筑方式已经满足不了社会经济发展的要求,而装配式建筑工程具有施工速度快、多样化、耗能低等优势,具有较强的推广价值。

项目一　施工准备工作

一、构件进场检查与存放

1. 进场检查项目与验收

　　(1) 装配式结构连接部位及叠合构件浇筑混凝土之前,应进行隐蔽工程验收(图5-1)。隐蔽工程验收主要包括下列内容。

　　① 混凝土粗糙面的质量,键槽的尺寸、数量、位置。

　　② 钢筋的牌号、规格、数量、位置、间距,箍筋弯钩的弯折角度及平直段长度。

图 5-1　隐蔽工程验收

③ 钢筋的连接方式、接头位置、接头数量、接头面积百分率、搭接长度、锚固方式及锚固长度。

④ 预埋件、预留管线的规格、数量、位置。

（2）装配式结构的接缝施工质量及防水性能应符合设计要求和国家现行有关标准的规定。

（3）预制构件结构性能检验应符合下列规定。

梁板类简支受弯预制构件进场时应进行结构性能检验，并应符合下列规定。

① 结构性能检验应符合国家现行有关标准的有关规定及设计的要求，检验要求和试验方法应符合《混凝土结构工程质量验收规范》（GB 50204—2015）中附录 B 的规定。

② 钢筋混凝土构件和允许出现裂缝的预应力混凝土构件应进行承载力、挠度和裂缝宽度检验；不允许出现裂缝的预应力混凝土构件应进行承载力、挠度和抗裂检验。

③ 对大型构件及有可靠应用经验的构件，可只进行裂缝宽度、抗裂和挠度检验。

④ 对使用数量较少的构件，当能提供可靠依据时，可不进行结构性能检验。

对其他预制构件，除设计有专门要求外，进场时可不做结构性能检验。对进场时不做结构性能检验的预制构件，应采取下列措施。

① 施工单位或监理单位代表应驻厂监督其生产过程。

② 当无驻厂监督时，预制构件进场时应对其主要受力钢筋数量、规格、间距、保护层厚度及混凝土强度等进行实体检验。

（4）预制构件的外观质量不应有严重缺陷，且不应有影响结构性能和安装、使用功能的尺寸偏差。

（5）预制构件上的预埋件、预留插筋、预埋管线等的规格和数量以及预留孔、预留洞的数量应符合设计要求。

（6）预制构件应有标识。

（7）预制构件的外观质量不应有一般缺陷。

（8）预制构件的粗糙面的质量及键槽的数量应符合设计要求。

2. 不合格构件处理方法

结构构件(指单独受力构件,如预制楼梯等)应按国家现行标准《混凝土结构工程施工质量验收规范》(GB 50204—2015)的要求进行结构性能检验。未经进场验收或进场验收不合格的预制构件严禁使用。施工单位应对构件进行全数验收,监理单位对构件质量进行抽检,发现存在影响结构质量或吊装安全的缺陷时,不得验收通过。

3. 检查方法

预制构件运至施工现场时的检查内容包括外观检查和几何尺寸检查两大方面(表5-1)。

表5-1　　　　　　　　　　　　　预制构件检查表

检查项目	检查内容	检查数量	检查方法
外观检查	预制构件裂缝、破损、变形等	全数检查	目视检查、仪器检测(必要时)
几何尺寸	构件长度、宽度、高度、厚度、对角线、预留筋、预埋件、一体化构配件	全数检查	钢尺量测

4. 构件的存放

(1) 存放方式。

预制构件存放方式有平放和竖放两种。原则上墙板采用竖放方式,楼面板、屋面板和柱构件可采用平放或竖放方式,梁构件采用平放方式。图5-2～图5-7为常用构件现场存放情况。

构件运输和堆放动画

① 平放时的注意事项。

在水平地面上并列放置2根木材或钢材制作的垫木,放上构件后可在上面放置同样的垫木,再放置上层构件,一般构件放置不宜超过6层。上下层垫木必须放置在同一条线上,如果垫木上下位置之间存在错位,构件除了承受垂直荷载,还要承受弯矩和剪力,有可能造成构件损坏。

② 竖放时的注意事项。

存放区地面在硬化前必须夯实,然后再进行硬化,硬化厚度应≥200 mm,以防止存放区地面沉降,造成PC板堆放倾斜。要保持构件的垂直或一定角度,并且使其保持平衡状态。

(2) 存放标准。

① 预制柱构件存储宜平放,且采用两条垫木支撑,堆放层数不宜超过1层。

② 墙板采用托架立放,上部采用两点支撑。

③ 桁架叠合楼板宜平放,以6层为基准,在不影响构件质量前提下,可适当增加1～2层。

④ 预应力叠合楼板采用平放,以8层为基准,在不影响构件质量前提下,可适当增加1～2层,楼板预制构件存放采用专用存放架支撑。

⑤ 预制阳台板/空调板构件存储宜平放,且采用两条垫木支撑,堆码层数不宜超过2层。

⑥ 预制沉箱构件存储宜平放,且采用两条垫木支撑,堆码层数不宜超过2层。

⑦ 预制楼梯构件存储宜平放,采用专用存放架支撑,叠放存储不宜超过6层。

⑧ 预制构件的存放场地为混凝土硬化地面或车库顶板,满足平整度和地基承载力要求,并设置有排水措施。构件的存放架应有足够的刚度和稳定性。

⑨ 预制构件存放区应按构件种类合理分区,并按型号、生产日期分类存放。对于不合格的预制构件,分区、单独存放,并集中处理。

⑩ 预埋吊件应朝上,标识宜朝向堆垛间的通道;受弯类构件支垫应坚实,垫块在构件下的位置宜与脱模、吊装时的起吊位置一致;存放构件时,每层构件间的垫块应上下对齐;预制构件运输到现场后,应按照型号、构件所在部位、施工吊装顺序存放,存放场地应在塔吊工作范围内,避免二次倒运。

(3)注意事项。

① 堆放构件时应使构件与地面之间留有空隙,构件须放置在木头或软性材料上,堆放构件的支垫应坚实。堆垛之间宜设置通道,必要时应设置防止构件倾覆的支撑架。

② 连接止水条、高低口、墙体转角等薄弱部位,应采用定型保护垫或专用套件加强保护。

③ 当预制构件存放在地下室顶板时,要对存放地点进行加固处理。

图5-2　预制楼梯存放

图5-3　预制墙板存放

图5-4　插放型存放架

图5-5　预制叠合楼板存放

图 5-6　预制柱存放

图 5-7　A 形存放架

二、施工技术准备

1. 专项方案

（1）专项施工方案范围。

① 起重机械设备安装、使用、拆卸；

② 支撑架及脚手架；

③ 预制构件吊装方案；

④ 预制构件接缝防水；

⑤ 套筒灌浆作业；

⑥ 采用新技术、新工艺、新材料、新设备及尚无相关技术标准的危险性较大的分部分项工程。

（2）专项施工方案编审要求。

① 施工单位应当在危险性较大的分部分项工程施工前编制专项施工方案，对于超过一定规模的危险性较大的分部分项工程，施工单位应当组织专家对专项施工方案进行论证。

② 建筑工程实行施工总承包的，专项施工方案应当由施工总承包单位组织编制。其中，起重机械安装拆卸工程等专业工程实行分包的，其专项施工方案可由专业承包单位组织编制。

③ 施工单位应当根据现行国家标准规范，由项目技术负责人组织相关专业技术人员结合工程实际编制专项施工方案。

④ 专项施工方案应当由施工单位技术部门组织本单位施工技术、安全、质量部门的专业技术人员进行审核。经审核合格的，由施工单位技术负责人签字。实行施工总承包的，专项施工方案应当由总承包单位技术负责人及相关专业承包单位技术负责人签字。经审核合格后报监理单位，由总监理工程师审核签字。

⑤ 超过一定规模的危险性较大的分部分项工程专项施工方案，应当由施工单位组织专家组对已编制的专项施工方案进行论证审查。专家组应当对论证的内容提出明确的

意见,形成论证报告,并在论证报告上签字。

⑥ 施工单位应根据论证报告修改完善专项施工方案,经施工单位技术负责人、项目总监理工程师、建设单位项目负责人签字后,方可组织实施。

⑦ 施工单位应当严格按照专项施工方案组织施工,不得擅自修改、调整专项施工方案。如因设计、结构、外部环境等因素发生变化确需修改的,修改后的专项施工方案应当重新履行审核批准手续。对于超过一定规模的危险性较大工程的专项施工方案,施工单位应当重新组织专家进行论证。

⑧ 对于按规定需要验收的危险性较大的分部分项工程,施工单位、监理单位应当组织有关人员进行验收。验收合格的,经施工单位项目技术负责人及项目总监理工程师签字后,方可进入下一道工序。

(3)专项施工方案编制的基本内容。

① 工程概况:危险性较大的分部分项工程概况、施工平面布置、施工要求和技术保证条件。

② 编制依据:相关法律、法规、规范性文件、标准、规范及图纸(国标图集)、施工组织设计等。

③ 施工计划:包括施工进度计划、材料与设备计划。

④ 施工工艺技术:技术参数、工艺流程、施工方法、检查验收等。

⑤ 施工安全保障措施:组织保障、技术措施、应急预案、监测监控等。

⑥ 劳动力计划:专职安全生产管理人员、特种作业人员等。

⑦ 计算书及相关图纸。

(4)装配式结构工程常见专项施工方案的内容。

① 起重设备安装、使用、拆卸施工方案。

起重设备安装、使用、拆卸专项施工方案应包含安装拆卸施工的作业环境、安装条件、安装拆卸作业前交底、检查和拆装制度、安装工艺流程及施工要点、升降及锚固作业工艺、安装后的检验内容和试验方法、拆卸工艺流程及拆卸要点、相关安全措施、起吊作业防碰撞措施、安装与拆卸安全注意事项、拆装人员的组织分工及证件等内容。

② 起重吊装施工方案。

起重吊装专项施工方案编制应包含现场环境、施工工艺、起重机械的选型依据、起重臂的设计计算、钢丝绳及索具的设计选用、地面承载力及道路的要求、预制构件堆放布置图、吊装安全防护措施等内容。

③ 支撑架及脚手架施工方案。

支撑架及脚手架施工方案应包括编制依据、现场环境、脚手架选定及范围、脚手架材料要求、脚手架搭设流程及要求、脚手架的劳动力安排、脚手架的检查与验收、脚手架搭设安全技术措施、脚手架拆除安全技术措施等内容。

④ 预制构件吊装施工方案。

预制构件吊装施工方案应包含现场作业环境、施工工艺、施工物资设备准备、施工顺序、施工方案、施工质量保证措施及安全施工管理、施工要点、吊装过程安全保证措施及应急预案等内容。

⑤ 预制构件接缝防水施工方案。

预制构件接缝防水施工方案应包括现场环境、施工工艺、施工方案、施工质量保证措施、防水材料要求、施工要点等内容。

⑥ 套筒灌浆作业施工方案。

套筒灌浆作业施工方案应包括现场作业环境、施工组织机构及施工人员配置、施工准备、材料搅拌要求、质量保证措施、灌浆机的安全使用、现场安全文明施工等内容。

2. 技术交底

(1) 技术交底的任务与目的。

工程正式施工前,通过技术交底使参与施工的全体管理人员和工人,了解和熟悉所承担的工程任务及工程的特点、施工难点、设计意图、执行的技术标准、施工工艺和方法、施工操作要点,以及安全质量标准,做到按操作程序施工,确保施工安全、质量。

技术交底实行项目经理部、作业队及个人三层次技术交底的原则,贯穿于工程施工全过程。工程项目开工前,由项目部总工程师负责,向项目部全体管理人员、作业队主要管理人员、技术负责人等进行总体技术交底;分项工程开工前,由施工队技术负责人向作业队管理人员、工班长进行二级技术交底;作业队管理人员、工班长向全体操作者进行三级技术交底。特殊过程和关键部位由项目部总工程师组织编制作业指导书,并逐级进行技术交底。

(2) 施工技术交底的要求。

① 工程施工技术交底必须符合建筑工程及验收规范、技术操作规程、质量检验评定标准的相应规定。同时,也应符合本行业制定的有关规定、准则,以及所在省、市地方性的具体政策和法规的要求。

② 进行技术交底的同时必须进行安全技术交底,其主要内容包括为保证施工安全所采取的技术措施、资源投入、安全操作规程及注意事项、施工过程安全控制要求等。

③ 技术交底必须在交底作业内容施工前 5 日下达。

④ 技术交底要从实际出发,语言简练,技术交底要有针对性和可操作性,对于用文字表述比较麻烦或难以表述清楚的内容可以用图示或表格来表达,并注明施工工艺中的关键点和操作要领。交底中不能出现"宜""应""一般采用"等选择性内容。

⑤ 技术交底及安全技术交底必须交至所有施工管理人员及所有施工操作人员,并认真讲解施工工艺中的关键点和操作要领,参加交(接)底人员交清听懂后签字,并注明交底日期。对班组进行的技术交底必须一式六份以上(其他各级技术交底可参照执行),一份交操作者(接底人),一份交工长,一份交质检员,一份交安全员,一份交技术资料存档,一份由交底人存查。

⑥ 技术交底的全部记录内容都必须归档。谁负责交底,谁负责填写交底记录并将记录移交给资料员进行归档,以便查阅。

(3) 施工技术交底的内容。

施工单位总工程师或主任工程师向施工队或工区施工负责人进行技术交底的内容应包括以下几个主要方面:

① 工程概况和各项技术经济指标和要求；

② 主要施工方法、关键性的施工技术及实施中存在的问题；

③ 特殊工程部位的技术处理细节及注意事项；

④ 新技术、新工艺、新材料、新结构施工技术要求与实施方案及注意事项；

⑤ 施工组织设计网络计划、进度要求、施工部署、施工机械、劳动力安排与组织；

⑥ 总包与分包单位之间互相协作配合关系及其有关问题的处理；

⑦ 施工质量标准和安全技术，尽量采用本单位所推行的工法等标准化作业。

施工队技术负责人向单位工程负责人、质量检查员、安全员技术交底的内容包括以下几个方面：

① 工程情况和当地地形、地貌、工程地质及各项技术经济指标；

② 设计图纸的具体要求、做法及其施工难度；

③ 施工组织设计或施工方案的具体要求及其实施步骤与方法；

④ 施工中的具体做法，采用的工艺标准和企业工法，关键部位及其实施过程中可能遇到的问题与解决办法；

⑤ 施工进度要求、工序搭接、施工部署与施工班组任务确定；

⑥ 施工中所采用的主要施工机械型号、数量及其进场时间、作业程序安排等有关问题；

⑦ 新工艺、新结构、新材料的有关操作规程、技术规定及其注意事项；

⑧ 施工质量标准和安全技术具体措施及注意事项。

单位工程负责人或技术主管工程师向各作业班组长和各工种工人进行技术交底的内容应包括以下几个方面：

① 侧重交清每一个作业班组负责施工的分部分项工程的具体技术要求和采用的施工工艺标准或企业内部工法；

② 各分部分项工程施工质量标准；

③ 质量通病预防办法及其注意事项；

④ 施工安全交底，介绍以往同类工程的安全事故教训及应采取的具体安全对策。

（4）装配式建筑施工技术交底注意事项。

① 装配式建筑的施工技术交底应侧重与传统现浇结构施工的不同，特别是对一些特殊的关键部位、技术施工难度大的预制构件，更应认真做技术交底。

② 装配式建筑结构施工过程中，对塔吊等起重设备的要求较高，应重点对起重设备的选型、吊运、施工、起重量、起重半径、吊点、吊具等进行技术交底。

③ 装配式建筑的连接形式通常采用半灌浆或全灌浆套筒灌浆等连接方式，灌浆施工作业质量将直接影响整个装配式建筑的施工质量，因此应针对灌浆作业环境及操作要求，单独进行技术交底。

④ 对于下层插筋位置和灌浆套筒位置的连接精度，单独进行技术交底。

⑤ 对叠合受弯构件(叠合梁、叠合板)与搁置点的安装精度及板缝之间的处理重点进行技术交底。

⑥ 技术交底必须采用书面形式,交底内容字迹要清楚、完整,并应有交底人、接受人签字。

⑦ 技术交底必须在工程施工前进行,作为整个工程和分部分项工程施工前准备工作的一部分。

三、预制构件吊装准备工作的基本要求

为确保吊装施工顺利和有序、高效地实施,预制构件吊装前应做好以下几个方面的准备工作。

1. 预制构件堆放区域

① 构件堆放位置相对于吊装位置正确,避免后续的构件移位。

② 不影响运输车辆通行。

③ 在吊车吊装半径内。

2. 吊装构件吊装顺序

吊装前应详细规划构件的吊装顺序,防止构件钢筋错位。对于吊装顺序,可依据深化设计图纸吊装施工顺序图执行。

3. 确认吊装所用的预制构件

确认目前吊装所用的预制构件是否按计划要求进场、验收,堆放位置和吊车开行路线是否正确合理。

4. 机械器具的检查

① 对主要吊装用机械器具检查确认其数量及安全性。

② 构件起吊用器材和吊具等。

③ 吊装用斜向支撑和支撑架准备。

④ 焊接器具及焊接用器材。

⑤ 临时连接铁件准备。

5. 从业人员资格确认

① 在进行吊装施工前,要确认吊装从业人员资格及施工指挥人员。

② 现场要备齐指挥人员的资格证书复印件和吊装人员名单。

6. 指挥信号的确认

吊装应设置专门信号指挥者确认信号指示方式,确保吊装施工的顺利进行。

7. 吊装施工前的确认

① 建筑物尺寸及标高。

② 结合用钢筋和结合用铁件的位置及高度。

③ 吊装精度测量用的基准线位置。

8. 构件吊点、吊具、吊装设备

① 预制构件起吊时的吊点合力应与构件重心一致,可采用可调式平衡横梁进行起吊和就位。

② 预制构件吊装宜采用标准吊具,吊具可采用预埋吊环或内置式连接钢套筒的形式。

③ 吊装设备应在安全操作状态下进行吊装。

9. 预制构件吊装

① 预制构件应按施工方案的要求进行吊装,起吊时绳索与构件水平面间的夹角不宜小于 60°,且不应小于 45°。

② 预制构件吊装应采用慢起、快升、缓放的操作方式。预制墙板就位宜采用由上而下的插入式吊装形式。

③ 预制构件吊装过程不宜偏斜和摇摆,严禁吊装构件长时间悬挂在空中。

④ 预制构件吊装时,构件上应设置缆风绳,保证构件就位稳定。

⑤ 预制构件的混凝土强度应符合设计要求。当设计无具体要求时,混凝土同条件立方体抗压强度不宜小于混凝土强度等级的 75%。

四、测量放样

测量放样工作是指利用测量仪器和工具测量建筑物的平面位置和高程,并按施工图放样、确定平面尺寸。其主要任务是根据地面控制点引测建筑物的控制点和轴线,进一步确定建筑施工的界线和标准,然后根据施工图进行工程的施工测量、轴线的投测、高程的传递、构配件的定位放线等测量工作。

构配件的定位放线要点如下。

① 采用经纬仪将建筑首层轴线控制点投设至施工层。

② 根据施工图纸弹出轴线及控制线。

③ 根据施工楼层基准线和施工图纸确定预制构件位置边线(预制构件的底部水平投影框线)。

④ 确定预制构件位置。边线放完成后,要用醒目颜色的油漆或记号笔做出定位标识。定位标识要根据方案设计明确设置,对于轴线控制线、预制构件边线、预制构件中心线及标高控制线等定位标识应作明显区分。

⑤ 预制构件安装原则上以中心线控制位置,误差由两边分摊。可将构件中心线用墨斗分别弹在结构和构件上,方便安装就位时进行定位测量。

⑥ 预制剪力墙外墙板、外挂墙板、悬挑楼板和位于表面的柱、梁的"左右"方向与其他预制构件一样以轴线作为控制线。"前后"方向轴线控制,以外墙面作为控制边界,外墙面可以采用从主体结构探出定位杆进行拉线测量的方法进行控制。

⑦ 建筑内墙预制构件,包括剪力墙内墙板、内隔墙板、内梁等,应采用中心线定位法进行定位控制。

1. 基础施工测量

在基槽开挖之前,应按照基础详图上的基槽宽度再加上放坡的尺寸,由中心桩向两边各量出相应尺寸,并做出标记,然后在基槽两端的标记之间拉一细线,沿着细线在地面用白灰撒出基槽边线,施工时就按此白灰线进行开挖。

(1)设置水平桩。

为控制基槽的开挖深度,当挖至距坑底设计标高 200～300 mm 处,应用水准仪根据地面上±0.000 点,在槽壁上测设一些水平小木桩(水平桩),使木桩的上表面离槽底的设计标高为一固定值(如 0.500 m)。

为了施工方便,一般在槽壁各拐角处、深度变化处和基槽壁上每隔 3～4 m 测设一水平桩。水平桩上的高程误差应在±10 mm 以内。

(2)垫层标高控制。

垫层标高的测设可以水平桩为依据在槽壁上弹线,也可在槽底打入垂直桩,使桩顶标高等于垫层面的标高。如果垫层需要安装模板,可以直接在模板上弹出垫层面的标高线。

机械开挖,一般是一次挖到设计槽底或坑底的标高处,因此,要在施工现场安置水准仪,边挖边测,随时指挥挖掘机械调整挖土深度,使槽底或坑底的标高略高于设计标高。

挖完后,为了给人工清底和打垫层提供标高依据,还应在槽壁或坑壁上打水平桩,水平桩的标高一般为垫层面标高。当基坑底面积较大时,为了方便控制整个底面标高,应在坑底均匀地打一些垂直桩,使桩顶标高等于垫层面的标高。

(3)垫层中线的投测。

基础垫层打好后,根据轴线控制桩或龙门板上的轴线钉,用经纬仪或拉绳挂锤球的方法,把轴线投测到垫层上。

2. 主体施工测量

装配式混凝土建筑宜采用测量速度快、精度高的 GPS 测量定位方式。其主要步骤包括每层楼板(或垫层)浇筑完成后使用 4 台双频 GPS 分别架设在通过引进场内已知坐标和楼板面布置的两个点上,同时进行静态观测,计算出楼层浇筑完成后布置的两点平面坐标。将全站仪架设在已知控制点上,采用另一个已知点作为参考方向进行设站。待全站仪设站完毕后,进行楼层放样,采用极坐标放样的方法将需要放样点的坐标导入到全站仪内,全站仪将自动照准设计放样坐标方向,只需要进行距离测量,便可以精确地寻找到放样点,完成后在混凝土层面弹墨线,再测放出各分轴线及构件位置。

(1)柱放线。

① 柱子进场验收合格后,在柱底部往上 1000 mm 处弹出标高控制线。

② 各层柱子安装前分别测放轴线、边线、安装控制线。

③ 每层柱子安装根部的两个方向标记中心线,安装时使其与轴线吻合。

(2)梁放线。

① 梁进场验收合格后,在梁端(或底部)弹出中心线。

② 在校正加固完的墙板或柱子上标出梁底标高、梁边线,或在地面上测放梁的投影线。

(3) 剪力墙板放线。

① 剪力墙板进场验收合格后,在剪力墙板底部往上 500 mm 处弹出水平控制线。

② 以剪力墙板轴线作为参照,弹出剪力墙板边界线。

③ 在剪力墙板左右两边向内 500 mm 各弹出两条竖向控制线。

(4) 楼板放线。

① 楼板依据轴线和控制网线分别引出控制线。

② 在校正完的墙板或梁上弹出标高控制线。

③ 每块楼板要有两个方向的控制线。

④ 在梁上或墙板上标识出楼板的位置。

(5) 外挂墙板放线。

① 设置楼面轴线垂直控制点,楼层上的控制轴线用垂线仪及经纬仪由底层原始点直接向上引测。

② 每个楼层设置标高控制点,在该楼层柱上放出 500 mm 标高线,利用 500 mm 线在楼面进行第一次墙板标高找平及控制,利用垫片调整标高。在外挂墙板上放出距离结构标高 500 mm 的水平线,进行第二次墙板标高找平及控制。

③ 外挂墙板的墙面方向按界面控制,左右方向按轴线控制。

④ 外挂墙板安装前,在墙板内侧弹出竖向与水平线,安装时与楼层上该墙板控制线相对应。

⑤ 外挂墙板垂直度测量,4 个角留设的测点为外挂墙板转换控制点,用靠尺(托线板)以此 4 点在内侧及外侧进行垂直度校核和测量。

3. 测量放样精度要求

测量放样的精度要求按照《装配式建筑施工测量技术规范》(T/CSPSTC 64—2021) 的要求执行。预制构件安装施工前应按设计文件进行必要的平面尺寸和标高安装施工验算。预制构件安装前应按现行国家标准的规定进行构件外形尺寸、预留孔洞位置、尺寸的进场验收,未经检验或不合格的产品不得使用。具体测量放样精度要求见表 5-2 ~ 表 5-4。

表 5-2　　　　　　　　　　　　　　　　轴线竖向投测允许误差

项目		允许误差/mm
每层		3
总高 H/m	$H<30$	5
	$30<H<60$	10
	$60<H<90$	15
	$90<H<120$	20

续表

项目		允许误差/mm
总高 H/m	$120 < H < 150$	25
	$150 < H < 200$	30
	$200 < H$	符合设计要求

表 5-3　　　　　　　　　　　　　标高竖向传递精度

项目		允许偏差/mm
每层		±3
总高 H/m	$H \leqslant 30$	±5
	$30 < H \leqslant 60$	±10
	$60 < H \leqslant 90$	±15
	$90 < H \leqslant 120$	±20
	$120 < H \leqslant 150$	±25
	$150 < H \leqslant 200$	±30
	$200 < H$	符合设计要求

表 5-4　　　　　　　　　　　　　施工层轴线允许误差

项目		允许误差/mm
外廊主轴线长度 L/m	$L < 30$	±5
	$30 < L < 60$	±10
	$60 < L < 90$	±15
	$90 < L < 120$	±20
	$120 < L < 150$	±25
	$150 < L < 200$	±30
	$200 < L$	符合设计要求

　　安装施工前应在预制构件和已完成的结构上测量放线设置安装定位标志。混凝土预制构件安装就位后,应根据水准点和轴线校正位置,混凝土预制构件安装尺寸偏差应符合表 5-5 的规定。

表 5-5　　　　　　　　　　安装尺寸最大允许偏差

项目	最大允许偏差/mm
轴线位置	5
底膜上表面标高	±5
每块外墙板垂直度	5
相邻两板表面高低差	2
外墙板外表面平整度	3
空腔处两板对接对缝偏差	5
外墙板单边尺寸偏差	3
连接件位置偏差	5

装配式结构中后浇混凝土连接钢筋预埋件安装位置允许偏差应符合表 5-6 的规定。

表 5-6　　　　　　　连接钢筋预埋件安装位置允许偏差

项目		允许偏差/mm
连接钢筋	中心线位置	5
	长度	±10
灌浆套筒连接钢筋	中心线位置	2
	长度	3,0
安装用预埋件	中心线位置	3
	水平偏差	3,0
斜支撑预埋件	中心线位置	±10
普通预埋件	中心线位置	5
	水平偏差	3,0

注:检查预埋件中心线位置时,应沿纵、横两个方向两侧并取其中较大值。

装配式结构安装完毕后,预制构件安装尺寸允许偏差应符合表 5-7 的规定。

表 5-7　　　　　　　预制构件安装尺寸的允许偏差

项目		允许偏差/mm
构件中心线对轴线位置	基础	15
	竖向构件(柱、墙板、桁架)	10
	水平构件(梁、板)	5
构件标高	梁、板底面或顶面	±5
	柱、墙板顶面	±3

续表

项目			允许偏差/mm
构件垂直度	柱、墙板	＜5 m	5
		＞5 m 且＜10 m	10
		＞10 m	20
构件倾斜度	梁、桁架		5
	板端面		5
相邻构件平整度	梁、柱	抹灰	5
	下表面	不抹灰	3
	柱、墙板	外露	5
	侧表面	不外露	10
构件搁置长度	梁、板		±10
支座、支垫中心位置	梁、板、柱、墙板、桁架		±10
	接缝宽度		±5
墙、柱等竖向结构构件	标高		±5
	中心位移		5
	倾斜		$L/500$
梁、楼板等水平构件	中心位移		5
	标高		±5
	叠合板搁置长度		＞0 且＜15
外墙挂板	板缝宽度		±5
	通常缝直线度		5
	接缝高差		3

注：L 为构件长度(mm)。

　　预留孔的规格、位置、数量和深度应符合设计要求,连接钢筋偏离套筒或孔洞中心线不应超过 5 mm。外墙板间拼缝宽度不应小于 15 mm,且不宜大于 20 mm。构件搁置长度应符合设计要求。设计无要求时,梁搁置长度不应小于 20 mm,楼面板搁置长度不应小于 15 mm。预制阳台、楼梯、室外空调机隔板安装允许偏差如表 5-8 所示。

表 5-8　　　　**预制阳台、楼梯、室外空调机隔板安装允许偏差**

项目	允许偏差/mm
水平位置偏差	5
标高偏差	±5
搁置长度偏差	5

4. 建筑物变形观测

变形测量主要内容包括:施工过程中建(构)筑物的垂直位移监测、水平位移监测、主体倾斜监测、裂缝监测、应力监测等。

变形测量工作开始前,测量单位根据测区条件、测量任务等方面的要求编制详细的监测方案。监测方案应经设计、监理、建设等单位认可。变形测量中需要建立监测控制网,应对监测控制网进行周期观测,对变形测量结果应及时处理和进行变形分析,并对变形趋势做出预报。

变形测量的等级划分及精度要求应根据设计给定的或有关规范规定的建筑物变形允许值,并顾及建筑结构类型、地基土的特征等因素进行选择。

变形测量的方法应根据建(构)筑物的地质情况、施工条件、观测精度及周围环境选定。

变形测量的观测周期应能正确反映建筑物的变形全过程,建筑物的结构特征与施工进度,变形的性质、大小与速率,变形对周围建筑物和环境的影响。

变形测量基准网由基准点和工作基点组成。基准点的标石、标志埋设后,应达到稳定后方可开始观测,并定期复测。复测周期在建筑施工过程中宜每1~2月复测一次,施工结束后每季度或每半年复测一次。垂直位移观测周期应符合下列规定:结构施工期间每增加2~4层观测一次;外界发生剧烈变化或出现不均匀垂直位移时,应增加观测次数;施工期间因故暂停施工超过三个月,应在停工时及复工前进行观测;结构封顶后,每三个月观测一次;竣工后每六个月观测一次,直至基本稳定(1 mm/100 d~4 mm/100 d)为止。

5. 装配式混凝土预制构件安装规范

目前,涉及装配式混凝土预制构件安装的标准有很多,有国家标准、行业标准、地方标准。这些规范整体上对装配式混凝土预制构件的安装设备、安装准备、预制构件进场检查、预制构件场内存放、预制构件安装作业人员要求等方面做出了规定。我国装配式混凝土预制构件相关标准如表5-9所示。

表5-9 装配式混凝土预制构件相关标准

序号	名称	标准编号	类别	适用阶段
1	《装配式混凝土建筑技术标准》	GB/T 51231—2016	国家标准	生产、安装、验收
2	《装配式建筑评价标准》	GB/T 51129—2017	国家标准	评价
3	《混凝土结构工程施工规范》	GB 50666—2011	国家标准	施工、验收
4	《建筑工程施工质量验收统一标准》	GB 50300—2013	国家标准	验收
5	《混凝土结构工程施工质量验收规范》	GB 50204—2015	国家标准	验收
6	《装配式混凝土结构技术规程》	JGJ 1—2014	行业标准	设计、施工、验收
7	《钢筋套筒灌浆连接应用技术规程》	JGJ 355—2015	行业标准	生产、施工、验收
8	《预制混凝土构件质量检验标准》	DB11/T 968—2021	地方标准	生产

序号	名称	标准编号	类别	适用阶段
9	《装配式混凝土结构工程施工与质量验收规程》	DB11/T 1030—2021	地方标准	施工、验收
10	《装配式混凝土结构工程施工与质量验收标准》	DB37/T 5019—2021	地方标准	施工、验收
11	《装配式预制混凝土构件制作与验收标准》	DB37/T 5020—2023	地方标准	生产、验收

《装配式混凝土建筑技术标准》(GB/T 51231—2016)在10.2节对装配式混凝土结构施工准备做出了较为详细的表述,包括专项施工方案宜包括工程概况、编制依据、进度计划、施工场地布置、预制构件运输与存放、安装与连接施工、绿色施工、安全管理、质量管理、信息化管理、应急预案等内容,并且对施工安装现场的布置做出了规定。

项目二　预制构件的吊装施工

一、吊装机具

1.塔式起重机

塔式起重机是把吊臂、平衡臂等结构和起升、变幅等机构安装在金属塔身上的一种起重机,其特点是提升高度高、工作半径大、工作速度快、吊装效率高等。常见塔式起重机如图5-8所示。

图 5-8　塔式起重机

塔式起重机布置要点:根据该项目预制构件的质量及总平面图初步确定塔式起重机所在位置,综合考虑塔式起重机最终位置并且考虑塔式起重机附墙长度是否符合规范要求。然后根据塔式起重机参数,以 5 m 为一个梯段找出最重构件的位置,据此确定塔式起重机型号,优先选择满足施工要求且较小的塔式起重机。为有效防止塔式起重机吊运构件时出现大臂抖动现象,可根据预制构件质量及所在塔式起重机大臂位置,结合塔式起重机吊运能力参数,按塔式起重机吊运能力不小于构件质量的 1.25 倍来确定合适的塔式起重机型号。检验构件堆放区域是否在吊装半径之内,且相对于吊装位置正确,避免二次移位。

塔吊选型动画

(1)类型。

① 按有无行走机构分为固定式和移动式。

② 按回转形式分为上回转和下回转。

③ 按安装形式分为自升式、整体快速拆装和拼装式。

常用的塔式起重机有轨道式、附着式、爬升式。

(2)使用要点。

① 作业前,应进行空运转,检查各工作机构、制动器、安全装置等是否正常。

② 作业前,应将轨钳提起,清除轨道上的障碍物,拧好夹板螺丝。

③ 作业时,应将驾驶室窗户打开,注意指挥信号。

④ 多机作业时,应注意保持各机操作距离,施工现场装有 2 台以上塔式起重机时,应保证低位塔机的起重机臂架端部与另一台塔身间距至少不小于 2 m,高位起重机最低部件与低位起重机最高部件之间的垂直距离不得小于 2 m。

④ 各塔机吊钩上所悬挂物体的距离不得小于 3 m。

⑤ 塔机司机要与现场指挥人员配合好;同时,司机对任何人发出的紧急停止信号,均应服从。

⑥ 不得使用限位作为停止运行开关,提升重物,不得自由下落。严禁拔桩、斜拉、斜吊和超负荷运转,严禁用吊钩直接挂吊物,用塔机运送人员。

⑦ 在顶升时,应把起重小车和平衡重移近塔帽,并将旋转部分刹制,严禁塔帽旋转。

⑧ 作业中的任何安全装置报警,都应查明原因,不得随意拆除安全装置。

⑨ 当风速超过 6 级时应停止使用。

⑩ 作业完毕后,将所有工作机构开关转至零位,切断总电源。在进行保养和检修时,应切断塔式起重机的电源,并在开关箱上挂警示标志。

⑪ 塔式起重机所在位置应满足塔式起重机拆除要求,即塔臂与平行于建筑物外边缘之间净距离大于或等于 1.5 m;塔式起重机拆除时前后臂正下方不得有障碍物。

履带式起重机图

2. 履带式起重机

履带式起重机是由行走装置、回转机构、机身及起重臂等部分组成,如图 5-9 所示。行走装置为链式履带,以减小对地面的压力。回转机构为装在底盘上的转盘,使机身可回转 360°。机身内部有动力装置、卷扬机及操纵系统。

起重臂为由角钢组成的格构式杆件,下端铰接在机身的前面,随机身回转。起重臂可分节接长,设有两套滑轮组(起重滑轮组及变幅滑轮组),其钢丝绳通过起重臂顶端连到机身内的卷扬机上。若变换起重臂端的工作装置,将构成单斗挖土机。

　　履带式起重机的特点是操纵灵活,本身能回转360°,在平坦坚实的地面上能负荷行驶。由于履带的作用,可在松软、泥泞的地面上作业,且可以在崎岖不平的场地行驶。目前,在装配式结构施工中,履带式起重机得到了广泛的应用。履带式起重机的缺点是稳定性较差,不应超负荷吊装,行驶速度慢且履带易损坏路面,因而,转移时多用平板拖车装运。

　　目前,在结构安装工程中常用的国产履带式起重机主要有 W1-50、W1-100、W1-200、西北 78D 等几种型号。此外,还有一些进口机型。

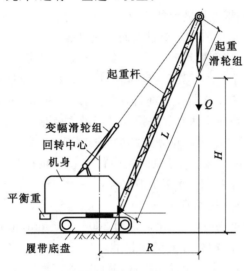

图 5-9　履带式起重机外形图

L—起重臂长;H—起重高度;R—起重半径;Q—起重量

　　(1)履带式起重机技术性能。

　　履带式起重机的主要技术性能包括三个参数:起重量 Q、起重半径 R 及起重高度 H。其中,起重量 Q 指起重机安全工作所允许的最大起重重物的质量;起重半径 R 指起重机回转轴线至吊钩中心的水平距离;起重高度 H 指起重吊钩中心至停机地面的垂直距离。

　　起重量 Q、起重半径 R 及起重高度 H 这三个参数之间存在相互制约的关系,其数值的变化取决于起重臂的长度及其仰角的大小。每一种型号的起重机都有几种起重臂长,当起重臂长 L 一定时,随起重臂仰角 α 的增大,起重量 Q 和起重高度 H 增大,而起重半径 R 减小。当起重臂仰角 α 一定时,随着起重臂长 L 的增加,起重半径 R 及起重高度 H 增加,而起重量 Q 减小。

　　(2)履带式起重机的稳定性验算。

　　履带式起重机超载吊装时或由于施工需要而接长起重臂时,为保证起重机的稳定性,保证在吊装中不发生倾覆事故,需进行整个机身在作业时的稳定性验算。当仅考虑吊装荷载、不考虑附加荷载时,起重机的稳定性应满足稳定性安全系数 $K_1 \geqslant 1.4$;考虑吊装荷载及所有附加荷载时,应满足稳定性安全系数 $K_2 \geqslant 1.15$。若不能满足要求,则应采用增加配重等措施。

　　(3)履带式起重机的使用要点。

　　① 开始作业前,应先试运转一次。运转时先接上主离合器,再按顺序扳动各机构的操纵杆,检查各机构的工作是否正常,制动器是否灵敏、可靠,必要时应加以调整或检修。

② 起吊最大或接近额定质量时,起重机必须置于坚实的水平地面上。如地面松软和不平,应采取措施。起吊时,一切动作以极缓慢的速度进行,并禁止同时进行两种动作。

③ 行走时起重臂应在履带正前方,重物离地高度不得超过0.5 m。回转机构、吊钩的制动器必须刹住。起重机禁止当作水平运输机具使用。

④ 司机在得到信号员发出的起吊信号后,必须先鸣号后起吊。起吊时,将重物先稍离地面试吊,当确认重物挂牢,制动性能良好和起重机稳定后再继续起吊。

⑤ 起吊重物时,吊钩钢丝绳应保持垂直。禁止斜拉、拉吊和吊拨埋在地下或凝结在地面及质量不明的物品,以免机械载荷过大而造成事故。

⑥ 重物起吊旋转时,速度要均匀平稳,以免重物在空中摆动发生危险。吊重与吊幅应按原厂说明书规定执行。在下放重物时,速度不要太快,以防重物突然下落而损坏。起吊长的大型重物时,应有专人拉牵引绳,但超重超跨的重物不能起吊。

⑦ 如遇重大物件必须使用两台起重机同时起吊,重物质量则不超过两台起重机所允许起重量总和的75%,绑扎时应注意到载荷的分配情况,使每台起重机分别担负的负荷不得超过该机允许载荷的80%,以避免因其中任何一台负荷过大而造成事故。在起吊时,必须对两机进行统一指挥,使两者互相配合,动作协调。在整个吊装过程中,两台起重机吊钩滑轮组均应基本保持垂直状态。

⑧ 起重机吊起满载重物时,应先吊离地面200~500 mm,检查并确认起重机的稳定性、制动器可靠性和绑扎牢固后,才能继续起吊。

⑨ 起重机工作完毕后,应关闭发动机,操纵杆放到空挡位置,将各制动器刹死。冬季应将冷却水放尽,并将驾驶室门窗锁住。所有保养、修理、调整和润滑工作,都必须在发动机停止运转时进行。

⑩ 转移工作地点,应用平板拖车运送,在不得已的情况下,需自行驶往时,臂杆放到20°~30°,并将吊钩收起。

3. 汽车式起重机

汽车式起重机布置要点:根据项目预制构件的最大质量和最远安装距离及总平面图初步确定汽车起重机所在位置;综合考虑汽车起重机最终位置以及最大起升高度是否满足要求;根据汽车起重机的参数来确定汽车起重机型号,优先选择满足施工要求且较小的汽车起重机。图5-10为常见汽车式起重机。

图5-10 汽车式起重机

（1）分类。

① 按照起重量分类：轻型（20 t以内）、中型、重型（50 t及50 t以上）。

② 按起重臂的形式分类：桁架臂、箱形臂。

③ 按传动装置形式分类：机械传动、电力传动、液压传动（应用广泛）。

（2）汽车式起重机使用要点。

① 应遵守操作规程及交通规则。

② 作业场地应坚实平整。

③ 作业前，应伸出全部支腿，并在撑脚下垫合适的方木。调整机体，使回转支撑面的倾斜度在无荷载时不大于1/1000。支腿有定位插销的应插上。

④ 作业中严禁扳动支腿操纵阀。调整支腿应在无荷载时进行。

⑤ 起重臂伸缩时，应按规定程序进行，当限制器发出警报时，应停止伸臂，起重臂伸出后，当前节臂杆的长度大于后节伸出长度时，应调整正常后作业。

⑥ 作业时，汽车驾驶室内不得有人，发现起重机倾斜、不稳定等异常情况时，应立即采取措施。

⑦ 起吊重物达到额定起重量的90%以上时，严禁同时进行两种及两种以上的动作。

⑧ 作业后，收回全部起重臂，收回支腿，挂牢吊钩，撑牢车架尾部两撑杆并锁定，锁牢锁式制动器，以防旋转。

4. 吊具

在构件安装过程中，常要使用一些吊装工具，如吊索、卡环、轧头、吊钩、横吊梁、钢丝绳等。

（1）吊索。

吊索主要用来绑扎构件以便起吊，可分为环状吊索（又称万能用索）[图5-11(a)]和开式吊索（又称轻便吊索或8股头吊索）[图5-11(b)]两种。使用旧钢丝绳时，应事先进行检查。

| (a) | (b) |

图 5-11　吊索

（a）环状吊索；（b）开式吊索

吊索是用钢丝绳制成的，主要用来绑扎构件以便起吊。钢丝绳的允许拉力即为吊索的允许拉力。在吊装中，吊索的拉力不应超过其允许拉力。吊索拉力取决于所吊构件的质量及吊索的水平夹角，水平夹角应不小于30°，一般用45°～60°，如图5-12所示。

（2）卡环。

卡环用于吊索与吊索或吊索与构件吊环之间的连接。它由弯环和销子两部分组成，按销子与弯环的连接形式分为螺栓卡环和活络卡环，见图5-13(a)、(b)。活络卡环的销子端头和弯环孔眼无螺纹，可直接抽出，常用于柱子吊装。它的优点是在柱子就位后，在地面用系在销子尾部的绳子将销子拉出，解开吊索，避免了高空作业。

使用活络卡环吊装柱子时应注意以下几点。

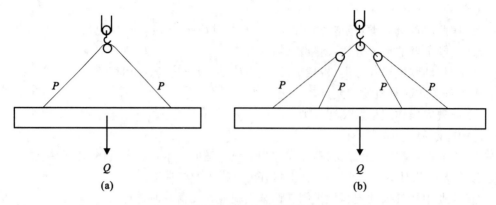

图 5-12 吊索拉力计算简图

(a) 双支吊索；(b) 四支吊索

① 绑扎时应使柱子起吊后销子尾部朝下,如图 5-13(c)所示,以便拉出销子。同时要注意,吊索在受力后要压紧销子,销子因受力在弯环销孔中产生摩擦力,这样销子才不会掉下来。若吊索没有压紧销子,滑到边部,形成弯环受力,销子很可能会自动掉下来,这是很危险的。

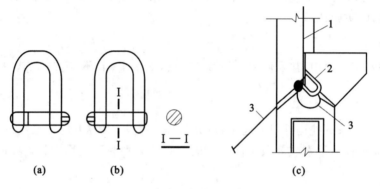

图 5-13 卡环及使用示意图

(a) 螺栓式卡环；(b) 活络卡环；(c) 用活络卡环绑扎

1—吊索；2—活络卡环；3—白棕绳

② 在构件起吊前要用白棕绳(直径 10 mm)将销子与吊索的 8 股头(吊索末端的圆圈)连在一起,用铅丝将弯环与 8 股头捆在一起。

③ 拉绳人应选择适当位置和起重机落钩的有利时机(即当吊索松弛不受力且使白棕绳与销子轴线基本成一直线时)拉出销子。

(3) 轧头(卡子)。

轧头(卡子)是用来连接两根钢丝绳的,所以又叫钢丝绳卡扣,如图 5-14 所示。

钢丝绳卡扣连接法一般常用夹头固定法。通常用的钢丝绳夹头有骑马式、压板式和拳握式三种。其中骑马式连接力最强,应用也最广;压板式其次;拳握式由于没有底座,容易损坏钢丝绳,连接力也差,因此,只用于次要的地方。

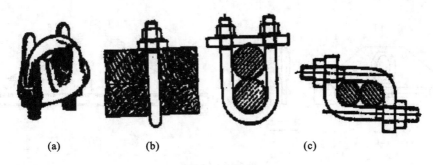

图 5-14　轧头

(a) 骑马式；(b) 压板式；(c) 拳握式

(4) 吊钩。

吊钩有单钩和双钩两种，如图 5-15 所示。在吊装施工中常用的是单钩，双钩多用于桥式起重机和塔式起重机上。

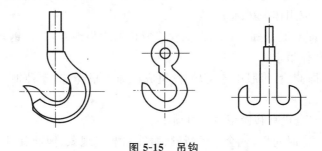

图 5-15　吊钩

(5) 横吊梁。

横吊梁又称铁扁担。前面讲过吊索与水平面间的夹角越小，吊索受力越大。吊索受力越大，则其水平分力就越大，对构件的轴向压力也就越大。当吊装水平长度大的构件时，为使构件的轴向压力不致过大，吊索与水平面间的夹角应不小于 $45°$。但是吊索要占用较大的空间高度，提高了对起重设备起重高度的要求，降低了起重设备的使用价值。为了提高机械的利用程度，必须缩小吊索与水平面间的夹角，因此加大的轴向压力，由一个金属支杆来代替构件承受，这个金属支杆就是所谓的横吊梁。

横吊梁有两个作用：一是减小吊索高度；二是减小吊索对构件的横向压力。

横吊梁（又称铁扁担）的形式很多，可以根据构件特点和安装方法自行设计和制造，但需作强度和稳定性验算。

横吊梁常用形式有钢板横吊梁[图 5-16(a)]和钢管横吊梁[图 5-16(b)]。柱吊装采用直吊法时，用钢板横吊梁，使柱保持垂直；吊屋架时，用钢管横吊梁，可减小索具高度。

(6) 钢丝绳。

钢丝绳是吊装工作中的常用绳索，它具有强度高、韧性好、耐磨性好等优点。同时，磨损后外表面会产生毛刺，容易发现，便于预防事故的发生。

① 钢丝绳的构造。

在结构吊装中常用的钢丝绳由 6 股钢丝和 1 股绳芯（一般为麻芯）捻成。每股又由

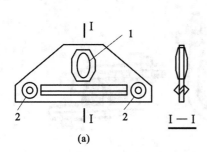
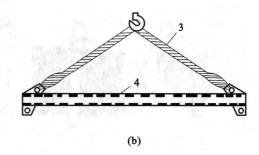

图 5-16　横吊梁

(a) 钢板横吊梁;(b) 钢管横吊梁

1—挂起重机吊钩的孔;2—挂吊索的孔;3—吊索;4—钢管

多根直径为 $0.4\sim4.0$ mm,强度分别为 1400 MPa、1550 MPa、1700 MPa、1850 MPa、2000 MPa 的高强钢丝捻成。在结构安装工作中常用以下几种:

a. $6\times19+1$,即 6 股,每股由 19 根钢丝组成再加 1 根绳芯,此种钢丝绳较粗,硬而耐磨,但不易弯曲,一般用作缆风绳。

b. $6\times37+1$,即 6 股,每股由 37 根钢丝组成再加 1 根绳芯,此种钢丝绳比较柔软,一般用于穿滑轮组和作吊索。

c. $6\times61+1$,即 6 股,每股由 61 根钢丝组成再加 1 根绳芯,此种钢丝绳质地软,一般用作重型起重机械。

② 钢丝绳的安全检查和使用注意事项。

钢丝绳使用一定时间后,就会产生断丝、腐蚀和磨损现象,因此其承载能力降低。钢丝绳经检查有下列情况之一者,应予以报废。

a. 钢丝绳磨损或锈蚀达直径的 40% 以上。

b. 钢丝绳整股破断。

二、吊装施工流程

1. 装配整体式框架结构的施工流程

构件进场验收→构件编号(吊装顺序)→构件弹线控制→结构弹线→支撑连接件设置复核→预制柱吊装、固定、校正、连接→预制梁吊装、固定、校正、连接→预制板吊装、固定、校正、连接→预制梁板叠合层混凝土→预制楼梯吊装、固定、校正、连接→重复循环施工,如图 5-17 所示。

2. 装配整体式剪力墙结构的施工流程

引测控制轴线→楼面弹线→水平标高测量→预制墙板逐块安装(控制标高垫块放置)→起吊、就位→临时固定→脱钩、校正→锚固筋安装、梳理→现浇剪力墙钢筋绑扎(机电暗管预埋)→剪力墙模板→支撑排架搭设→预制楼梯、叠合阳台板、空调板安装→现浇楼板钢筋绑扎(机电暗管预埋)→混凝土浇捣→养护→拆除脚手架排架结构→灌浆施工(按上述工序继续施工下层结构)。

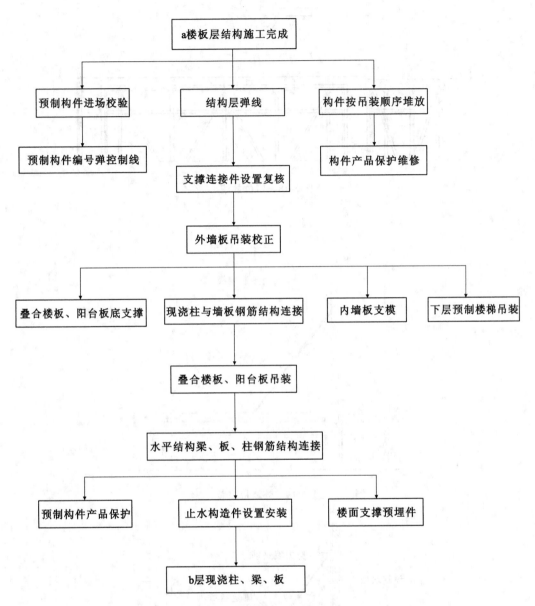

图 5-17　预制构件吊装流程图

灌浆施工：［灌浆钢筋（下端）与现浇钢筋连接→安放套板］（只有现浇结构与 PC 结构相连接的部位才有本施工程序）→调整钢筋→现浇混凝土施工→PC 结构施工→本层主体结构施工完毕→高强灌浆施工。

3. 流程分解图

吊装流程分解如图 5-18～图 5-24 所示。

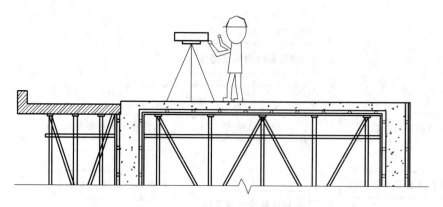

图 5-18　定位放线

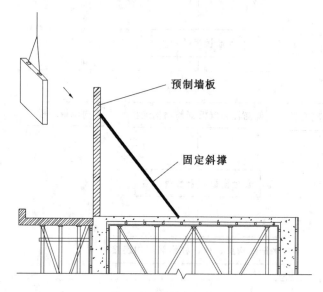

图 5-19　外墙板吊装

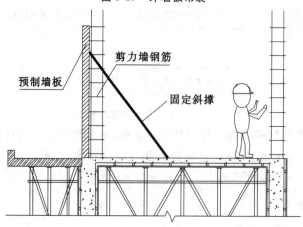

图 5-20　剪力墙钢筋绑扎

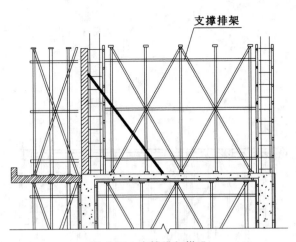

图 5-21　支撑排架搭设

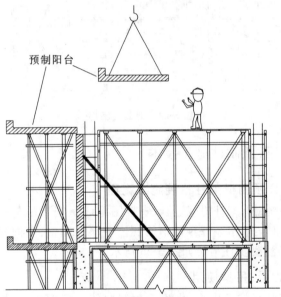

图 5-22　预制阳台吊装

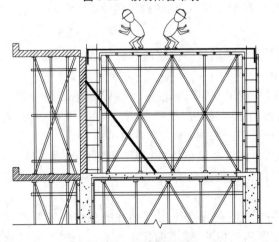

图 5-23　楼板钢筋绑扎

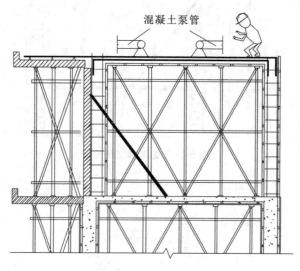

图 5-24　混凝土浇捣

三、预制柱施工技术

预制桩图

1.预制框架柱吊装施工流程

预制框架柱进场、验收→按图放线→安装吊具→预制框架柱扶直→预制框架柱吊装→预留钢筋就位→水平调整、竖向校正→斜支撑固定→接头连接。预制钢筋混凝土柱吊装如图 5-25 所示。

2.预制柱吊点位置、吊索使用

预制柱单个吊点位于柱顶中央,由生产预制构件厂家预留,现场采用单腿锁具吊住预制柱单个吊点,逐步移向拟定位置,柱顶拴绑绳,人工辅助柱就位。

3.预制柱就位

(1)根据预制柱平面纵横轴线的控制线和柱边线,校核预制柱中预埋钢套筒位置的偏移情况,并做好记录。

(2)检查预制柱进场的尺寸、规格、混凝土的强度是否符合设计和规范要求,检查柱上预留钢套筒及预留钢筋是否满足图纸要求,套管内是否有杂物;同时做好记录,并与现场预留钢套筒的检查记录进行核对,无问题方可吊装。

(3)吊装前在柱四角放置金属垫块,以利于预制柱的垂直度校正,按照设计标高,结合柱子长度,对柱子长度偏差进行复核。用经纬仪控制垂直度,若有少许偏差,用千斤顶等进行调整。

(4)柱就位时应将预制柱钢筋与下层预制柱的预留钢筋初步试对,无问题后准备进行固定;若预制柱有小距离的偏移,需借助起重机及人工摆绳进行调整。

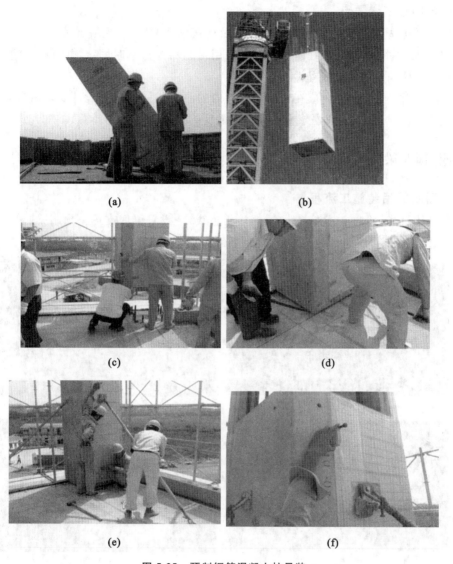

图 5-25 预制钢筋混凝土柱吊装

(a) 柱扶直;(b) 柱吊装;(c) 柱吊装就位;(d) 柱轴线位置校核;(e) 安装柱斜撑;(f) 柱垂直度调整

4. 预制柱接头连接

(1) 预制柱接头连接采用钢套筒灌浆连接技术。

(2) 柱脚四周采用坐浆料封边,形成密闭灌浆腔,保证在最大灌浆压力(约 1 MPa)下密封有效。

(3) 当所有连接接头的灌浆口都未被封堵且灌浆口漏出浆液时,应立即用胶塞进行封堵;如排浆孔事先封堵胶塞,则摘除其上排浆孔的封堵胶塞,直至所有灌浆孔都流出浆液并已封堵后,等待排浆孔出浆。

(4) 一个灌浆单元只能从一个灌浆口注入,不得同时从多个灌浆口注浆。

5. 预制柱安装要点

（1）预制柱安装前应校核轴线、标高以及连接钢筋的数量、规格、位置。

（2）预制柱安装就位后在两个方向应采用可调斜撑作临时固定，并进行垂直度调整以及在柱子四角缝隙处加塞垫片。

（3）预制柱的临时支撑应在套筒连接器内的灌浆料强度达到设计要求后拆除，当设计无具体要求时，混凝土或灌浆料达到设计强度的75%以上方可拆除。

四、预制梁施工技术

1. 预制梁吊装施工流程

预制梁进场、验收→按图放线（梁搁柱头边线）→设置梁底支撑→预制梁起吊→预制梁安放、微调→接头连接。预制钢筋混凝土梁吊装如图5-26所示。

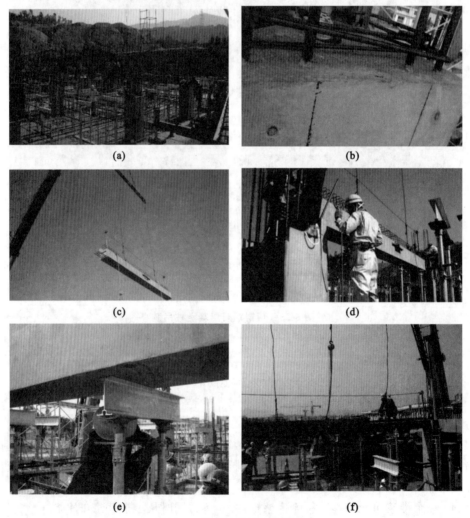

图 5-26 预制钢筋混凝土梁吊装

（a）梁吊装准备；（b）安放梁的位置；（c）梁吊升；（d）梁就位；（e）梁标高校核；（f）梁接头连接

2. 预制梁吊点位置、吊索使用

预制梁通常采用两点吊升,吊点位于梁顶两侧距离梁两端 $0.2L$ 的梁长位置,由生产厂家预留。

现场吊装应采用双腿锁具或横吊梁吊住预制梁吊点逐步移向拟定位置,人工通过预制梁顶绳索辅助梁就位。

3. 预制梁就位

(1)用水平仪抄测出柱顶与梁底标高误差,然后在柱上弹出梁边控制线。

(2)在构件上标明每个构件所属的吊装顺序和编号,便于吊装操作工人辨识。

(3)梁底支撑采用钢立杆支撑加可调顶托,可调顶托上铺设长度为 100 mm 的木枋,预制梁的标高通过支撑体系的顶丝来调节。

(4)预制梁起吊时,用双腿锁具或吊索钩住吊环,吊索应具有足够长度以保证吊索和梁之间的角度不小于 $60°$,当用横吊梁吊装时,吊索应具有足够长度以保证吊索和横吊梁之间的角度不小于 $60°$。

(5)当预制梁初步就位后,两侧借助柱头上的梁定位线将梁精确校正,在调平同时将下部可调支撑上紧,方可松除吊钩。

(6)主梁吊装结束后,根据柱上已放出的梁边和梁端控制线,检查主梁上的次梁缺口位置是否正确,如不正确,需做相应处理后方可吊装次梁,梁在吊装过程中要按柱对称吊装。

4. 预制梁接头连接

(1)混凝土浇筑前应将预制梁两端键槽内的杂物清理干净,并提前 24 h 浇水润湿。

(2)预制梁两端键槽钢筋绑扎时,应确保钢筋位置准确。

(3)预制梁水平钢筋连接为机械连接、钢套筒灌浆连接或焊接连接。

5. 预制梁安装要点

(1)梁吊装顺序应遵循先主梁后次梁,先低后高的原则。

(2)预制梁安装就位后应对水平度、安装位置、标高进行检查。根据控制线对梁端和两侧进行精密调整,误差控制在 2 mm 以内。

(3)预制梁安装时,主梁和次梁伸入支座的长度与搁置长度应符合设计要求。

(4)预制次梁与预制主梁之间的凹槽应在预制楼板安装完成后,采用不低于预制梁混凝土强度等级的材料填实。

(5)梁吊装前柱核心区内先安装一道柱箍筋,梁就位后再安装两道柱箍筋,否则柱核心区质量无法保证。

(6)梁吊装前应统计所有梁底标高,有交叉部分的梁吊装根据先低后高安排施工。

五、预制剪力墙施工技术

1. 预制剪力墙吊装流程

预制剪力墙进场、验收→按图放线→安装吊具→预制剪力墙扶直→预制剪力墙吊装→预留钢筋插入就位→水平调整、竖向校正→

预制墙板的
吊装视频

斜支撑固定→接头连接。预制剪力墙吊装如图 5-27 所示。

图 5-27　预制剪力墙吊装

(a)墙板吊装准备;(b)安装吊具;(c)安装固定件;(d)墙板扶直;(e)墙板吊装;

(f)墙板就位;(g)调整固定件;(h)斜拉支撑

2. 预制外墙板吊点位置

预制剪力墙一般用两点吊，吊点分别位于墙顶两侧距离两端 $0.2L$ 的墙长位置，由生产构件厂家预留。

3. 预制外墙板施工

（1）吊装前将所有墙体在地面的位置线弹出，根据后置埋件布置图，采用后钻孔法安装预制构件定位卡具，并进行复核检查。

（2）检查预制构件预留灌浆套筒是否有缺陷、杂物和油污，保证灌浆套筒完好，提前架好仪器调平。

（3）吊装角度应符合规范要求。

（4）顺着吊装前所弹墨线缓慢下放墙板，在吊装经过的区域下方设置警戒区，施工人员应撤离，由信号工指挥，就位时待构件下降至作业面 1 m 左右高度时，施工人员方可靠近操作，以保证作业人员安全。墙板下放置垫块，以保证墙板底标高的正确。

（5）墙板底部钢套筒未对准时，可使用倒链将墙板手动微调，重新弄对孔。底部没有灌浆套筒的外填充墙板直接顺着角码缓慢放下墙板，垫板造成的空隙可以用坐浆的方式填补。为防止坐浆料填充到叶板之间，在夹心板处补充 50 mm×20 mm 的保温板或橡胶止水条堵塞缝隙。

（6）墙板就位后用激光水准仪复核水平是否存在偏差，无偏差后，利用预制剪力墙板上的预埋螺栓和地面后置膨胀螺栓安装斜支撑杆，检测预制墙体垂直度及复测墙顶标高后，利用斜支撑杆调节好墙体的垂直度，方可松开吊钩，在调节斜支撑杆作业时，须两名工人同时间、同方向进行操作。

4. 预制剪力墙接头连接

（1）将预制墙板底的灌浆连接腔用高强水泥基坐浆料进行密封，墙板底部采用坐浆料封边，形成密封灌浆腔，保证在最大灌浆压力下密封有效。

（2）灌浆材料拌合物应在制备后 0.5 h 内用完，灌浆作业应采用压浆法从下口灌注，有浆料从上口流出时应及时封闭，采用专用堵头进行封闭，封闭后灌浆料不应有任何外漏。

（3）灌浆施工时宜控制环境温度，必要时应对连接处采取保温加热措施。

（4）灌浆作业完成后 12 h 内，构件和灌浆连接接头避免振动或冲击。

六、预制楼板施工技术

1. 叠合楼板吊装工艺流程

放线→安装独立钢支撑→安装铝合金梁→叠合楼板吊装就位→叠合板调整→水电管线铺设→上铁钢筋绑扎→现浇层混凝土浇筑→现浇层混凝土养护。

叠合板
吊装动画

2. 叠合楼板吊点位置、吊索使用

吊点宜采用框架横吊梁四点或八点吊装，起吊就位应垂直平稳，多点起吊时吊索与板水平面所成夹角不宜小于 60°，不应小于 45°。

3. 叠合楼板施工

（1）放线：根据支撑平面布置图，在楼面画出支撑点位置，支撑立柱间距为1100 mm；根据顶板平面布置图，在墙顶端弹出叠合板边缘位置垂直线。

（2）安装铝合金梁：独立支撑安装完成后，将铝合金梁平搁在支撑顶端插架内，梁超出支撑两端的距离应相等，调节支撑使铝合金梁上口标高与叠合板板底标高一致。

（3）叠合楼板吊装采用一种自制的吊装装置，包括圆钢管架子、光圆钢筋吊环、滑轮、钢丝绳。将光圆钢筋弯成吊环形状，两边直段与架子焊接部位不短于10 cm，光圆钢筋吊环与圆钢管架子采用焊接连接，圆钢管架子上部对称位置焊接不少于4个光圆钢筋吊环，下部在每根横向圆钢管的中间部位，以及横管与纵管交叉口设置光圆钢筋吊环，为了防止在叠合楼板吊装时出现受力不均致使板出现裂纹，甚至断裂现象，在吊装时采用滑轮组来保证吊装后叠合楼板的质量。如图5-28所示。

图 5-28 叠合楼板吊装

（4）叠合楼板吊装就位：叠合楼板吊装至楼面200 mm时，稍作停顿，四角均安排人员站立并手扶叠合楼板，根据墙面弹出的叠合楼板边线，调整叠合楼板位置，根据板底标高控制线检查标高。

（5）现浇层混凝土养护：混凝土浇筑完进行二次收面后及时用塑料薄膜覆盖。

4. 叠合楼板安装要点

（1）构件安装前应编制支撑方案，支撑架体宜采用可调工具式支撑系统，首层支撑架体的地基必须坚实，架体必须有足够的强度、刚度和稳定性。

（2）板底支撑间距不应大于2 m，每根支撑之间高差不应大于2 mm，标高偏差不应大于3 mm，悬挑板外端支撑宜比内端高2 mm。

（3）预制楼板安装前，应复核预制板构件端部和侧边的控制线以及支撑搭设情况是否满足要求。

（4）预制楼板安装应通过微调垂直支撑来控制水平标高。

（5）预制楼板安装时，应保证水电预埋管(孔)位置准确。

（6）预制楼板吊至梁、墙上方 30～50 cm 后，应调整板位置使板锚固筋与梁箍筋错开，根据梁、墙上已放出的板边和板端控制线，准确就位，偏差不得大于 2 mm，累计误差不得大于 5 mm。板就位后调节支撑立杆，确保所有立杆全部受力。

（7）预制楼板应按顺序依次吊装，不宜间隔吊装。在混凝土浇筑前，应校正预制构件的外露钢筋，外伸预留钢筋伸入支座时，预留钢筋不得弯折。

（8）相邻预制楼板间拼缝及预制楼板与预制墙板位置拼缝应符合设计要求并有防止开裂的措施。拼接位置应避开施工集中荷载或受力较大部位。

七、预制楼梯施工技术

1. 预制楼梯安装施工流程

预制楼梯进场、验收→放线→预制楼梯吊装→预制楼梯就位→预制楼梯微调定位→吊具拆除。预制楼梯吊装如图 5-29 所示。

楼梯吊装动画

2. 预制楼梯吊点位置、吊索使用

预制楼梯一般采用四点吊，配合倒链下落就位调整索具铁链长度，使楼梯休息平台处于水平位置，试吊预制楼梯板，检查吊点位置是否准确、吊索受力是否均匀等，试起吊高度不应超过 1 m。

3. 预制楼梯施工

（1）楼梯进场、编号，按各单元和楼层清点数量。

（2）楼梯安装顺序：剪力墙、休息平台浇筑→楼梯吊装→锚固灌浆。

（3）当层预制外墙板等吊装完成后，开始楼梯平台排架搭设，模板安装完成后开始第一块预制楼梯吊装，楼面模板排架完成后开始第二块预制楼梯吊装，上层预制楼梯预留出楼梯锚固筋位置，待楼梯平台模板（上层）安装完成后吊装。预制楼梯吊至梁上方 300～500 mm 后，调整预制楼梯位置使上、下平台锚固筋与梁箍筋错开，板边线基本与控制线吻合。

（4）在施工的过程中一定要从楼梯井一侧慢慢倾斜吊装施工，楼梯采用上、下端搁置锚固固定，伸出钢筋锚固于现浇楼板内，标高控制与楼梯位置微调完成后，预留施工空隙采用商品水泥砂浆填实。

（5）预制楼梯就位后调节支撑立杆，确保所有立杆全部受力。

(a)	(b)	(c)

图 5-29　预制楼梯吊装

（a）楼梯的吊升；（b）楼梯的就位；（c）楼梯的连接

4. 预制楼梯安装要点

（1）预制楼梯安装前应复核楼梯的控制线及标高，并做好标记。

（2）预制楼梯支撑应有足够的承载力、刚度及稳定性，楼梯就位后调节支撑立杆，确保所有立杆全部受力。

（3）预制楼梯吊装应保证上下高差相符，顶面和底面平行，便于安装。

（4）预制楼梯安装位置应准确，采用预留锚固钢筋方式安装时，应先放置预制楼梯，再与现浇梁或板浇筑连接成整体，并保证预埋钢筋锚固长度和定位符合设计要求。当预制楼梯与现浇梁或板之间采用预埋件焊接或螺栓杆连接时，应先进行现浇梁或板施工，再搁置预制楼梯进行焊接或螺栓孔灌浆连接。

预制阳台
吊装动画

八、预制阳台、空调板施工技术

1. 预制阳台、空调板施工流程

预制构件进场、验收→放线→预制构件吊具吊装→预制构件吊装→预制构件安装就位、微调定位。

2. 预制阳台、空调板吊点位置、吊索使用

预制阳台、空调板一般采用四点吊，吊装时预制阳台、休息平台处于水平位置，吊索受力要求均匀，起吊高度不应超过 1 m。

3. 阳台、空调板施工

（1）叠合阳台板施工前，按照设计施工图，由木工翻样绘制出叠合阳台板加工图，工厂化生产按该图深化后，投入批量生产。运送至施工现场后，由塔吊吊运到楼层上铺放。进行阳台板进场质量检查、编号和按吊装流程清点数量。

（2）阳台板吊放前，先搭设叠合阳台板排架，排架面铺放木板。

（3）每块预制构件吊装前测量并弹出相应周边控制线。

图 5-30 阳台板吊装

（4）预制构件按编号和吊装流程逐块安装就位，吊至设计位置上方 30～60 mm 后，调整位置使锚固筋与已完成结构预留筋错开，便于就位，构件边线基本与控制线吻合。

（5）阳台板钢筋插入主体 180 mm，伸入的钢筋，按设计要求，有部分须焊接，如图 5-30 所示。

（6）阳台板安装、固定后，塔吊吊点脱钩，进行下一阳台板安装，并循环重复。吊装结束后，要根据板周边线、隔板上弹出的标高控制线对板标高及位置进行精确调整，误差控制在 2 mm 以内。

4. 预制阳台板安装要求

（1）预制阳台板安装前，测量人员根据阳台板宽度，放出竖向独立支撑定位线，并安装独立支撑，同时在预制楼板上，放出阳台板控制线。

（2）当预制阳台板吊装至作业面上空 500 mm 时，减缓降落，由专业操作工人稳住预制阳台板，根据叠合板上控制线，引导预制阳台板降落至独立支撑上，根据预制墙体上水平控制线及预制叠合板上控制线，校核预制阳台板水平位置及竖向标高，通过调节竖向独立支撑，确保预制阳台板满足设计标高要求；通过撬棍（配合垫木使用，避免损坏板边角）调节预制阳台板水平位移，确保预制阳台板满足设计图纸水平位置要求。

（3）预制阳台板定位完成后，将阳台板钢筋与叠合板钢筋连接固定，预制构件固定完成后，方可摘除吊钩。

（4）同一构件上吊点高度不同的，低处吊点采用倒链进行拉接，起吊后调平，落位时采用倒链调整标高。

5. 预制空调板安装要求

（1）预制空调板吊装时，板底应采用临时支撑措施。

（2）预制空调板与现浇结构连接时，预留锚固钢筋应伸入现浇结构中，并应与现浇结构连成整体。

（3）预制空调板采用插入式吊装方式时，连接位置应设预埋连接件，并应与预制外挂板的预埋连接件连接，空调板与外挂板交接的四周防水槽口应嵌填防水密封胶。

九、预制外墙挂板施工技术

1. 外围护墙安装施工工艺流程

预制墙板进场、验收→放线→安装固定件→安装预制挂板→螺栓固定→缝隙处理。

2. 预制外墙挂板吊点位置

预制外墙挂板吊点一般是两个，位置与剪力墙一致。

3. 外墙挂板施工

（1）进行装配式构件进场质量检查、编号和按吊装流程清点数量。

（2）各逐块吊装的装配构件搁（放）置点清理，按标高控制线调整螺钉、粘贴止水条。

（3）按编号和吊装流程对照轴线、墙板控制线逐块就位设置墙板与楼板限位装置，做好板墙内侧加固（层与层之间、板与板之间均需要加强连接）。

（4）设置构件支撑及临时固定，在施工的过程中板-板连接件的紧固方式应按图纸要求安装，调节墙板垂直尺寸时，板内斜撑杆先调整一根的垂直度，待矫正完毕后再紧固另一根，不可两根均在紧固状态下进行调整，也可改变以往在装配式混凝土结构下采用螺栓微调标高的方法，采用 1 mm、3 mm、5 mm、10 mm、20 mm 等型号的钢垫片。

（5）楼层浇捣混凝土完成，混凝土强度达到设计、规范要求后，拆除构件支撑及临时固定点。

（6）预制墙板的临时支撑系统由长、短斜向可调节螺杆组成。

（7）根据给定的水准标高、控制轴线引出层水平标高线、轴线，然后按水平标高线、轴线安装板下搁置件。板墙垫灰采用硬垫块软砂浆方式，即在板墙底按控制标高放置墙厚尺寸的硬垫块，然后沿板墙底铺砂浆，预制墙板一次吊装，坐落其上。

（8）吊装就位后，采用靠尺、铅锤等检验挂板的垂直度，如有偏差，则用调节斜拉杆进行调整。

（9）预制墙板通过多规格钢垫片进行调控施工，多规格标高钢垫块规格为 40 mm×40 mm×(1 mm、3 mm、5 mm、10 mm、20 mm)，其承重强度按Ⅱ级钢计算。

（10）预制墙板安装、固定后，再按结构层施工工序进行后一道工序施工。如图 5-31 所示。

图 5-31　外墙挂板的吊升与安装

装配式建筑
构件装配工

4. 外墙挂板底部固定与外侧封堵

（1）外墙挂板底部坐浆料的强度等级不应小于被连接的构件强度，坐浆层的厚度不应大于 20 mm。

（2）为防止外墙挂板外侧坐浆料外漏，应在外侧保温板部位固定 50 mm×20 mm 的具备 A 级保温性能的材料进行封堵。

（3）预制外墙挂板外侧水平、竖直接缝的防水密封胶封堵前，侧壁应清理干净，保持干燥，嵌缝材料应与挂板牢固黏结，不得漏嵌和虚粘。

（4）防水密封胶应在预制外墙挂板校核固定后嵌填，先安放填充材料，然后注胶，防水密封胶应均匀顺直，饱满密实，表面光滑连续。

5. 预制墙板安装要点

（1）预制墙板安装应设置临时斜撑，每件预制墙板安装过程的临时斜撑应不少于 2 道，临时斜撑宜设置调节装置，支撑点位置距离底板不宜大于板高的 2/3，且不应小于板高的 1/2，斜支撑的预埋件安装、定位应准确。

（2）预制墙板安装时应设置底部限位装置，每件预制墙板底部限位装置不少于 2 个，间距不宜大于 4 m。

（3）临时固定措施的拆除应在预制构件与结构可靠连接，且装配式混凝土结构达到后续施工要求后进行。

（4）预制墙板安装过程应符合下列规定：

① 构件底部应设置可调整接缝间隙和底部标高的垫块；

② 钢筋套筒灌浆连接、钢筋锚固搭接连接灌浆前应对接缝周围进行封堵；

③ 墙板底部采用坐浆时，其厚度不宜大于 20 mm；

④ 墙板底部应分区灌浆，分区长度 1~1.5 m。

（5）预制墙板校核与调整应符合下列规定：

① 预制墙板安装垂直度校核应以满足外墙板面垂直为主；

② 预制墙板拼缝校核与调整应以竖缝为主，横缝为辅；

③ 预制墙板阳角位置相邻的平整度校核与调整，应以阳角垂直度为基准。

项目三　预制构件节点施工

一、预制构件连接

预制构件的连接形式丰富，主要包括套筒灌浆连接、直螺纹套筒连接、浆锚搭接以及螺栓连接等，目前的装配式预制构件连接施工中多使用套筒灌浆连接。需要注意的是，预制构件节点的钢筋连接应满足《钢筋机械连接技术规程》（JGJ 107—2016）中Ⅰ级接头的性能要求，并应符合国家行业有关标准的规定，且应对连接件、焊缝、螺栓或铆钉等紧固件在不同设计状况下的承载力进行验算，并应符合《钢结构设计标准》（GB 50017—2017）和《钢结构焊接规范》（GB 50661—2011）等规定。

精益求精
建钢筋桥梁

1. 施工流程

在目前的装配式混凝土建筑施工中，比较常见的预制构件连接方式的施工流程详见表 5-10。

表 5-10　　　　　　　　　　　常见连接方法的施工流程

预制构件连接方式	施工流程
套筒灌浆连接	清理并润湿界面→分仓及封堵→温度记录→灌浆料制备→流动度检测→试块制作→注浆孔封堵→注浆→出浆孔封堵→现场清理并填写注浆记录表
直螺纹套筒连接	钢筋端面平头→剥肋滚压螺纹→丝头质量自检→戴帽保护→丝头质量抽检→存放待用→用套筒对接钢筋→用扳手拧紧定位→检查质量验收
浆锚搭接	注浆孔清理→预制构件封模→搅拌注浆料→注浆料检测→浆锚注浆→构件表面清理
螺栓连接	准备工作→安装螺栓→矫正→初拧→检查→终拧→施工记录

注：1. 在进行套筒灌浆施工时，应全程录像并留下影像记录，在进行灌浆料流动度检测时，若不合格，需要重新制备并再次进行流动度检测。

2. 在进行螺栓连接施工时，初拧和终拧阶段之间需进行检查，若检查结果不符合设计要求，应重新矫正。

2. 构件连接要点

常见预制构件连接要点详见表 5-11。

表 5-11   构件连接要点

预制构件	连接要点
套筒灌浆连接	1. 灌浆前应制定套筒灌浆操作专用的专项质量保证措施,套筒内表面和钢筋表面应洁净,被连接钢筋偏离套筒中心线的角度不应超过 7°,灌浆操作全过程应由监理人员旁站。 2. 应由经培训合格的专业人员按灌浆料配置要求计量灌浆材料和水的用量,搅拌均匀后测定其流动度,满足设计要求后方可灌注。 3. 浆料应在制备后 30 min 内用完,灌浆作业应采取压浆法从下口灌注,当浆料从上口流出时应及时封堵,持压 30 s 后再封堵下口,灌浆后 24 h 内不得使构件和灌浆料层受到振动、碰撞。 4. 灌浆作业应及时做好施工质量检查记录,并按要求每工作班应制作 1 组且每层不应少于 3 组 40 mm×40 mm×160 mm 的长方体试件,标准养护 28 d 后进行抗压强度试验。 5. 灌浆施工时环境温度不应低于 5 ℃;当连接部位温度低于 10 ℃时,应对连接处采取加热保温措施。 6. 灌浆作业应留下影像资料,作为验收资料
直螺纹套筒连接	1. 钢筋先调直再下料,切口端面与钢筋轴线垂直,不得有马蹄形切口或挠曲,不得用气割下料。 2. 钢筋下料及螺纹加工时需符合下列规定: (1)设置在同一个构件内的同一截面受力钢筋的位置应相互错开,在同一截面接头百分率不应超过 50%; (2)钢筋接头端部距钢筋受弯点长度不得小于钢筋直径的 10 倍; (3)钢筋连接套筒的混凝土保护层厚度应满足《混凝土结构设计标准(2024 年版)》(GB/T 50010—2010)中的相应规定且不得小于 15 mm,连接套筒之间的横向净距不宜小于 25 mm; (4)钢筋端部平头使用钢筋切割机进行切割,不得采用气割。切口断面应与钢筋轴线垂直; (5)按照钢筋规格所需要的调试棒调整好滚丝头内控尺寸; (6)按照钢筋规格更换涨刀环,并按规定丝头加工尺寸调整好剥肋加工尺寸; (7)调整剥肋挡块及滚扎行程开关位置,保证剥肋及滚扎螺纹长度符合丝头加工尺寸的规定; (8)丝头加工时应用水性润滑液,不得使用油性润滑液。当气温低于 0 ℃时,应掺入 15%～20% 亚硝酸钠,严禁使用机油作切割液或不加切割液加工丝头; (9)钢筋丝头加工完毕、经检验合格后,应立即戴上丝头保护帽或拧上连接套筒,防止装卸钢筋时损坏丝头
浆锚搭接	1. 灌浆前应对连接孔道及灌浆孔和排气孔全数检查,确保孔道通畅,内表面无污染。 2. 竖向构件与楼面连接处的水平缝应清理干净,灌浆前 24 h 连接面应充分浇水润湿,灌浆前不得有积水。 3. 竖向构件的水平拼缝应采用与结构混凝土同强度或高一等级强度的水泥砂浆进行周边坐浆密封,1 d 以后方可进行灌浆作业。 4. 灌浆料应采用电动搅拌器充分搅拌均匀,搅拌时间从开始加水到搅拌结束应不少于 5 min,然后静置 2～3 min;搅拌后的灌浆料应在 30 min 内使用完毕,每个构件灌浆总时间应控制在 30 min 以内。 5. 浆锚节点灌浆必须采取机械压力注浆法,确保灌浆料充分填充密实

续表

预制构件	连接要点
浆锚搭接	6.灌浆应连续、缓慢、均匀地进行,直至排气孔排出浆液后,立即封堵排气孔,持压不小于 30 s,再封堵灌浆孔,灌浆后 24 h 内不得使构件和灌浆层受到振动、碰撞。 7.灌浆结束后应及时将灌浆孔及构件表面的浆液清理干净,并将灌浆孔表面抹压平整。 8.灌浆作业应及时做好施工质量检查记录,并按要求每工作班组应制作 1 组且每层不应少于 3 组 40 mm×40 mm×160 mm 的长方体试件,标准养护 28 d 后进行抗压强度试验。 9.灌浆作业应留下影像资料,作为验收资料
螺栓连接	1.螺栓连接为干连接,适用于外挂墙板和楼梯等非主体结构构件的连接。 2.螺栓连接是全装配式混凝土结构的主要连接方式,可以连接结构柱、梁。非抗震设计或低抗震设防烈度设计的低层或多层建筑,当采用全装配式混凝土结构时,可用螺栓连接主体结构。 3.普通螺栓作为永久性连接螺栓时应符合下列要求: (1)对一般的螺栓连接,螺栓头和螺母下面应放置平垫圈,以增加承压面积; (2)螺栓头下面放置的垫圈一般不应多于 2 个,螺母下的垫圈一般不应多于 1 个; (3)对于设计有要求防松动的螺栓、锚固螺栓,应采用防松动装置的螺母或弹簧垫圈,或用人工方法采取防松措施; (4)对于承受动荷载或重要部位的螺栓连接,应按设计要求放置弹簧垫圈,弹簧垫圈必须设置在螺母一侧; (5)对于工字钢、槽钢应尽量使用斜垫圈,使螺母和螺栓头部的支承面垂直于螺栓

3. 套筒灌浆连接

套筒灌浆连接技术是通过灌浆料的传力作用将钢筋与套筒连接形成整体,套筒灌浆连接分为全灌浆套筒连接和半灌浆套筒连接,套筒设计应符合《钢筋连接用灌浆套筒》(JG/T 398—2019)要求,接头性能应达到《钢筋机械连接技术规程》(JGJ 107—2016)规定的最高级,即 Ⅰ 级。钢筋套筒灌浆料应符合《钢筋连接用套筒灌浆料》(JG/T 408—2019)规定。

(1)灌浆前准备。

灌浆作业前应编制相应的专项施工方案,管理人员应及时对施工班组进行技术交底。灌浆前应检查灌浆套筒的数量、规格、位置以及深度,应检查灌浆料使用保质期、外观是否受潮等,应检查施工机具是否满足该项目的施工条件。

套筒灌浆施工是影响装配式构件连接质量的关键因素,其控制要点主要有三点,即施工人员、灌浆料和施工机具。首先施工人员必须为专业操作工人,且在操作前应进行培训,施工时严格按照国家现行相关规范执行;灌浆料应为合格品,且灌浆套筒和灌浆料需是同一厂家生产,根据设计要求及套筒规格、型号选择配套的灌浆料,施工过程中严格按照厂家提供的配置方法进行灌浆料制备,不允许随意更换;施工机具应为一套完整的设备,且均为

灌浆动画

合格品,包括电动灌浆泵、电子地秤、搅拌桶、电动搅拌机、手动注浆枪和管道刷等,详见表 5-12。

表 5-12　　　　　　　　　　套筒灌浆施工机具

设备名称	规格型号	用途	示意图
电动灌浆泵		压力法灌浆	
电子地秤	30~50 kg	量取水和灌浆料	
手持式搅拌器		拌制浆料	
搅拌桶	25 L	盛水、浆料拌制	
塑料杯	2 L	定量取水	
手动注浆枪		应急用注浆	
筛网		过滤浆料	

续表

设备名称	规格型号	用途	示意图
管道刷		清理套筒内表面	
堵孔塞		浆料溢出时堵孔	

（2）冬季灌浆施工要点。

冬季灌浆施工时的环境温度宜在 5 ℃ 以上，若环境温度不满足要求时，不宜进行灌浆作业；若受工序关系影响必须进行作业时，应根据《钢筋连接用套筒灌浆料》(JG/T 408—2019)中的规定拌制低温灌浆料，且各项指标必须符合标准。另可采取热水(水温 20～30 ℃)拌制灌浆料(确保灌浆料温度不低于 15 ℃)，每次拌制的灌浆料必须在 20 min 内用完，每个连接区域灌浆完成后对连接处采取覆盖保温措施，养护时间不少于 48 h，确保浆料强度达到 35 MPa，方能进行下一道工序。在采取热水拌制仍不能满足温度条件时，可采用电伴热预热和使用低温灌浆料或添加相应外加剂等措施。

（3）套筒灌浆连接工艺。

套筒灌浆连接工艺包括灌浆料的制备、灌浆料的检验、灌浆区内外封堵、灌浆区域的分仓处理以及灌浆作业等步骤，具体见表 5-13。

表 5-13　　　　　　　　　　　　　　　套筒灌浆连接工艺

工艺	工艺步骤	示意图
灌浆料制备	1. 打开包装袋，检验灌浆料外观及包装上的有效期，将干料混合均匀，无受潮结块等异常后，方可使用。拌和用水应符合现行行业标准《混凝土用水标准》(JGJ 63—2006)的有关规定。 2. 灌浆料需按产品质量证明文件注明的用水量进行拌制，也可按加水率(加水率＝加水重量/干料重量×100%)进行拌制。 3. 为使灌浆料的拌和比例准确，使用量筒作为计量容器。 4. 搅拌机、搅拌桶就位后，将水和灌浆料倒入搅拌桶内进行搅拌。先加入 80% 水量搅拌 3～4 min 后，再加剩余的水，搅拌均匀后静置 2 min 排气。灌浆料搅拌完成后，不得加水	

续表

工艺	工艺步骤	示意图
灌浆料的检验	1.强度检验： 灌浆料强度按批检验,以每层楼为一个检验批;每工作班组应制作一组且每层不应少于3组40 mm×40 mm×160 mm的试件,标准养护28 d后进行抗压强度试验。 2.流动度及实际可操作时间检验： 每次灌浆施工前,需对制备好的灌浆料进行流动度检验,同时需做实际可操作时间检验,保证灌浆施工时间在产品可操作时间内完成。灌浆料搅拌完成初始流动度应不小于300 mm,以260 mm为流动度下限。灌浆料流动时,用灌浆机循环灌浆的形式进行检测,记录流动度降为260 mm时所用时间;灌浆料搅拌后完全静止不动,记录流动度降为260 mm时所用时间;根据时间数据确定灌浆料实际可操作时间,并要求在此时间内完成灌浆	钢筋套筒灌浆连接演示视频
灌浆区内外侧封堵	预制构件安装校正固定稳妥后,使用风机清理预留板缝,并用水将封堵部位润湿,周边的缝隙用1∶2.5水泥砂浆填塞密实、抹平,砂浆内掺加水泥用量10%的108胶。当缝隙宽大于3 cm时,应用C20细石混凝土浇筑密实。塞缝作业时应注意避免堵塞注浆孔及灌浆连通腔	
灌浆区域的分仓措施	若灌浆面积大、灌浆料多、灌浆操作时间长,而灌浆料初凝时间较短,需对一个较大的灌浆区域进行人为的分区操作,保证灌浆操作的可行性。分仓应采用坐浆料或封浆海绵条进行,分仓长度不应大于规定的限值,分仓时应确保密闭空腔,不应漏浆	1仓 2仓 3仓
灌浆作业	在正式灌浆前,应逐个检查各灌浆孔和出浆孔通道是否有影响浆料流动的杂物并及时清理,必要时可采用清水预灌浆,检查灌浆通路的畅通性。将灌浆孔和出浆孔上橡胶塞拔出,并留在原地准备封堵。 施工现场应采用专用电动灌浆泵进行压力灌浆,具体灌浆过程为：每仓选择一个灌浆孔作为进浆口(建议选择最外侧),将灌浆枪口插入进浆口,调整灌浆速度和压力开始灌浆。待下侧其余灌浆孔和上侧出浆孔依次出浆后(圆柱状稳定流出),用橡胶塞一一封堵。待所有灌浆孔和出浆孔均堵塞后,浆料从上部排气观察孔流出,此时拔出灌浆枪并立刻封堵进浆口。宜每隔5 min观察浆料回流情况,并及时进行查漏和补浆。待灌浆料凝固(30~45 min)后,可拔出浆孔橡胶塞,检查孔内灌浆料是否回落与形成空腔	

4. 直螺纹套筒连接

（1）基本原理。

直螺纹套筒连接施工，其工艺原理是将钢筋待连接部分剥肋后滚压成螺纹，利用连接套筒进行连接，使钢筋丝头与连接套筒连接为一体，从而实现等强度钢筋连接。直螺纹套筒连接的种类主要有冷镦粗直螺纹、热镦粗直螺纹、直接滚压直螺纹、挤压肋滚压直螺纹。

（2）施工机具。

直螺纹套筒加工的工具主要包括钢筋直螺纹剥肋滚丝机、牙型规、卡规，详见表5-14。

表 5-14　　　　　　　　　　　直螺纹套筒加工工具

名称	用途	图示
钢筋直螺纹剥肋滚丝机	制作钢筋车丝	
牙型规	检查车丝	
卡规	检查车丝外径	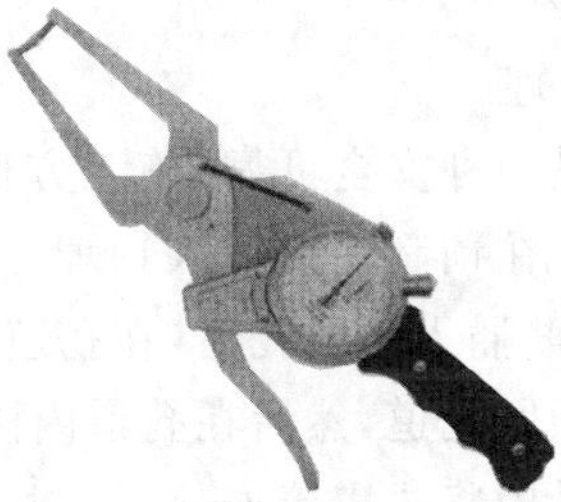

（3）直螺纹套筒连接工艺。

① 连接钢筋时，钢筋规格和连接套筒规格应一致，并确保钢筋和连接套的丝扣干净、完好无损。

② 连接钢筋时应对准轴线将钢筋拧入连接套中。

③ 必须用力矩扳手拧紧接头。力矩扳手的精度为±5%，要求每半年用扭力仪检定

一次,力矩扳手不使用时,将其力矩值调整为零,以保证其精度。

④ 连接钢筋时应对准正轴线将钢筋拧入连接套中,然后用力矩扳手拧紧。接头拧紧值应满足表 5-15 规定的力矩值,不得超拧,拧紧后的接头应做上标记,防止钢筋接头漏拧。

⑤ 钢筋连接前要根据连接直径的需要将力矩扳手上的游动标尺刻度调定在相应的位置上,即按规定的力矩值,使力矩扳手绕钢筋轴线均匀加力。当听到力矩扳手发出"咔嚓"声响时即停止加力,否则会损坏扳手。

⑥ 连接水平钢筋时必须依次连接,从一头连接至另一头,不得从两边往中间连接,连接时两人需面对站立,一人用扳手卡住已连接好的钢筋,另一人用力矩扳手拧紧待连接钢筋,按规定的力矩值进行连接,这样可避免损坏已连接好的钢筋接头。

⑦ 使用扳手对钢筋接头拧紧时,只要达到力矩扳手调定的力矩值即可,拧紧后按表 5-15 检查。

⑧ 接头拼接完成后,应使两个丝头在套筒中央位置相互顶紧,套筒的两端不得有一扣以上的完整丝扣外露,加长型接头的外露扣数不受限制,但应有明显标记,以检查进入套筒的丝头长度是否满足要求。

表 5-15 **直螺纹钢筋接头拧紧力矩值**

钢筋直径/mm	拧紧力矩值/(N·m)
≤16	100
18~20	200
22~25	260
28~32	320
36~40	360
50	460

5. 浆锚搭接

(1)基本原理。

浆锚搭接是一种安全可靠、施工方便、成本相对较低的可保证钢筋之间力的传递的有效连接方式。在预制柱内插入预埋专用螺旋棒,在混凝土初凝之后旋转取出,形成预留孔道,下部钢筋插入预留孔道,在孔道外侧钢筋连接范围外侧设置附加螺旋箍筋,下部预留钢筋插入预留孔道,然后在孔道内注入微膨胀高强灌浆料形成的连接方式。

纵向钢筋采用浆锚搭接连接时,对预留孔成孔工艺、孔道形状和长度、构造要求、灌浆料和被连接的钢筋,应进行力学性能以及适用性的实验验证。直径大于 20 mm 的钢筋不宜采用浆锚搭接连接,直接承受动力荷载构件的纵向钢筋不应采用浆锚搭接连接。

(2)浆锚搭接工艺。

① 拼缝模板支设。

a.外墙外侧上口预先采用 20 mm 厚挤塑条,用胶水将挤塑板固定于下部构件上口外侧,外墙内侧采用木模板围挡,用钢管加顶托顶紧。

b.墙板与楼地面间缝隙使用木模将两侧封堵密实。

② 注浆管内喷水湿润。

a.选用生活饮用水或经检验可用的地表水及地下水。

b.拌和用水不应影响注浆材料的和易性、强度、耐久性,且不应腐蚀钢筋。

c.对金属注浆管内和接缝内洒水应适量,洒水后应间隔 2 h 再进行灌浆,防止积水。

③ 搅拌灌浆料。

a.拌和用水不应影响注浆材料的和易性、强度、耐久性,且不应腐蚀钢筋。

b.注浆料宜选用成品高强灌浆料,应具有流动性大、无收缩、早强高强等特点。抗压强度要求:1 d≥20 MPa,3 d≥40 MPa,28 d≥60 MPa;初凝时间应大于 30 min,终凝时间应为 2~4 h。

c.一般要求配料比例控制为:一包灌浆料 20 kg 用水 3.5 kg,流动度≥270 mm。

d.搅拌时间为 60 s 以上,应充分搅拌均匀,选用手持式电动搅拌机搅拌过程中不得将叶片提出液面,防止带入气泡。

e.一次搅拌的注浆料应在 20 min 内用完。

④ 注浆管内孔注浆。

a.可采用高位自重流淌灌浆或采用压力注浆。高位自重流淌注浆即选用料斗放置在高处,利用注浆料自重流淌灌入;压力注浆,注浆压力应保持在 0.2~0.5 MPa。

b.采用高位自重流淌注浆方法时注意先从高位注浆管口注浆,待注浆料接近低位注浆口时,注入第二高位注浆口,以此类推。待注浆料终凝前分别对高、低位注浆管口进行补浆,这样确保注浆材料的密实性和连续性。

c.注浆应逐个构件进行,一块构件中的注浆孔或单独的拼缝应一次性连续注浆直至注满。

⑤ 构件表面清理。

构件注浆后应及时清理沿灌浆口溢出的注浆料,随注随清,防止污染构件表面。

⑥ 注浆管口表面填实压光。

a.注浆口填实压光应在注浆料终凝前进行。

b.注浆管口应抹压至与构件表面平整,不得凸出或凹陷。

c.注浆料终凝后应洒水养护,每天 3~5 次,养护时间不得少于 7 d。

6. 螺栓连接

(1)基本原理。

螺栓连接是用螺栓和预埋件将预制构件与主体结构进行连接,在装配整体式混凝土结构中,螺栓连接主要用于外挂墙板和楼梯等非主体结构构件的连接,属于干式连接,外挂墙板的节点螺栓连接示意图如图 5-32 所示,楼梯与主体结构的螺栓连接示意图如图 5-33所示。

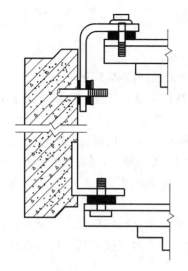

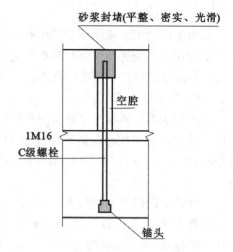

图 5-32　外挂墙板螺栓连接示意图　　　　图 5-33　楼梯螺栓连接示意图

（2）螺栓连接工艺。

① 连接处的钢板或型钢应平整,板边、孔边无毛刺;接头处有翘曲、变形必须进行校正。

② 遇到安装孔有问题时,不得用氧-乙炔扩孔,应用铰刀扩孔。

③ 安装螺栓:组装时先用冲钉对准孔位,在适当位置插入螺栓,用扳手拧紧。

④ 为使螺栓群中所有螺栓均匀受力,初拧、终拧都应按照一定顺序进行。一般接头应从螺栓群中间顺序向外侧进行紧固;接头刚度不一致时,从接头刚度大的部位向不受约束的自由端进行。

7. 连接问题的检测和预防

预制构件连接是装配式建筑施工过程中的一个重要部分,预制构件节点连接直接影响到建筑的使用情况以及抗震性能。通常在检测过程中发现的工程质量问题有套筒灌浆不饱满、混凝土结合面未清理、灌浆料强度偏低、保温连接件锚固能力不足、埋置钢筋截断灌浆接头产品质量不合格、预留钢筋位置偏差较大、预制构件吊装运输时产生裂缝、墙板拼缝开裂等。以上问题中,大部分都与节点连接问题有关。由此可见节点连接是装配式建筑质量的关键,它会影响到装配式建筑的使用性能和安全性能。下面重点介绍最常见的三种节点连接问题的检测和防治措施。

（1）灌浆饱满度检测。

套筒在装配式建筑中经常使用,该配件主要用于构件连接,因此对于装配式建筑的质量有着重要的意义。目前,对于套筒灌浆饱满度检验的方法主要有:预埋检测法、无损检测法和局部破损检测法;预埋检测法有预埋传感器法和预埋钢丝拉拔方法等;无损检测法有超声波、冲击回波、X射线、工业CT等;局部破损检测法主要为钻芯法。在施工过程中可使用微重力流补浆工艺进行检测。

（2）结合面、浆锚搭接质量检测。

结合面和浆锚搭接的质量检测一般采用冲击回波法。该方法是在混凝土的表面通过机械冲击发出具有低频冲击的弹性波,当波传播到结构内部时,波会被构件底面或缺陷表面反射回来。冲击弹性波在构件表面、内部缺陷的表面或者构件底面的边界之间来回反射,这样就能够产生瞬态共振。通过快速傅立叶变换,可以得出波形的频率和对应振幅的关系图,这样就能够辨别波的瞬态共振频率。最后通过瞬态共振频率就可以确定内部缺陷的深度和构件的厚度。冲击回波法特别适用于叠合构件的检测,能够对混凝土结合面处的脱空层、孔洞、不密实等缺陷进行详尽的排查。

（3）套筒连接错位预防措施。

预制钢筋与现场钢筋孔洞对位问题一直是预制装配式建筑现场施工的重点和难点。建议在满足规范要求的前提下,适当扩大钢筋对位孔洞,使对位钢筋的入孔率增大,从而使钢筋的纵向整体性增强,有效连接增加;或者可以增加现场施工与构件加工厂的沟通,增强构件加工厂生产准确性以及现场钢筋绑扎的规范性,减少错误构件的产生。

二、构件连接节点

预制混凝土的连接方式分类为:叠合梁的连接,柱、剪力墙的连接,叠合板的连接,楼梯板的连接,预制外墙挂板的连接。以上连接中常用的方式有浇筑混凝土、机械直锚、钢筋窄间隙电弧焊、熔槽帮条焊、挤压套筒、套筒注胶、锁母套筒等。

节点连接动画

预制混凝土中,连接方式决定了结构整体的稳定性,所以连接部分往往最为重要,节点的连接主要包括梁柱的连接和墙板的连接。从施工方法上,大都归于干连接和湿连接两种。干连接,即干作业的连接方式,连接时不浇筑混凝土,而是通过在连接的构件内植入钢板或其他钢部件,通过螺栓连接或焊接,从而达到连接的目的;湿连接,即湿作业的连接方式,连接时浇筑混凝土或水泥浆与其锚固。梁柱连接和墙板连接的方式见表5-16。

表 5-16　　　　　　　　　　　　梁柱连接和墙板连接的方式

连接节点	连接方式	
梁-柱连接	干连接:牛腿连接、榫式连接、钢板连接、螺栓连接、焊接连接、企口连接、机械套筒连接等	湿连接:普通现浇连接、底模现浇连接、浆锚连接、预应力技术的整浇连接、普通后浇整体式连接、灌浆拼装等
叠合楼板-叠合楼板的连接	干连接:预制楼板与预制楼板之间设调整缝	湿连接:预制楼板与预制楼板之间设后浇带
叠合楼板-梁（叠合梁）的连接	板端与梁边搭接,板边预留钢筋,叠合层整体浇筑	
预制墙板与主体结构的连接	外挂式:预制外墙上部与梁连接,侧边和底边作限位连接	
	侧连式:预制外墙上部与梁连接,墙侧边与柱或剪力墙连接,墙底边与梁仅作限位连接	
预制剪力墙与预制剪力墙的连接	浆锚连接、灌浆套筒连接等	
预制阳台-梁（叠合梁）的连接	阳台预留钢筋与梁整体浇筑	
预制楼梯与主体结构的连接	一端设置固定铰,另一端设置滑动铰	
预制空调板-梁（叠合梁）的连接	预制空调板预留钢筋与梁整体浇筑	

1. 预制梁柱节点现浇连接施工

预制梁柱连接节点通常出现在框架体系中,立柱钢筋与梁的钢筋在节点部位应错开插入,在预制梁和预制柱吊装完成后,支立模板浇筑混凝土。预制梁柱节点与叠合楼板中的现浇部分混凝土同时浇筑,并形成整体。

2. 叠合梁板节点现浇连接

叠合梁板通常是在框架结构体系中存在,预制梁的上层筋部分设计为现浇部分,箍筋在预制部分梁中预留,梁上层钢筋在现场穿筋和绑扎,在梁的一侧需设置 25 mm 的空隙作为保护层,预制部分的板厚通常为 80 mm,叠合梁板节点与叠合梁板中的现浇混凝土一起浇筑,在结构上形成一个整体。

3. 叠合阳台、空调板

预制阳台、空调板通常设计成预制和现浇的叠合形式,与叠合楼板相同,预制部分的厚度通常为 80 mm,板面预留有桁架筋,增强预制构件刚度,保证在储运、吊装过程中预制板不会断裂,同时可作为板上层钢筋的支架,板下层钢筋直接预制在板内。

叠合阳台、空调板与楼面连接部位留有锚固钢筋,预制板吊装就位后预留钢筋锚固到楼板钢筋内,与叠合楼板的现浇混凝土进行一次连续浇筑。预制阳台、空调板设计时通常有降板处理,因此楼面混凝土浇筑前需要做吊模处理。

4. 叠合剪力墙

预制叠合剪力墙通常用于建筑的外墙,预制叠合剪力墙中现浇混凝土施工与叠合楼板基本相同,预制外墙板吊装在墙体的外侧,厚度一般为 70 mm,并兼作模板。内侧通过侧向钢筋绑扎,立模和浇筑混凝土形成整体。

5. 节点连接施工注意事项

(1)为确保现浇混凝土的平整度,预制装配式结构中现场大体积混凝土的浇筑宜采用铝合金等材料的系统模板。

(2)为了防止漏浆,模板需要和构件连接紧密,必要时对缝隙采用软质材料进行有效封堵,避免影响施工质量。

(3)拆模前要保证混凝土达到设计要求的强度。

(4)混凝土浇筑完毕后 12 h 内对其进行养护,应做好相应的覆盖浇水养护工作,若外界气温低于 5 ℃,则需要采用覆膜和毛毡加以养护。混凝土强度达到 1.2 N/mm² 前,不得在其上踩踏或安装模板及支架。

(5)检查数量要求全数检查,检验方法采用观察,检查施工记录。

三、预留洞管的设置

对于装配式混凝土结构,其配电箱、等电位联结箱、开关箱、插座盒、弱电系统接线盒(消防显示器、控制器、按钮、电话、电视、对讲等)及其管线、空调室外机、太阳能板等设备的避雷引下线等都应准确地预埋在预制墙板中,厨房、卫生间和空调、洗衣机等设备的给水竖管也应准确地预埋在预制墙板中,预留洞预埋大部分提前到预制构件生产过程中完成,施工现场只是在预制构件混凝土叠合层上布设部分管线。

1. 预留孔洞施工

（1）一般要求。

在土建施工过程中,水电安装应与土建配合进行管道、竖井、管道井等入户、穿墙、穿楼板的孔洞预留,保证预留孔洞的质量进而保证结构验收,确保今后安装施工顺利进行。

（2）施工工艺。

预留前,要认真熟悉施工图纸,熟悉系统的原理和技术要求,对照安装和土建结构图,确定预留孔洞的尺寸和位置。根据预留孔洞的大小和形状制作相应的预留木框和钢套管,指定专人在土建工程钢筋绑扎完成后支模前,按照图纸要求的尺寸和位置进行预留。

① 由水电技术员复核尺寸和位置,确认无误后,方可通知土建合模。

② 在土建工程支模及浇筑混凝土时,必须有专人监护,以防预留孔洞移位或损坏等。

③ 预埋上下层预留孔洞时,中心线应垂直,预留的木框拆模后留在墙体内,钢制管待混凝土稍凝固时拔出钢管,把握好拔管时间,保证预留孔洞的光滑和成型。

④ 拆模后,组织操作人员和施工员复核预留孔洞的尺寸,并做好记录,对不合格的孔洞,需提出处理的方法和意见,待批准后实施。

（3）控制措施。

① 一般孔洞预留。

结构施工过程中,确定专人跟踪配合,待土建施工到预留孔洞位置时,立即按水电留孔图给定的穿管坐标和标高,在模板上做出标记。在土建绑扎钢筋时,将事先做好的模具中心对准标记进行模具的固定安装,并考虑方便拆除临时模具。当遇有较大的孔洞、模具与多根钢筋相碰时,与土建专业协商,采取相应的措施后再安装固定。

② 卫生间孔洞预留。

卫生间内各种水管孔洞预留是工程重点,对于卫生间洁具的排水预留洞,必须根据工程使用的卫生洁具的安装尺寸、墙体的厚度、坐标轴线,确定预留洞的位置后预埋。孔洞的尺寸可适当放大一些,以便于洁具型号确定后,洁具安装要求与孔洞的预留存在偏差时,能尽量减少楼板开洞的面积。

2. 电管线敷设

（1）一般要求。

① 熟悉掌握电气专业图纸及结构施工图中预制和现浇工程,做好现浇部分电盒、电管的预埋,应与土建进度同步。

② 线管和箱盒开口处用木屑和发泡塑料填塞并用封口胶封堵密实,防止水泥浆及灰渣进入,造成管路堵塞。

③ 穿越楼板的管道应设置防水套管,其高度应高出装饰地面 20 mm(有防水要求的房间 50 mm)以上,套管与管道间用密封材料嵌实。

④ 水平管道在下降楼板上可采用同层排水措施时,楼板、楼面应采用双层防水设防。对于可能出现的管道渗水,应有密闭措施,且宜在贴近下降楼板上表面处设泄水管,宜采取增设独立的泄水立管的措施。

⑤ 预埋结束后,需及时核对,确认无误后,报请相关单位负责人进行隐蔽工程验收。

(2) 敷设要点。

配管时,埋入混凝土内的金属管内壁应做防腐处理。暗配金属管采用套管连接时,管口应对准套管心并焊接严密,套管长度不得小于金属管外径的2.2倍,金属管进入接线盒必须焊接跨接地线,焊接长度不应小于圆钢直径的6倍,且必须双面施焊,金属管进入配电箱(盒)采用丝扣锁母固定时,应焊接跨接地线,如采用焊接法,但只宜在管孔四周点焊3～5处,烧焊处必须做好防腐处理。

金属管暗敷在钢筋混凝土中,宜与钢筋绑扎固定,线管严禁与钢筋主筋焊接固定。

阻燃PVC管敷设时,其线管与箱盒、配件的材质均宜使用配套的制品。PVC管管口应平整光滑,管与管、管与盒(箱)等器件应用插入法连接,连接处结合面应涂专用胶黏剂,接口应牢固密封。植埋于地下或楼板内的PVC管,在露出地面时易受机械损伤的部分,应采取保护措施。暗敷在混凝土内的管子,离表面的净距不应小于15 mm。为了减少线管的弯曲,线路宜沿最近的路线敷设,其弯曲处不应褶皱,弯曲程度不应大于管外径的10%,其明配时弯曲半径不应小于外径的6倍,暗敷在混凝土内时其弯曲半径不小于管径的10倍。线管超过允许最大长度时,需加过线盒。

PVC管切割时,先将弹簧插入管内,两手用力慢慢弯曲管子,考虑管子的回弹,弯曲角度要稍过一些。PVC管的连接是将管子清理干净,在管子接头表面均匀刷一层PVC胶水后,立即将刷好胶水的管头插入接头内,不要扭转,保持约15 s不动即可以粘牢。

3. 给排水管的敷设

结合预制构件的特点,钢筋及金属件较多,因此,预埋套管、预留孔洞、预埋管件,包括管卡、管道支架吊架等均需在工厂加工完毕,给水排水专业需在施工图设计中完成预留部分细部设计。同时,应尽量将结构构件生产与设备安装和装修工程分开,以减少预制构件中的预埋件和预留孔,简化节点,减少构件规格。所以,给水排水设计应尽量减少管道穿梁、穿楼板留洞,减少预埋件,如采用同层排水,减少支管长度等。

(1) 给水管敷设。

① 施工程序。

各层楼板内干管预留孔洞→埋地部分入户管安装→供水立管安装→支管安装→试压冲洗→(水嘴、地漏及卫生器具、水表安装)→二次试水、冲洗、消毒。

② 施工方法及要求。

室内生活冷热水管均采用PP-R塑料给水管,插入式连接。热熔连接,采用专用剪裁工具下料,手持式和台车式熔机进行安装熔接,熔接时严格按照技术参数操作,在回热和插接过程中不能转动管材、管件,应直线插入,正常熔接在结合面应有均匀的熔接圈,施工后须试压验收后方能封管使用。

对明装管道宜用管扣座固定;暗敷的立管宜在穿越楼板处做成支承点,以防立管累积伸缩在最上层支管接出处产生位移应力。无论明装或暗装,在三通、弯头、阀门等管件和管道弯曲部位,应适当增设管码或支架固定。还有管子在与配水点连接处也应采取加固措施。

垂直穿越梁、板、墙(内墙)、柱时应加套管,一般孔洞或套管大于管外径50～

100 mm。给水管道穿越承重墙或基础时,应预留洞口,管顶上部净空高度不得小于建筑物的沉降量,一般不小于 0.1 m。

作为立管的 PP-R 管因管外壁表面光滑,所以管道穿越楼板时,结合部常因细石砂浆与管道外壁结合不好而使上、下层之间沿管道外壁渗水。防渗漏的做法是:在管子与楼板的结合部做好标记,刷一层塑料黏结剂,待塑料管形成一层外皮黏结牢固的粗糙表面,再立管并用细石砂浆填塞。此外,塑料管外皮的多余黏结剂一定要擦干净,填塞时应把下面已装好的管子用塑料纸包起来,以保证管道的光洁。

嵌入墙内管道的凹槽表面应平整,不得有尖角等突出物。明装或暗设于吊顶内的管道支吊架必须按不同管径要求设置管卡或支吊架,位置应准确,埋设平整,管卡与管道接触紧密,但不得损伤管道表面。采用金属管卡或金属支吊架时,卡箍内侧面应为圆柱面,卡箍与管道之间应夹垫塑胶垫片。直线管段应按要求的距离设置固定支架,不设固定支架的直线管道最大长度不得超过 3 m。

管道支架应按照《管道支架及吊架》(S161)要求制作,当层高 $H \leqslant 4$ m 时,立管每层应设一支架;当层高 $H > 4$ m 时,立管支架每层不得少于 2 个。支架设置高度为距地 1.5~1.8 m,2 个支架可匀称安装。

给水立管上起切断作用的阀门,在安装前应逐个进行试压,合格后方可安装。支管阀门应抽检 10%,如有漏裂再抽查 20%,仍有不合格的则逐个试验。阀门的试压强度以阀门型号所注明的为准。

合格的阀门在安装时,应核对规格型号。安装的阀门应与管道轴线对齐,阀门安装应启闭灵活,朝向合理,便于维修。

PP-R 管道水压试验应在接口超过 24 h 后才能进行,一次试验管道总长不宜大于 500 m。在水压试验前,管道应固定牢固,皆应明露,除阀门外,支管端不连接卫生器具配水件。直埋及墙体内的管道应在土建施工面层前分层进行水压试验,合格后方可交予土建进行下道施工。

(2) 排水管敷设。

① 施工程序。

埋地部分出户管安装→立管及干管安装→支管安装→灌水试验→(卫生器具安装)→通水试验。

② 施工方法及要求。

装配式排水系统设计尽量采用同层排水,减少排水管道穿楼板,立管应尽量设置在管井、管窿内,以减少预制构件的预留、预埋管件。

预制构件制作时,应根据图纸中卫生器具和地漏的位置尺寸配合留孔,并作临时封堵保护。

排水管道穿越承重墙或基础时,应预留洞口,管顶上部净空高度不得小于建筑物的沉降量,一般不小于 0.15 m。

穿越地下室外墙处应预埋刚性或柔性防水套管,应按照《防水套管》(02S404)相关规定选型。

管道穿越楼板或墙时,须预留孔洞,孔洞直径一般比管道外径大 50 mm。

室内污水管、雨水管、废水管、通气管均采用PVC-U高层塑料排水管,高分子聚合物黏结剂承插黏结。

每次进入施工现场的PVC-U管等管材、管件都进行抽样检查,每批按同牌号、同规格数量中抽查10%。如有不合格的,应再抽查20%,仍有不合格的则须逐根(个)检查。PVC-U管的各项技术指标应符合《建筑排水用硬聚氯乙烯(PVC-U)管材》(GB/T 5836.1—2018)和《建筑排水用硬聚氯乙烯(PVC-U)管件》(GB/T 5836.2—2018)的规定。

黏结时应按下列程序进行:黏结面处理→试插及插入深度→涂黏结剂→承插黏结→承插黏结的养护。

应用干净棉纱或布将管材、管件需涂黏胶有承口内表面和管子插口外表面擦拭干净,在进行承插黏结前,应先将每个承插黏结口试插一下,如果合格,在插入管上划出定位标志线,涂刷黏结剂时应动作迅速、涂抹均匀、适量,在承插口对正插入至定位标志,同时施加挤压压力2~3 min,待承插黏结口初步固化后,应先用干净棉纱或布蘸上丙酮等清洁剂将多余的黏结剂擦拭干净。排水管固定采用配套PVC-U塑料管卡,膨胀螺栓固定。

管道穿楼板处在安装管道时,应按照设计要求同时安装阻火圈,用膨胀材料填实管道与阻火圈间的间隙,再在上面扎钢筋网,用细石混凝土二次灌浆,再用水泥砂浆做出高出地面2 cm的止水圈。

每层或隔层设置检查口,管顶设置球形通气帽,按设计要求设置一个伸缩节。横管安装坡向正确,坡度符合设计及规范要求。

排水管检查口设置高度为距地1 m,并应高于卫生器具上边缘150 mm,朝向应便于检修;暗装立管,在检查口处应设检修门。3个及3个以上卫生器具的PVC-U排水横管上应设置清扫口,清扫口离墙的距离应符合以下要求:设置在横管上离墙大于400 mm,设置在地面上离墙大于200 mm。

地漏安装在土建施工地坪时,与土建密切配合,按照地坪标高确定地漏安装标高,地漏顶面低于地坪5 mm。在卫生器具与地漏接口后必须做好临时封堵,以避免土建施工地坪时,排水管堵塞。

在安装卫生器具前,严格按照设计图纸及安装标准图集的尺寸复核预留孔洞及卫生器具的规格型号,在土建地坪做防水前做好与卫生器具的接管,待土建防水做好后,与装修配合确定卫生器具的安装尺寸及位置,在装修时将卫生器具固定牢固。同时做好成品保护,用彩条布和胶带包裹,防止损坏卫生器具。

连接卫生器具的排水管,当管径$DN<50$ mm时,采用铜镀铬成品排水配件。

明装或暗设于吊顶内的管道支吊架必须按不同管径要求设置管卡或支吊架,位置应准确,埋设平整,管卡与管道接触紧密,但不得损伤管道表面。室内塑料立管支架应采用厂家配套的镀锌喷塑支架,墙上打洞埋设,立管每层可安装一副支架。

PVC-U管道安装完毕后进行通水试验,检查管道及接口有无渗漏,天棚内排水管试水应在天棚封顶前进行。水管在通水完毕后应进行排水管道通球试验。雨水排管下端出口采用45°弯管,出口中心距地200 mm。雨水管安装完毕后,应从屋面雨水斗处做灌水试验,检查管道有无渗漏,再做通球试验。

四、预制构件防水施工

装配式混凝土结构由于采用大量现场拼装的构件,故会留下较多的拼装接缝,这些接缝很容易成为水流渗透的通道,从而对外墙防水提出了很高的要求。

预制外墙接缝的防水一般采用构造防水和材料防水相结合的双重防水措施,防水密封胶是外墙板缝防水的第一道防线,其性能直接关系工程防水效果,这就要求在实施工业化建筑时,需要选择专业的、具有针对性的防水密封材料。根据《规程》的要求,预制外墙接缝密封胶必须与混凝土具有良好的相容性、较好的位移能力及防水、耐候、低温柔性等功能,同时需要满足相应的国家和行业的标准要求。

外墙防水动画

1. 材料防水施工

(1)密封胶施工步骤。

材料准备(纸箱的批号确认→罐的批号确认→涂布枪及金刮刀→平整刮刀)→除去异物→毛刷清理→干燥擦拭→溶剂擦拭→防护胶带粘贴→密封胶混合搅拌→向胶枪内填充→接缝填充及刮刀平整→防护胶带去除→使用工具清理。

(2)施工要点。

预制钢筋混凝土外墙板之间,外墙板与楼面做成高低口,在凹槽地方粘贴橡胶条。在外墙板安装完毕、楼层混凝土浇捣后,再将橡胶条粘贴在外墙板上口,待上面一层外墙板吊装时坐落其上,利用外墙板自重将其压实,达到防水效果。主体结构完成后,在橡胶条外侧进行密封胶施工。如图 5-34 所示。

PCF 内侧需浇捣混凝土,所以 PCF 板内放置 PE 填充条和橡胶皮粘贴,以防止混凝土浇捣时漏浆。在主体结构施工完毕后进行密封胶施工。具体施工顺序为:PCF 板吊装前,先在下面一层板的顶部粘贴好 20 mm×30 mm 的 PE 条,然后在垂直竖缝处的填充条填充直径为 20 mm 的 PE 条,最后在 PCF 结构与 PCF 结构之间粘贴橡胶条,施工完成后再次进行密封胶施工。如图 5-35 所示。

图 5-34 预制钢筋混凝土外墙板间防水

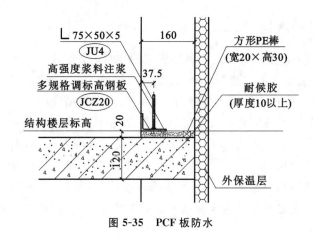

图 5-35　PCF 板防水

2.构造防水施工

（1）工艺流程。

做立缝防水→做平缝防水→做十字缝防水→其他部位防水→淋水试验。

（2）施工要点。

① 立缝防水。

插油毡防水保温条：当外墙板安装就位妥当后，立即将键槽钢筋焊接完毕，在外墙节点(组合柱)钢筋绑扎前，将油毡防水保温条嵌插到底，周边严密，不得鼓出崩裂，也不得分段接插。油毡防水保温条的宽度应适宜，防止浇筑墙体混凝土时堵塞空腔。

插放塑料防水条：插放时要按实际宽度选用合适尺寸的防水条，防止过宽、过窄、脱槽、卷曲滑脱，如有上述现象应立即更换。防水条的上部与挡水台交接要严密，下部插到排水斜坡上，以便封闭空腔防水，防止杂物掉入空腔内。施工时防水条必须随层同步从上往下插入空腔内，严禁从外墙立面向后塞。在嵌插防水条前，要检查立缝空腔后的油毡防水保温条是否有破损，应及时修补；将浇筑组合柱时洒出的灰浆石子等杂物清理干净，如立缝过窄无法清理时，此缝不能再做构造防水，应进行处理后用防水油膏嵌实填满，改做材料防水。塑料防水条本身具有弹性，便于弯曲嵌插，而且作为勾缝灰浆的底模，用砂浆勾缝时，用力不宜过大，以防止防水条脱槽造成空腔堵塞。

② 平缝防水。

平缝防水的效果主要取决于外墙板的安装质量。因此，外墙板吊装就位后要达到上下两板垂直平正，垫块高度合适，做好披水、挡水台的保护，保证平腔的完整、平直和畅通。

现浇基础或地下室结构，上部采用外墙板时，首层外墙下按外墙板挡水台尺寸要求现浇，做成连通整体，四周交圈不应断开；吊装上层外墙板前要修补好有缺陷的下层挡水台；平腔内的漏浆、灰块等杂物，必须清理干净，保持平腔畅通。

当遇有平缝过宽或披水损坏、披水向里错台过大时，要在缝内先塞"6"字或"8"字形油毡，外勾水泥砂浆；水太高时，应在披水内侧嵌入保温条(聚苯板油毡条)，外勾砂浆形成平腔。

嵌入平缝的油毡卷，作为勾缝的底模，勾缝时用力要均匀，不宜过大，防止堵塞空腔；如披水挡水台干碰或平缝被漏浆堵塞无法剔除时，此缝应全部内填防水油膏或胶泥，外勾水泥砂浆。

③ 十字缝防水。

在勾立缝、水平缝砂浆之前将半圆形塑料排水管插入十字缝内,可伸出墙皮15 mm,并向下倾斜。施工前应检查立缝上端塑料条与挡水台接触是否严密,高度及卷翻是否合适,如有缝隙必须用油膏密封。下层塑料条的上端应塞在立墙后侧,封严上口,上层塑料条下端插到下层外墙板的排水坡上。

(4)淋水试验。

① 按常规质量验收要求对外墙面、屋面、女儿墙进行淋水试验。

② 喷嘴离接缝的距离为300 mm。

③ 重点对准纵向、横向接缝以及窗框进行淋水试验。

④ 从最低水平接缝开始,然后是竖向接缝,接着是上面的水平接缝。

⑤ 注意事项:仔细检查预制构件的内部,如发现漏点,做上记号,找出原因,进行修补。

⑥ 喷水时间:每1.5 m接缝喷5 min。

⑦ 喷嘴进口处的水压:210~240 kPa(预制面垂直,慢慢沿接缝移动喷嘴)。

⑧ 喷淋试验结束以后,观察墙体的内侧是否会出现渗漏现象,如无渗漏现象出现即可认为墙面防水施工验收合格。

⑨ 淋水过程中在墙的内外进行观察,做好记录。

3. 其他部位防水

(1)阳台(包括反槽阳台、平板阳台)防水:阳台的上、下侧立缝必须用油膏嵌缝,外勾砂浆保护,下缝嵌油膏的长度两端各不少于30 cm,上缝如遇瞎缝,要剔出20 mm×20 mm的缝隙,清理干净,涂刷冷底子油后,再嵌入油膏,侧立缝与上层墙板空腔立缝交接处通常应嵌入油膏,做好排水坡,留排水管。相邻两块阳台板间缝上下都要勾缝,中间用油膏嵌填密实。

(2)雨罩、遮阳板防水做法参照阳台防水。

(3)女儿墙防水:当采用构造防水时,要与外墙板平缝、立缝做法相同,内侧立缝应嵌防水油膏。当采用材料防水时,必须使平缝、外立缝、顶缝、内立缝交圈密封,内立缝嵌油膏应与屋顶油毡防水搭接。女儿墙顶部做豆石混凝土压顶并做泛水(向内做泛水)。

(4)各种穿墙管洞必须按设计要求嵌填油膏。在平缝、立缝遇有穿墙管洞时,必须整条嵌填油膏。在结构施工时,墙上为挂架子所留洞口,应当用防水砂浆堵塞,在距表面2 cm处嵌塞防水砂浆,外面再用砂浆找平。

(5)外墙勾缝后,应涂刷防水涂料两道,厚度应不小于1.5 mm,防止因砂浆收缩产生裂缝渗水。

4. 油膏嵌缝施工时应注意事项

(1)嵌缝部位的基层表面,必须平整、坚实、干燥,并应将缝内接触面的尘土、杂物清理干净,然后刷冷底子油一道,按油膏:汽油=3:7配制成冷底子油,待其干燥后进行嵌缝处理。

(2)嵌缝时将现成的油膏搓成20 mm直径的条状塞入缝内,再用溜子压实,或用嵌缝枪挤嵌在缝内;如气温低,油膏发硬,可将油膏适当加热进行软化(烘烤温度在 60 ℃以下),再用刮刀填入缝内压实。

(3)嵌缝油膏必须逐段压实,使其黏结牢固,不得有断裂、剥落、开口、下垂等现象;油膏嵌后,表面涂刷冷底子油一道,将油膏两边缝涂严,再用溜子压平、压实。为了防止粘手,施工时可在手上、溜子上抹少量鱼油或光油,不得用机油,以免黏结不牢造成缝处渗水。

项目四　施工现场管理

施工现场管理是工程项目管理的核心,也是确保建筑工程质量和安全文明施工的关键。现场管理应根据不同的环境要求制定相应的管理措施,对施工现场实施科学的管理,是树立企业形象、提高企业声誉、获得经济效益和社会效益的根本途径。

一、施工现场材料的布置

装配式建筑施工,构件堆场在施工现场占有很大的面积,预制构件型号繁多,合理有序地对预制构件进行分类堆放,对于减少使用施工现场面积,加强预制构件成品保护,保证构件装配作业,提高工程作业进度,构建文明施工现场,具有重要意义。

1. 构件堆场的布置原则

构件堆放场地应满足平整度和地基承载力的要求,且应设置在起重设备的有效起重范围内。

预制构件应按规格型号、出厂日期、使用部位、吊装顺序分类存放,且应标识清晰。不同类型构件之间应留有不小于 0.7 m 的人行通道。

预制混凝土构件与刚性搁置点之间应设置柔性垫片,预埋吊环宜向上,标识向外。

预制构件应采取合理防潮、防雨、防边角损伤措施,构件与构件之间应采用垫木支撑。

2. 混凝土预制构件的堆放

构件堆放时,应根据不同构件的受力特点,合理地采取构件堆放方式。通常情况下,梁、柱等细长构件宜水平堆放,且不少于两条垫木支撑,构件底层支垫高度不低于 100 mm;墙板宜采用托架立放,支架应有足够的刚度,并支垫稳固。预制外墙板宜对称靠放,饰面朝外,且与地面倾斜角不宜小于 80°,上部两点支撑,构件与刚性节点之间应设置柔性垫片;楼梯、楼板、阳台板等构件宜水平叠放,叠放层数应根据构件与垫木或垫块的承载力及堆垛的稳定性确定,各层支垫应上下对齐,最下面一层支垫应通长设置,必要时应设置防止构件倾覆的支架,一般情况下,叠放层数不宜超过 5 层,吊环向上,标志向外,混凝土养护期未满的应继续洒水养护。

对易燃材料、半成品应布置在建筑物的下风向,并保持一定的安全距离,怕日晒、雨淋、潮湿的材料,应放入库房,并注意通风。施工现场材料、半成品的堆放应灵活布置,在保证场内交通运输畅通和满足施工用材料和半成品堆放要求的前提下,尽量减少场内二次搬运。

二、施工安全管理

安全管理是为了施工项目实现安全生产开展的管理活动。施工现场的安全管理,重点是进行人的不安全行为与物的不安全状态的控制,落实安全管理决策与目标,以消除一切事故,避免事故伤害,减少事故损失为管理目的。

控制是对某种具体的因素的约束与限制,是管理范围内的重要部分。

安全管理措施是安全管理的方法与手段,管理的重点是对生产各因素状态的约束与控制。根据施工生产的特点,安全管理措施带有鲜明的行业特色。

1.落实安全责任、实施责任管理

建立健全施工现场的安全文明施工管理机构和规章制度,认真贯彻"安全第一,预防为主,综合治理"的方针,以安全生产为宗旨,实施施工现场标准化管理,做到安全生产、文明施工,项目管理人员必须明确"管施工必须管安全"的原则。

施工项目经理承担控制、管理施工生产进度、成本、质量、安全等目标的责任。因此,必须同时承担进行安全管理、实现安全生产的责任。

(1)建立、完善以项目经理为首的安全生产领导组织,有组织、有领导地开展安全管理活动。承担组织、领导安全生产的责任。

(2)建立各级人员安全生产责任制度,明确各级人员的安全责任。抓制度落实、抓责任落实,定期检查安全责任落实情况,及时报告。

① 施工项目经理是施工项目安全管理第一责任人。

② 各级职能部门、人员,在各自业务范围内,对实现安全生产的要求负责。

③ 全员承担安全生产责任,建立安全生产责任制,从施工项目经理到工人的生产系统做到纵向到底,一环不漏。各部门人员的安全生产责任做到横向到边,人人负责。

(3)施工项目应通过监察部门的安全生产资质审查,并得到认可。

一切从事生产管理与操作的人员,依照其从事的生产内容,分别通过企业、施工项目的安全审查,取得安全操作认可证,持证上岗。

特种作业人员除需经企业的安全审查,还需按规定参加安全操作考核,取得监察部门核发的安全操作合格证,坚持"持证上岗"。施工现场出现特种作业人员无证操作现象时,施工项目经理必须承担管理责任。

(4)施工项目经理负责施工生产中物的状态审验与认可,承担物的状态漏验、失控的管理责任,接受由此而出现的经济损失。

(5)所有管理人员、操作人员均需签订安全协议,向施工项目经理做出安全保证。

(6)安全生产责任落实情况的检查,应认真、详细地记录,将它作为分配、补偿的原始资料之一。

2.安全教育与训练

安全教育与训练是进行人的行为控制的重要方法和手段。进行安全教育与训练,能增强人的安全生产意识,提高安全生产知识,有效防止人的不安全行为,减少人的失误。因此,进行安全教育与训练要适时、宜人,内容合理、方式多样,形成制度。组织安全教育、训练做到严肃、严格、严密、严谨,讲求实效。

(1)临时性人员须正式签订劳动合同,接受入场教育后,才可进入施工现场。没有痴呆、健忘、精神失常、癫痫、脑外伤后遗症、心血管疾病、晕眩,以及不适于从事操作的疾病。必须具有基本的安全操作素质,经过正规训练、考核,入职手续完善。

(2)安全教育与训练包括知识、技能、意识三个阶段的教育训练。进行安全教育与训练,不仅要使操作者掌握安全生产知识,而且能正确、认真地在作业过程中,表现出安全的行为。

(3)新工人入场前应完成三级安全教育。对学徒工、实习生的三级安全教育,偏重一般安全知识、生产组织原则、生产环境、生产纪律等,强调操作的非独立性。对季节工、农民工的三级安全教育,以生产组织原则、环境、纪律、操作标准为主。两个月内安全技能不能达到熟练的,应及时解除劳动合同,取消劳动资格。一般每10天组织一次较合适。采用新技术,使用新设备、新材料,推行新工艺之前,应对有关人员进行安全知识、技能、意识的全面安全教育,要求有关人员严格按照操作规程操作。

3.安全检查

安全检查是发现不安全行为和不安全状态的重要途径,是消除事故隐患,落实整改措施,防止事故伤害,改善劳动条件的重要方法。

安全检查的形式有普遍检查、专业检查和季节性检查。

(1)安全检查的内容主要是查思想、查管理、查制度、查现场、查隐患、查事故处理。施工项目的安全检查以自检形式为主,是对项目经理至操作人员生产全部过程、各个方位的全面安全状况的检查。检查的重点以劳动条件、生产设备、现场管理、安全卫生设施,以及生产人员的行为为主。发现危及人的不安全因素时,必须果断的消除。

对安全管理的检查,主要是:

① 安全生产是否提到议事日程上,各级安全责任人是否坚持"五同时"。

② 业务职能部门、人员,是否在各自业务范围内落实了安全生产责任。专职安全人员是否在位、在岗。

③ 安全教育是否落实,是否到位。

④ 工程技术、安全技术是否结合为统一体。

⑤ 作业标准化实施情况。

⑥ 安全控制措施是否有力,控制是否到位,有哪些消除管理差距的措施。

⑦ 事故处理是否符合规则,是否坚持"四不放过"的原则。

(2)安全检查的组织。

① 建立安全检查制度,按制度要求的规模、时间、原则、处理、报偿全面落实。

② 成立以第一责任人为首,业务部门人员参加的安全检查组织。

③ 安全检查必须做到有计划、有目的、有准备、有整改、有总结、有处理。

(3)安全检查方法。常用的有一般检查方法和安全检查表法。

① 一般检查方法。常采用看、听、嗅、问、查、测、验、析等方法。

看:看现场环境和作业条件,看实物和实际操作,看记录和资料等。

听：听汇报、听介绍、听反映、听意见或批评，听机械设备的运转响声或承重物发出的微弱声等。

嗅：对挥发物、腐蚀物、有毒气体进行辨别。

问：查影响安全问题，详细询问，寻根究底。

查：查明问题、查对数据、查清原因，追查责任。

测：测量、测试、监测。

验：进行必要的试验或化验。

析：分析安全事故的隐患、原因。

② 安全检查表法。这是一种原始的、初步的定性分析方法，它通过事先拟订的安全检查明细表或清单，对安全生产进行初步的诊断和控制。

安全检查表通常包括检查项目、内容、回答问题、存在问题、改进措施、检查措施、检查人等内容。

（4）安全检查的形式。

① 定期安全检查。其指列入安全管理活动计划，有较一致时间间隔的安全检查。定期安全检查的周期，施工项目自检宜控制在 10～15 d。班组必须坚持日检。季节性、专业性安全检查，按规定要求确定日程。

② 突击性安全检查。其指无固定检查周期，对特别部门、特殊设备、小区域的安全检查。

③ 特殊安全检查。对预料中可能会带来新的危险因素的新安装的设备、新采用的工艺、新建或改建的工程项目，投入使用前，进行以"发现危险因素"为专题的安全检查，叫特殊安全检查。

特殊安全检查还包括对有特殊安全要求的手持电动工具，电气、照明设备，通风设备，有毒有害物的储运设备进行的安全检查。

（5）安全检查后的整改。

安全检查后的整改必须坚持"三定"和"不推不拖"，不使危险因素长期存在而危及人的安全。

"三定"指的是对检查后发现的危险因素的消除态度。"三定"即定具体整改责任人，定解决与改正的具体措施，限定消除危险因素的整改时间。在解决具体的危险因素时，凡借用自己的力量能够解决的，不推脱、不等、不靠，坚决组织整改。自己解决有困难时，应积极主动寻找解决的办法，争取外界支援以尽快整改。不把整改的责任推给上级，也不拖延整改时间，以最快的速度，把危险因素消除。

（6）安全消防措施。

严格执行国家、行业和企业的安全生产法规和规章制度。认真落实各级各类人员的安全生产责任制。

交叉作业要保护好电线，严禁踩踏和挤压。

定期检查电箱、摇动器、电线和使用情况，发现漏电、破损等问题，必须立即停用送修。

构件倒运要避让操作人员，操作要缓慢匀速。板的堆放要稳固。

车辆倒运构件时,行车要平稳,严禁人员站在叉板上或在预制板垛旁停留。

安装作业开始前,应对安装作业区进行围护并树立明显的标识,严禁与安装作业无关的人员进入。

预制空调板安装完毕后,应及时进行栏杆的安装,以免坠落伤人。

高空作业用安装工具均应有防坠落安全绳,以免坠落伤人。

每日班前对安装工人进行安全教育,严防人身伤亡事故的发生。塔式起重机司机及指挥信号工必须经过培训,持证上岗。施工中指挥人员与司机必须统一信号,禁止违章指挥和操作。

吊装指挥系统是设备吊装最主要的核心,也是吊装成败的关键。因此,应成立吊装领导小组,为吊装制定完善和高效的指挥操作系统,绘制现场吊装岗位设置平面图,实行定机、定人、定岗、定责任,使整个吊装过程有条不紊地进行。

预制构件安装前应对全体人员进行详细的安全交底,参加安装的人员要明确分工,利用班前会、小结会,并结合现场具体情况提出保证安全施工的要求。距地面 2 m 以上的作业要有安全防护措施。

进入施工现场的人员必须戴好安全帽并扣好帽带;高空作业人员必须系好安全带和工具袋,工具放在袋内防止坠落伤人。安全带必须先挂牢后再作业,安全带应高挂低用,并应挂在操作层面的型钢支架的横向联系杆上使用。

构件起吊前,将吊车位置调整适当,做到稳起稳落,就位标准;禁止人力搬运构件,严禁构件大幅度摆动或碰撞其他物体。吊装作业场所要有足够的吊运通道,并与附近的设备、建筑物保持一定的安全距离,在吊装前应先进行一次低位置的试吊,以验证其安全牢固性,吊装的绳索应用软材料垫好或包好,以保证构件与连接绳索不致磨损。构件起吊时吊索必须绑扎牢固,绳扣必须在吊钩内锁牢,严禁用板钩钩挂构件,构件在高空稳定前不准上人。

吊机吊装区域内,非操作人员严禁入内,把杆的垂直下方不准站人。吊装时操作人员精力要集中并服从指挥号令,严禁违章作业。施工现场使用吊车作业时严格执行"十不吊"的原则,即"超载或被吊物质量不清时不吊;指挥信号不明确时不吊;捆绑吊挂不牢或不平衡,可能引起滑动时不吊;有起无落时不吊;被吊物上有人或浮置物时不吊;结构或零部件有影响安全工作的缺陷或损伤时不吊;工作场地昏暗无法看清场地、被吊物和指挥信号时不吊;被吊物棱角处与捆绑绳索间未加衬垫时不吊;歪拉斜吊重物时不吊;容器内装的物品过满时不吊"。

在安装施工时,为防止人员、物料和工具坠落或飞出造成安全事故,在施工区域地面设围栏或警示标志,由专人负责监视。

高空吊装作业,当风速为 10 m/s 时,视情况部分吊装作业应停止。当风速达到 15 m/s 时,所有吊装工作均应停止。

必须按照施工组织设计选定的吊装机械进场,并经试运转鉴定符合安全生产规程,准备好吊装用具,方可投入吊装。

严格按照施工组织设计的规定,在吊装作业面上搭设吊装作业脚手架和操作平台及安全防护设施。并经有关人员检查、验收、鉴定,符合安全生产规程后,方可正式作业。

无安全防护及安全措施,不得进行作业。

吊装就位的板、预制楼梯、预制空调板设置临时固定设施,严防倾覆,在得到可靠的支撑前不准脱钩,需经项目部负责安全的工程师验收完毕并确认同意后方可进行吊机脱钩。要确保模板吊运稳定、安装牢固。

内力的接头和拼缝,当其混凝土强度未达到设计要求时,不得吊装上一层结构构件;当设计无具体要求时,应在混凝土强度不小于 10 N/mm² 或具有足够的支承时方可吊装上一层结构构件。

定期检查吊具、索具。板等构件起吊应进行试吊,吊离地面 30 cm 时应停车或缓慢行驶,检查刹车是否灵敏,吊具是否安全可靠。

板固定之后不准随便撬动,如需要再校正,必须回勾。

三、装配式结构绿色施工

绿色装配式建筑是指在项目全寿命期,使用绿色建材,实施绿色建造(标准化设计、工厂化生产、装配化施工、一体化装修、信息化管理),最大限度节能、节地、节材、节水、保护环境、减少污染的装配式建筑。建筑工业化的基本要求为建筑设计标准化、构配件生产工厂化、现场施工机械化和组织管理科学化。

要做到绿色施工,就是要在保证质量、安全等基本要求的前提下,通过科学管理和技术进步,最大限度地节约资源,减少对环境的负面影响,实现节能、节材、节水、节地和环境保护,即"四节一环保"的建筑工程施工活动。

1. 绿色施工基本规定

(1)组织和管理。

参建各方应积极推进建筑工业化和信息化施工,建筑工业化宜重点推进结构构件预制化和建筑配件整体装配化,它们是推进绿色施工的重要举措。

在工程建设全过程中应做好施工协同,加强参建各方的协作与配合,加强施工管理,协商确定合理的工期,这是绿色施工推进的重要要求。各方具体职责如下:

① 建设单位应履行的职责。

在编制工程概算和招标文件时,应明确绿色施工的要求,并提供包括场地、环境、工期、资金等方面的条件保障;向施工单位提供建设工程绿色施工的设计文件、产品要求等相关资料,保证资料的真实性和完整性;应建立工程项目绿色施工的协调机制。

② 设计单位应履行的职责。

应按国家现行有关标准和建设单位的要求进行工程的绿色设计;协助、支持、配合施工单位做好建筑工程绿色施工的有关设计工作。

③ 监理单位应履行的职责。

应对建筑工程绿色施工承担监理责任;应审查绿色施工组织设计、绿色施工方案或绿色施工专项方案,并在实施过程中做好监督检查工作。

④ 施工单位应履行的职责。

施工单位是建筑工程绿色施工的实施主体,应组织绿色施工的全面实施;实行总承包管理的建设工程,总承包单位应对绿色施工负总责;总承包单位应对专业承包单位的绿色施工实施管理,专业承包单位应对工程承包范围的绿色施工负责。

施工单位应建立以项目经理为第一责任人的绿色施工管理体系,制定绿色施工管理制度,负责绿色施工的组织实施,进行绿色施工教育培训,包括与绿色施工有关法律法规、规范规程等内容,定期开展自检、联检和评价工作。绿色施工组织设计、绿色施工方案或绿色施工专项方案编制前,应进行绿色施工影响因素分析,并据此制定实施对策和绿色施工评价方案。

施工现场应建立机械设备保养、限额领料、建筑垃圾再利用的台账和清单。工程材料和机械设备的存放、运输应制定保护措施。

施工单位应强化技术管理,绿色施工过程技术资料应收集和归档;应根据绿色施工要求,组织专门人员进行传统施工技术绿色化改造,建立不符合绿色施工要求的施工工艺、设备和材料的限制、淘汰等制度。在上述基础上对施工现场绿色施工实施情况进行评价,并根据绿色施工评价情况,采取改进措施。

施工单位应按照国家法律法规的有关要求,制订施工现场环境保护和人员安全等突发事件的应急预案。

(2) 资源节约。

① 材料利用和节约要求。

应根据施工进度、材料使用时点、库存情况等制定材料的采购和使用计划;现场材料应堆放有序,并满足材料储存及质量保持的要求;工程施工使用的材料宜选用距施工现场 500 km 以内生产的建筑材料。

② 水资源利用和节约要求。

现场应结合给水排水点位置进行管线线路和阀门预设位置的设计,并采取管网和用水器具防渗漏的措施;施工现场办公区、生活区的生活用水应采用节水器具;宜建立雨水、中水或其他可利用水资源的收集利用系统;应按生活用水与工程用水的定额指标进行控制;施工现场喷洒路面、绿化浇灌不宜使用自来水。

③ 能源利用和节能要求。

应合理安排施工顺序及施工区域,减少作业区机械设备数量;选择功率与负荷相匹配的施工机械设备,机械设备不宜低负荷运行,不宜采用自备电源;制定施工能耗指标,明确节能措施;建立施工机械设备档案和管理制度,机械设备应定期保养维修,施工机械设备档案包括产地、型号、大小、功率、耗油量或耗电量、使用寿命和已使用时间等内容。合理选择和使用施工机械可以避免造成不必要的损耗和浪费。

生产、生活、办公区域及主要机械设备宜分别进行耗能、耗水及排污计量,并做好相应记录。应合理布置临时用电线路,选用节能器具,采用声控、光控和节能灯具。施工现场合理布置临时用电线路,做到线路最短,变压器、配电室(总配电箱)与用电负荷中心尽可能靠近。照明照度宜按最低照度设计,宜利用太阳能、地热能、风能等可再生能源;施工现场宜错峰用电,避开用电高峰,平衡用电。

④ 土地资源保护要求。

应根据工程规模及施工要求布置施工临时设施;施工临时设施不宜占用绿地、耕地以及规划红线以外场地;施工现场应避让、保护场区及周边的古树名木。

（3）环境保护。

① 施工现场扬尘控制。

施工现场宜搭设封闭式垃圾站;细散颗粒材料、易扬尘材料应封闭堆放、存储和运输;施工现场出口应设冲洗池,施工场地、道路应采取定期洒水抑尘措施。

施工现场常见的抑制扬尘的材料运输、存储方式有封闭式货车运输、袋装运输,库房存储,袋装存储,封闭式料池、料斗或料仓存储,封闭覆盖等,具有防尘、防变质、防遗撒等作用,降低材料损耗。

土石方作业区内扬尘目测高度应小于 1.5 m,结构施工、安装、装饰装修阶段目测扬尘高度应小于 0.5 m,不得扩散到工作区域外。

施工现场使用的热水锅炉等宜使用清洁燃料。不得在施工现场融化沥青或焚烧油毡、油漆以及其他产生有毒、有害烟尘和恶臭气体的物质。

② 噪声控制。

施工现场宜对噪声进行实时监测;施工场界环境噪声排放不应超过国家标准的规定;施工过程宜使用低噪声、低振动的施工机械设备,对噪声控制要求较高的区域应采取隔声措施;施工车辆进出现场时不宜鸣笛。

③ 光污染控制。

应根据现场和周边环境采取限时施工、遮光和全封闭等避免或减少施工过程中光污染的措施;夜间室外照明灯应加设灯罩,光照方向应集中在施工范围内;在光线作用敏感区域施工时,焊接（包括钢筋对焊等）产生强光的作业及大功率照明灯具,应采取防止光线外泄的遮挡措施,防止施工扰民。

④ 水污染控制。

污水排放应符合行业标准要求;使用非传统水源和现场循环水时,宜根据实际情况对水质进行检测;施工现场存放的油料和化学溶剂等物品应设专门库房,地面应做防渗漏处理。

废弃的油料和化学溶剂应集中处理,不得随意倾倒;易挥发、易污染的液态材料,应使用密闭容器存放;施工机械设备使用和检修时,应控制油料污染;清洗机具的废水和废油不得直接排放;食堂、盥洗室、淋浴间的下水管线应设置过滤网,食堂应另设隔油池;施工现场宜采用移动式厕所,并应定期清理,固定厕所应设化粪池;隔油池和化粪池应做防渗处理,并应进行定期清运和消毒。

⑤ 施工现场垃圾处理要求。

垃圾应分类存放、按时处置;应制定建筑垃圾减量计划,建筑垃圾的回收利用应符合《工程施工废弃物再生利用技术规范》（GB/T 50743—2012）的规定;有毒有害废弃物的分类率应达到 100%;有可能造成二次污染的废弃物应单独储存,并设置醒目标识;现场清理时,应采用封闭式运输,不得将施工垃圾从窗口、洞口、阳台等处抛撒。

⑥ 危险化学品。

施工使用的乙炔、氧气、油漆、防腐剂等危险品、化学品的运输和储存应采取隔离措施。

2. 施工准备与场地要求

(1)施工准备。

施工单位应根据设计文件、场地条件、周边环境和绿色施工总体要求,明确绿色施工的目标、材料、方法和实施内容,并在图纸会审时提出需要设计单位配合的建议和意见。

施工单位应编制包含绿色施工管理和技术要求的工程绿色施工组织设计、绿色施工方案或绿色施工专项方案,并经审批通过后实施。

编制工程项目绿色施工组织设计、绿色施工方案时,应在各个章节中体现绿色施工管理和技术要求,如:绿色施工组织管理体系、管理目标设定、岗位职责分解、监督管理机制、施工部署、分部分项工程施工要求、保证措施和绿色施工评价方案等内容要求。编制工程项目绿色施工专项方案时,也应体现以上相应要求,并与传统施工组织设计、施工方案配套使用。

绿色施工组织设计、绿色施工方案或绿色施工专项方案编制应考虑施工现场的自然与人文环境特点,有减少资源浪费和环境污染的措施,明确绿色施工的组织管理体系、技术要求和措施,应选用先进的产品、技术、设备、施工工艺和方法,利用规划区域内设施,应包含改善作业条件、降低劳动强度、节约人力资源等内容。

施工现场宜实行电子文档管理,减少纸质文件,利于环境保护。

施工单位宜建立建筑材料数据库,应采用绿色性能相对优良的建筑材料。考虑到不同厂家生产的材料性能是有差别的,宜对同类建筑材料进行绿色性能评价,并形成数据库,在具体工程实施中选用绿色性能相对优良的材料。施工单位宜建立施工机械设备数据库。应根据现场和周边环境情况,对施工机械和设备进行节能、减排和降耗指标分析和比较,采用高性能、低噪声和低能耗的机械设备。

在绿色施工评价前,依据工程项目环境影响因素分析情况,对绿色施工评价要素中一般项和优选项的条目数进行相应调整,并经工程项目建设和监理方确认后,作为绿色施工的相应评价依据。在工程开工前,施工单位应完成绿色施工的各项准备工作。

(2)施工场地要求。

① 一般规定。

在施工总平面设计时,应针对施工场地、环境和条件进行分析,内容包括:施工现场的作业时间和作业空间、具有的能源和设施、自然环境、社会环境、工程施工所选用的料具性能等,并制定具体实施方案。

在施工总平面布置时,应充分利用现有和拟建建筑物、道路、给水、排水、供暖、供电、燃气、电信等设施和场地等,提高资源利用率。

场地平整、土方开挖、施工降水、永久及临时设施建造、场地废物处理等均会对场地上现存的动植物资源、地形地貌、地下水位等造成影响;甚至还会对场地内现存的文物、地方特色资源等带来破坏,影响当地文脉的继承和发扬。施工单位应结合实际,制定合理的用地计划,施工中应减少场地干扰,保护环境。

临时设施的占地面积可按最低面积指标设计,有效使用临时设施用地。

塔吊等垂直运输设施基座宜采用可重复利用的装配式基座或利用在建工程的结构。

② 施工总平面布置规定。

在满足施工需要前提下,应减少施工用地;合理布置起重机械和各项施工设施,统筹规划施工道路;合理划分施工分区和流水段,减少专业工种之间交叉作业。

施工现场平面布置应根据施工各阶段的特点和要求,实行动态管理;施工现场生产区、办公区和生活区应实现相对隔离;施工现场作业棚、库房、材料堆场等布置宜靠近交通线路和主要用料部位。

施工现场的强噪声机械设备宜远离噪声敏感区。噪声敏感区包括医院、学校、机关、科研单位、住宅和工人生活区等需要保持安静的建筑物区域。

③ 场区围护及道路。

施工现场大门、围挡和围墙宜采用预制轻钢结构等可重复利用的材料和部件,提高材料使用率,并应工具化、标准化。施工现场入口应设置绿色施工制度图牌;道路布置应遵循永久道路和临时道路相结合的原则;主要道路的硬化处理宜采用可周转使用的材料和构件;围墙、大门和施工道路周边宜设绿化隔离带。

④ 临时设施。

临时设施的设计、布置和使用,应采取有效的节能降耗措施。

应利用场地自然条件,临时建筑的体形宜规整,应有自然通风和采光,并应满足节能要求。

宜选用由高效保温、隔热、防火材料制成的复合墙体和屋面,以及密封保温隔热性能好的门窗;临时设施建设不宜使用一次性墙体材料。

办公和生活临时用房应采用可重复利用的房屋,可重复利用的房屋包括多层轻钢活动板房、钢骨架多层水泥活动板房、集装箱式用房等。夏季炎热地区,由于太阳辐射原因,应在其外窗设置外遮阳,以减少太阳辐射热;严寒和寒冷地区外门应设置防寒措施,以满足保温和节能要求。

3. 混凝土主体结构绿色施工

(1)基本要求。

预制装配式混凝土结构采取工厂化生产、现场安装,有利于保证质量、提高机械化作业水平和减少施工现场土地占用,应大力提倡。当采取工厂化生产时,构件的加工和进场,应按照安装的顺序,随安装随进场,减少现场存放场地和二次倒运。构件在运输和存放时,应采取正确方法支垫或专用支架存放,防止构件变形或损坏。

基础和主体施工阶段的大型构件安装,一般需要较大能力的起重设备,为节省机械费用,在安排构件安装机械的同时应考虑混凝土、钢筋等其他分部分项工程施工垂直运输的需要,在施工中统筹安排垂直和水平运输机械。

施工现场宜采用预拌混凝土和预拌砂浆。预拌砂浆是指由专业生产厂家生产的湿拌砂浆或干混砂浆。其中,干混砂浆需现场拌合,应采取防尘措施。经批准进行混凝土或砂浆现场拌合时,宜使用散装水泥节省包装材料;搅拌机应设在封闭的棚内,以达到降噪和防尘的目的。

(2)钢筋要求。

钢筋宜采用专用软件优化放样下料,根据优化配料结果合理确定进场钢筋的定尺长度,充分利用短钢筋,使剩余的钢筋头最少。

专业化工厂化加工生产钢筋,并按需要直接配送及应用钢筋网片、钢筋骨架等成型钢筋,是建筑业实现工业化的一项重要措施,能节约材料、节省能源、减少用地、提高效率,应积极推广。若钢筋需现场加工,宜采取集中加工方式。

钢筋连接宜采用机械连接方式,不仅质量可靠而且节省材料。

进场钢筋原材料和加工半成品应存放有序、标识清晰,便于使用和辨认;储存环境适宜,现场存放场地应设有排水、防潮、防锈、防泥污等措施,并应制定保管制度。

钢筋除锈、冷拉、调直、切断等加工过程中会产生金属粉末和锈皮等废弃物,应及时收集处理,防止污染土地;钢筋加工中使用的冷却液体,应过滤后循环使用,不得随意排放;钢筋加工产生的粉末状废料,应收集和处理,不得随意掩埋或丢弃。

钢筋绑扎安装过程中,绑扎丝、电渣压力焊焊剂容易撒落,应妥善保管和使用,采取措施减少撒落,及时收集利用余废料,减少材料浪费。

箍筋宜采用连续钢筋制作的螺旋箍、多支箍等一笔箍,或焊接封闭箍。

(3)现浇连接区域的模板要求。

应选用周转率高的模板和支撑体系。模板宜选用可回收、利用率高的塑料、铝合金等材料。

制定模板及支撑体系方案时,应贯彻"以钢代木"和应用新型材料的原则,尽量减少木材的使用,保护森林资源。

宜使用大模板、定型模板、爬升模板和早拆模板等工业化模板及支撑体系。

当采用木制或竹制模板时,宜采取工厂化定型加工、现场安装的方式,不得在工作面上直接加工拼装。施工现场目前使用木制或竹制胶合板作模板的较多,有的直接将胶合板、木方运到作业面进行锯切和模板拼装,既浪费材料又难以保证质量,锯末、木屑还会对环境造成污染。为提高模板周转率,提倡使用工厂加工的钢框木、竹胶合模板,若在现场加工此类模板,则应设封闭加工棚,防止粉尘和噪声污染。

模板安装精度应符合规范要求,模板加工和安装的精度直接决定了混凝土构件的尺寸精度和表面质量。提高模板加工和安装的精度,可节省抹灰材料和人工,提高工程质量,加快施工进度。

传统的扣件式钢管脚手架,安装和拆除过程中容易丢失扣件,并且承载能力受人为因素影响较大,所以提倡使用承插式、碗扣式、盘扣式等管件合一的脚手架材料作脚手架和模板支撑。高层建筑结构施工,特别是超高层建筑施工,使用整体提升或分段悬挑等工具式外脚手架随结构施工而上升,具有减少投入、减少垂直运输、安全可靠等优点,应优先采用。

模板及脚手架施工,应采取措施防止小型材料配件丢失或散落,节约材料和保证施工安全;对不慎散落的铁钉、铁丝、扣件、螺栓等小型材料配件应及时回收利用。用作模板龙骨的残损短木料,可采用叉接技术接长使用,木、竹胶合板配料剩余的边角余料可拼接使用,以节约材料。

模板脱模剂应选用环保型产品,并派专人保管和涂刷,剩余部分应加以利用。

模板拆除宜按支设的逆向顺序进行,不得硬撬或重砸,并应随拆随运,防止交叉、叠压、碰撞等造成损坏。拆除平台楼层现浇部分的底模,应采取临时支撑、支垫等防止模板坠落和损坏的措施。不慎损坏的应及时修复,暂时不使用的应采取保护措施。

（4）现浇区混凝土要求。

在混凝土配合比设计时,应尽量减少水泥用量,增加工业废料、矿山废渣的掺量;当混凝土中添加粉煤灰时,宜利用其后期强度。混凝土采用混凝土泵和布料机布料浇筑,地下大体积混凝土采用溜槽或串筒浇筑不仅能保证混凝土质量,还可加快施工速度、节省人工。

超长无缝混凝土结构宜采用滑动支座法、跳仓法和综合治理法施工;当裂缝控制要求较高时,可采用低温补仓法施工。滑动支座法是利用滑动支座减少约束,释放混凝土内力的施工方法;跳仓法是将超长超宽混凝土结构划分成若干个区块,按照相隔区块与相邻区块两大部分,依据一定时间间隔要求,对混凝土进行分期施工的方法;低温补仓法是在跳仓法的基础上,创造一种补仓低于跳仓混凝土浇筑温度的施工方法;综合治理法是全部或部分采用滑动支座法、跳仓法、低温补仓法及其他方法,控制复杂混凝土结构早期裂缝的施工方法。

混凝土振捣是产生较强噪声的作业方式,应选用低噪声的振捣设备,采用传统振捣设备时,应采用作业层围挡,以减少噪声污染;在噪声敏感环境或钢筋密集时,宜采用自密实混凝土。

在常温施工时,浇筑完成的混凝土表面宜覆盖塑料薄膜,利用混凝土内蒸发的水分自养护;冬期施工或大体积混凝土施工应采用塑料薄膜加保温材料养护,以节约养护用水;当采用洒水或喷雾养护时,提倡使用回收的基坑降水或收集的雨水等非传统水源;混凝土竖向构件宜采用养护剂进行养护。

混凝土结构宜采用清水混凝土,其表面应涂刷保护剂增加混凝土的耐久性。

每次浇筑混凝土,不可避免地会有少量的剩余,可制成小型预制构件,用于临时工程或在不影响工程质量安全的前提下,用于门窗过梁、沟盖板、隔断墙中的预埋件砌块,充分利用剩余材料,不应随意倒掉或当作建筑垃圾处理。清洗泵送设备和管道的污水应经沉淀后回收利用,浆料分离后可作室外道路、地面等垫层的回填材料。

（5）结构细部。

装配式混凝土结构构件,在安装时需要临时固定用的埋件或螺栓,与室内外装饰、装修需要连接的预埋件,应在工厂加工时准确预留、预埋,防止事后剔凿破坏,造成浪费。

钢混组合结构中的钢结构构件与钢筋的连接方式,如穿孔法、连接件法和混合法等,应结合配筋情况,在深化设计时确定,并绘制加工图,标注预留孔洞、焊接套筒、钢筋连接板焊接位置和大小,并在工厂加工完成,严禁安装时随意割孔或后焊接,防止损坏钢构件。

4. 装饰装修工程绿色施工

（1）基本要求。

块材、板材、卷材类材料,包括地砖、石材、石膏板、壁纸、地毯以及木质、金属、塑料类等材料,施工前应进行合理排版,减少切割和因此产生的噪声及废料。

门窗、幕墙、块材、板材加工应充分利用工厂化加工的优势,减少现场加工而产生的占地、耗能以及可能产生的噪声和废水。

装饰用砂浆宜采用预拌砂浆;落地灰应回收使用;建筑装饰装修成品和半成品应根据其部位和特点,采取相应的保护措施,避免损坏、污染或返工;材料的包装物应分类回收,不得采用沥青类、煤焦油类材料作为室内防腐、防潮处理剂。

制定材料使用的减量计划,材料损耗宜比额定损耗率降低30%。

民用建筑工程的室内装修,所采用的涂料、胶黏剂、水性处理剂,其苯、甲苯和二甲苯、游离甲醛、游离甲苯二异氰酸酯(TDI)、挥发性有机化合物(VOC)的含量应符合《民用建筑工程室内环境污染控制规范》(GB 50325—2020)的相关要求。

民用建筑工程验收时,必须进行室内环境污染物浓度检测,其限量应符合表5-17的规定。

表5-17　　　　　　　　　　　**民用建筑工程室内环境污染物浓度限量**

污染物	Ⅰ类民用建筑工程	Ⅱ类民用建筑工程
氡(Bq/m^3)	≤150	≤150
甲醛(mg/m^3)	≤0.07	≤0.08
氨(mg/m^3)	≤0.15	≤0.20
苯(mg/m^3)	≤0.06	≤0.09
甲苯(mg/m^3)	≤0.15	≤0.20
二甲苯(mg/m^3)	≤0.20	≤0.20
TVOC(mg/m^3)	≤0.45	≤0.50

其中,Ⅰ类民用建筑工程是指住宅、医院、老年人建筑、幼儿园、学校教室等。Ⅱ类民用建筑工程指办公楼、商场、旅店、文化娱乐场所、书店、图书馆、博物馆、美术馆、展览馆、体育馆、公共交通等候室等。表中污染物浓度限量,除氡外均指室内测量值扣除同步测定的室外上风向空气测量值(本底值)后的测量值。污染物浓度测量值的极限值判定,采用全数值比较法。

(2)地面工程。

地面基层粉尘清理宜采用吸尘器,没有防潮要求的,可采用洒水降尘等措施,基层需剔凿的,应采用低噪声的剔凿机具和剔凿方式。

地面找平层、隔汽层、隔声层施工厚度应控制在允许偏差的负值范围内;干作业应有防尘措施,湿作业应采用喷洒方式保湿养护。

水磨石地面施工应对地面洞口、管线口进行封堵,墙面应采取防污染措施;对水泥浆采用收集处理措施,其他饰面层的施工宜在水磨石地面完成后进行,现制水磨石地面应采取控制污水和噪声的措施。施工现场切割地面块材时,应采取降噪措施;污水应集中收集处理;地面养护期内不得上人或堆物,地面养护用水,应采用喷洒方式,严禁养护用水溢流。

（3）门窗及幕墙工程。

木制、塑钢、金属门窗应采取成品保护措施，外门窗安装应与外墙面装修同步进行，门窗框周围的缝隙填充应采用憎水保温材料。幕墙与主体结构的预埋件应在结构施工时埋设，连接件应采用耐腐蚀材料或采取可靠的防腐措施，硅胶使用前应进行相容性和耐候性复试。

（4）吊顶工程。

吊顶施工应减少板材、型材的切割，避免采用温湿度敏感材料进行大面积吊顶施工。温湿度敏感材料是指变形、强度等受温度、湿度变化影响较大的装饰材料，如纸面石膏板、木工板等，若必须使用温湿度敏感材料进行大面积吊顶施工时，应采取防止变形和裂缝的措施。

高大空间的整体顶棚施工，宜采用地面拼装、整体提升就位的方式；高大空间吊顶施工时，宜采用可移动式操作平台以减少脚手架搭设工作量，省材省工。

（5）隔墙及内墙面工程。

隔墙材料宜采用轻质砌块砌体或轻质墙板，严禁采用实心烧结黏土砖。预制板或轻质隔墙板间的填塞材料应采用弹性或微膨胀材料，抹灰墙面宜采用喷雾方法进行养护。

涂料施工对基层含水率要求很高，应严格控制基层含水率，以避免内墙引起起鼓等质量缺陷，提高耐久性。使用溶剂型腻子找平或直接涂刷溶板安装剂型涂料时，混凝土或抹灰基层含水率不得大于 8%；使用乳液型腻子找平或直接涂刷乳液型涂料时，混凝土或抹灰基层含水率不得大于 10%，木材基层的含水率不得大于 12%。

涂料施工应采取遮挡、防止挥发和劳动保护等措施。

➡ 单 元 小 结

装配式混凝土结构施工是一项集高效、环保、质量可控于一体的先进建筑技术。在施工过程中，涉及多个关键环节和技术要点，需要精细化的管理和高度的专业技术水平。本章主要介绍了预制装配式建筑中柱、梁、叠合板、楼梯、剪力墙等预制构件的现场安装，以及关键节点加强处理及绿色施工。未来，随着技术的不断进步和市场的逐步成熟，相信装配式混凝土结构施工将在建筑领域得到更广泛的应用和推广。同时，我们也需要不断研究和探索新的技术和方法，以克服当前存在的挑战和问题，推动装配式混凝土结构施工技术的不断发展和完善。

➡ 思考练习题

一、填空题

1. 预制构件存放方式有_____和_____两种。原则上墙板采用_____方式，楼面板、屋面板和柱构件可采用_____方式，梁构件采用_____方式。

2. 变形测量主要内容包括_____、_____、_____、_____、_____等。

3.预制柱的临时支撑,应在套筒连接器内的灌浆料强度达到设计要求后拆除,当设计无具体要求时,混凝土或灌浆料达到设计强度的_____以上方可拆除。

4.预制构件连接方式有_____、_____、_____、_____等。

5.套筒灌浆施工是影响装配式构件连接质量的关键因素,其控制要点主要有三点,即_____、_____、_____。

6.绿色装配式建筑是指在项目全寿命期,使用绿色建材,实施绿色建造,最大限度_____、_____、_____、_____、减少污染的装配式建筑。

二、选择题

1.套筒灌浆连接的形式包括(   )。

A.整体式、局部式　　　　　　　　B.全灌浆式、半灌浆式

C.承插式、贯穿式　　　　　　　　D.一般式、特殊式

2.预制外墙接缝防水形式有(   )。

A.构件防水和材料防水　　　　　　B.材料防水和附加防水

C.内防水和外防水　　　　　　　　D.附加防水和构造防水

3.注浆过程中,注浆压力一般控制在(   )范围。

A.1.5~2.0 MPa　　　　　　　　B.1.0~1.5 MPa

C.0.5~1.0 MPa　　　　　　　　D.0.2~0.5 MPa

4.直螺纹套筒连接时,钢筋接头端部距钢筋受弯点长度不得小于钢筋直径的(   )倍。

A.5　　　　　B.10　　　　　C.3　　　　　D.2

5.《钢筋套筒灌浆连接应用技术规程》(JGJ 355—2015)中规定灌浆料拌合物应采用电动设备搅拌充分、均匀,并宜静止(   )min后使用。

A.1　　　　　B.2　　　　　C.3　　　　　D.5

6.《钢筋套筒灌浆连接应用技术规程》(JGJ 355—2015)中规定灌浆施工时,环境温度应符合灌浆料产品使用说明书要求,且环境温度低于(   )℃时不得施工。

A.10　　　　　B.5　　　　　C.0　　　　　D.-5

7.《钢筋套筒灌浆连接应用技术规程》(JGJ 355—2015)中规定现浇结构施工后外露连接钢筋的中心线位置允许偏差为(   )mm。

A.0~+3　　　　B.-3~0　　　　C.0~+5　　　　D.-5~0

8.一次搅拌的注浆料应在(   )内用完。

A.10 min　　　　B.20 min　　　　C.30 min　　　　D.5 min

9.预制构件堆场时,不同类型构件之间应留有不少于(   )m的人行通道。

A.1　　　　　B.0.5　　　　　C.0.7　　　　　D.2

10.隔墙材料宜采用轻质砌块砌体或轻质墙板,严禁采用(   )。

A.实心烧结黏土砖　B.砌块　　　　C.轻质板墙　　　　D.多孔砖

三、简答题

1.简述装配整体式框架结构的施工流程。

2.简述装配整体式剪力墙结构的施工流程。

3.装配式梁构件安装要点有哪些？

4.简述套筒灌浆连接施工流程。

思考练习题答案

5分钟看完
单元六

单元六 装配式混凝土结构的质量控制

【内容提要】

本单元主要讲解了装配式混凝土结构质量控制的内容、依据;设计阶段的质量控制;预制构件生产的质量控制、装配式混凝土结构施工质量控制与验收等。

【教学要求】

> ▶ 了解工程质量、质量控制基本概念及质量控制内容、依据。
> ▶ 掌握预制构件质量控制标准及原则。
> ▶ 掌握装配式混凝土结构施工质量控制与验收。

装配式钢筋混凝土结构工程的质量涉及结构安全和工程验收,其质量控制包括设计准备阶段的质量控制、设计阶段的质量控制、设计图纸交付后的质量控制、预制构件生产及安装全过程的质量控制。

项目一 概　　述

一、装配式混凝土结构质量控制的内容

1. 概念

工程质量控制是指为达到质量要求所采取的作业技术和活动,控制好各建设阶段的工作质量以及施工阶段各工序质量,从而确保工程实体能满足相关标准规定和合同约定要求。

2. 内容

装配式混凝土结构工程的质量控制包括对项目前期(可行性研究、决策阶段)的质量控制、设计阶段的质量控制、施工及验收阶段的质量控制等。另外,由于其组成主体结构的主要构件在工厂内生产,还需要做好构件生产的质量控制,这是装配式混凝土结构工程质量控制的必要环节。

3. 特点

与传统的现浇结构相比,装配式混凝土结构工程在质量控制阶段具有以下特点。

(1)质量管理工作前置。

对于建设、监理和施工单位而言,由于装配式结构的主要结构构件在工场内加工制作,装配式混凝土结构的质量管理工作从工程现场前置转移到了构件预制厂。监理单位需要根据建设单位要求,对预制构件生产质量进行驻场监造,对原材料进厂抽样检验、预制构件生产、隐蔽工程质量验收和出厂质量验收等关键环节进行监理。

(2)设计更加精细化。

对于设计单位而言,为降低工程造价,预制构件的规格、型号需要尽可能的少,由于采用工厂预制、现场拼装,以及水电等管线提前预埋,对施工图的精细化要求更高,因此,相对于传统的现浇结构工程,设计质量对装配式混凝土结构工程的整体质量影响更大,设计人员需要进行更精细的设计,才能保证生产和安装的准确性。

(3)工程质量更易于保证。

由于采用精细化设计、工厂化生产和现场机械拼装,构件的观感、尺寸偏差都比现浇结构更易于控制,强度更稳定,避免了现浇结构质量通病的出现。因此,装配式混凝土结构工程的质量更易于控制和保证。

(4)信息化技术应用。

随着互联网技术的不断发展,数字化管理已成为装配式结构质量管理的一项重要手段。尤其是 BIM 技术的应用,使质量管理过程更加透明、细致、可追溯。

二、装配式混凝土结构质量控制的依据

装配式混凝土结构工程质量控制依据主要体现在以下四个方面。

1. 工程勘察设计文件

工程勘察的基础资料包括可行性报告,工程需要勘察的地点、内容,勘察技术要求及附图等。工程勘察包括工程测量、工程地质和水文地质勘查等内容。工程勘察成果文件为工程项目选址、工程设计和施工提供科学可靠的依据。工程设计文件包括经过批准的设计图纸、技术说明图纸会审、工程设计变更,以及设计洽商、设计意见等。

2. 工程合同文件

工程合同文件是装配式混凝土结构工程质量控制的重要依据。主要包括建设单位与设计单位签订的设计合同、建设单位与施工单位签订的安装施工合同、建设单位与生产厂家签订的构件采购合同等。

3. 质量标准与技术规范(规程)

我国现行的质量标准分为国家标准、行业标准、地方标准和企业标准四种类型。国家标准是必须执行与遵守的强制性标准,行业标准、地方标准和企业标准的要求不能低于国家标准的要求,企业标准是企业生产与工作的要求与规定,适用于企业的内部管理。适用于混凝土结构工程的各类标准同样适用于装配式混凝土结构工程,如《混凝土质量

控制标准》（GB 50164—2011）、《混凝土结构设计标准（2024 年版）》（GB/T 50010—2010）、《混凝土结构工程施工规范》（GB 50666—2011）、《混凝土结构工程施工质量验收规范》（GB 50204—2015）、《钢筋机械连接技术规程》（JGJ 107—2016）等。

随着近几年装配式建筑的兴起，国家及地方针对装配式混凝土结构工程制定了大量的标准，其中，质量控制方面主要有以下标准。

（1）国家标准。

如《水泥基灌浆材料应用技术规范》（GB/T 50448—2015）、《装配式混凝土建筑技术标准》（GB/T 51231—2016）。

（2）行业标准。

如《规程》、《钢筋连接用灌浆套筒》（JG/T 398—2019）、《钢筋连接用套筒灌浆料》（JG/T 408—2019）、《钢筋套筒灌浆连接应用技术规程》（JGJ 355—2015）。

（3）地方标准。

如上海市的《装配整体式混凝土公共建筑设计标准》（DG/TJ 08-2154—2022）、《装配整体式混凝土结构施工及质量验收标准》（DGJ 08-2117—2022），河南省的《装配式混凝土构件制作与验收技术规程》（DBJ41/T 155—2016），山东省的《装配整体式混凝土结构设计规程》（DB37/T 5018—2014）、《装配式建筑预制混凝土构件制作与验收标准》（DB37/T 5020—2023）、《装配式混凝土结构工程施工与质量验收标准》（DB37/T 5019—2021），北京市的《装配式混凝土结构工程施工与质量验收规程》（DB11/T 1030—2021）、《预制混凝土构件质量验收标准》（DB11/T 968—2021），四川省的《四川省装配式混凝土结构工程施工与质量验收标准》（DBJ51/T 054—2019），安徽省的《装配整体式混凝土结构工程施工与验收规程》（DB34/T 5043—2016）、《装配整体式建筑预制混凝土构件制作与验收规程》（DB34/T 5033—2015）。

目前，装配式建筑构件生产、现场施工及工程验收都有相应的标准规范作为依据，大都分为构件制作验收标准和施工验收标准。

4. 有关质量管理方面的法律法规、部门规章与规范性文件

（1）法律。

包括《中华人民共和国能源法》《中华人民共和国建筑法》《中华人民共和国防震减灾法》《中华人民共和国消防法》等。

（2）行政法规。

包括《建设工程质量管理条例》《民用建筑节能条例》等。

（3）部门规章。

包括《建筑工程施工许可管理办法》《实施工程建设强制性标准监督规定》《房屋建筑和市政基础设施工程质量监督管理规定》等。

（4）规范性文件。

包括北京市住房和城乡建设委员会《关于加强装配式混凝土结构产业化住宅工程质量管理的通知》、山东省住房和城乡建设厅《山东省装配式混凝土建筑工程质量监督管理工作导则》等。

项目二　设计阶段的质量控制

工程项目的质量目标和水平,需要通过设计加以具体化。设计在技术上是否可行、工艺是否先进、经济是否合理、设备是否配套、结构是否安全可靠等,都将决定工程项目建成后的功能和使用价值,以及工程实体的质量。

一、设计阶段质量控制的主要任务

设计阶段质量控制的主要任务:编制设计任务书中有关质量控制的内容;组织设计招标,进行设计单位的资质审查,优选设计单位,签订合同并履行合同;审核优化设计方案是否满足业主的质量和标准、规划及其他规范要求;组织专家对优化设计方案进行评审;督促设计单位完成设计工作;从质量控制角度对设计方案提出合理化建议;跟踪审核设计图纸;建立项目设计协调程序,在施工图设计阶段进行设计协调,督促设计单位完成设计工作;审核施工图设计,并根据需要提出修改意见,确保设计质量达到设计合同要求及获得政府有关部门审查通过,确保施工进度计划顺利进行;审核特殊专业设计的施工图纸是否符合设计任务书的要求,是否满足施工的要求。

二、方案设计质量控制

装配式混凝土结构方案设计质量控制主要有以下八个方面。

(1)设计单位。

装配式混凝土建筑的设计单位除了具有国家规定的设计资质,并在其资质等级许可的范围内承揽工程设计任务外,还应该具有丰富的装配式工程实施经验。设计文件应符合国家、地方和行业相关标准。

(2)方案设计。

在方案设计阶段,各专业即应充分配合,结合建筑功能与造型,规划好建筑各部位拟采用的工业化、标准化预制混凝土构配件。在总体规划中,应考虑构配件的制作,以及起重运输设备服务半径所需空间。

(3)设计原则。

在方案设计中,应遵守模数协调的原则,做到建筑与部品模数协调、部品之间的模数协调以及部品的集成化和工业化生产,实现土建与装修在模数协调原则下的一体化,并做到装修一次性到位。设计过程中应充分考虑结构安全、使用功能、施工便捷性等因素,确保设计的合理性。

(4)预制构件。

预制构件的尺寸设计应结合当地生产实际,并考虑运输设备、运输路线、吊装能力等因素,必要的时候进行经济性测算和方案比选。另外,积极采用新材料、新产品和新技术。

（5）外墙设计。

外墙设计应满足建筑外立面多样化和经济美观的要求。外墙饰面宜采用耐久、不易污染的材料。采用反打一次成型的外墙饰面材料,其规格尺寸、材质类别、连接构造等应进行工艺试验验证。空调板宜集中布置,并宜与阳台合并设置。

（6）平面设计。

平面设计宜采用简单、对称的原则,不应采用严重不规则的平面布置,宜采用大开间、大进深的平面布局。承重墙、柱等竖向构件设计要求剪力墙结构不宜设计在转角处。

（7）设计方法。

采用标准化、系列化设计方法,满足建筑使用功能,充分考虑构配件的标准化、模数化,使建筑空间尽量符合模数,建筑造型尽量规整,避免异形构件和特殊造型,通过不同单元的组合丰富立面效果。

（8）设计优化。

设计方案完成后应组织各个层面的人员进行方案会审,首先是设计单位内部,包括各专业负责人、专业总工等;其次是建设单位、使用单位、项目管理单位以及构配件生产厂家、设备生产厂家等,必要时组织专家评审会;再次是各个层面的人,分别从不同的角度对设计方案提出优化的意见;最后设计方案应报当地规划管理部门审批并公示。

三、施工图设计质量控制

装配式混凝土结构施工图设计质量控制主要有以下七个方面。

（1）设计内容。

施工图设计除了要在平面、立面、剖面准确表达预制构件的范围、构件编号及位置、安装节点等要求外,还应包括典型预制构件图、配件标准化设计与选型、预制构件性能设计等内容。

（2）设计依据。

施工图设计应根据批准的初步设计编制,不得违反初步设计的实际原则和方案。如确实事出有因,某种条件发生重要变化或有所改变,需修改初步设计时,须呈报原初步审批机构批准。

（3）编制深度。

施工图设计文件编制深度应满足《建筑工程设计文件编制深度规定》的要求,满足设备材料采购、非标准设备制作和施工的需要,以满足编制施工图预算的需要,并作为项目后续阶段建设实施的依据。

（4）信息化技术。

将 BIM 技术导入施工图设计中。

（5）设计原则。

施工图设计应按照建筑设计与装修设计一体化的原则,解决建筑、结构、设备、装修等专业之间的冲突或矛盾,做好各专业工种之间的技术协调。建筑的部件之间、部位与设备之间的连接应采用标准化接口。设备管线应进行综合设计,减少平面交叉;竖向管线宜集中布置,并应满足维修更换的要求。

(6)楼梯间、门窗洞口、厨房和卫生间的设计,要重点检查其是否符合现行国家标准的有关规定。

(7)设计要求。

施工图设计必须满足后续预制构件深化设计要求,在施工图初步设计阶段就与深化设计单位充分沟通,将装配式要求融入施工图设计中,减少后续图纸变更或更改,确保施工图设计图纸的深度对于深化设计需要协调的要点已经充分清晰表达。

项目三　预制构件生产的质量控制

预制混凝土构件作为装配式混凝土结构工程的主要构件,其质量好坏直接决定结构整体质量好坏,甚至影响结构安全。由于受到技术和管理等诸多因素的影响,预制混凝土存在强度不足等质量问题。根据事前、事中和事后的质量控制原理,预制混凝土构件的质量控制主要从三个方面入手,即预制混凝土构件生产用原材料的检验、预制构件进场检验、构件生产验收和构件成品出厂质量检验。

一、预制构件生产用原材料的检验

原材料的质量在一定程度上决定了预制混凝土构件的质量,因此,首先要从源头上控制原材料的质量,重要措施就是做好原材料的质量检验。应选择符合国家标准和行业标准的原材料,材料的采购、运输、存储和使用应符合相关规定,确保材料性能稳定,防止材料损坏和变质。在制造过程中,进行必要的检测和验证。

1.水泥

(1)质量标准。

水泥宜采用不低于强度等级 42.5 的硅酸盐水泥、普通硅酸盐水泥,质量应符合《通用硅酸盐水泥》(GB 175—2023)的规定。

(2)检验方法。

合格证、出厂检验报告、进厂复试报告。

(3)抽样数量。

水泥试验应采用同一水泥厂、同强度等级、同品种、同一时间生产、同一生产批号且连续进场的水泥,200 t 为一个验收批,不足 200 t 时,亦按一个验收批计算。

(4)取样数量。

每一个验收批取样一组,数量为 12 kg。

(5)取样方法。

① 袋装水泥。一般可以从 20 个以上的不同部位或 20 袋中取等量样品,总数至少 12 kg,搅拌均匀后分成两等份,一份由实验室按标准进行试验,另一份密封保存备校验用(要用专用工具:内径为 19 mm、长 30 cm 的 6 分管,前端锯成斜口并磨锐)。

② 散装水泥。对同一水泥厂生产的同期出厂的同品种、同强度等级的水泥,以一次进厂(场)的同一出厂编号的水泥为一批,但一批总量不得超过 500 t。随机地从不少于 3 个车罐中各采取等量水泥,经混合搅拌均匀后,再从中称取不少于 12 kg 水泥做检验试样。

(6) 检验项目。

水泥安定性、凝结时间、强度、其他必要的性能指标等。

2. 集料

(1) 质量标准。

细集料宜选用细度模数为 2.3~3.0 的中细砂,质量应符合《普通混凝土用砂、石质量及检验方法标准》(JGJ 52—2006)的规定,不得使用海砂;粗集料宜选用粒径为 5~25 mm 的碎石,质量应符合《普通混凝土用砂、石质量及检验方法标准》(JGJ 52—2006)的规定。

(2) 检验方法。

型式检验报告、进场复试报告。

(3) 抽样数量。

砂石试样应以同一产地、同一规格、同一进场时间,每 400 m³ 或 600 t 为一验收批,不足 400 m³ 时,亦按一验收批计算。

(4) 取样数量。

每一验收批取试样一组,砂数量为 22 kg,石子数量 40 kg(最大粒径为 10 mm、15 mm、20 mm)或 80 kg(最大粒径 31.5 mm、40 mm)。

(5) 取样方法。

① 料堆上取样。在料堆上取样时,取样部位均匀分布。取样前先将取样部位表层铲除,然后由各部位抽取大致相等的试样砂 8 份(每份 11 kg 以上),石子 15 份(在料堆的顶部、中部和底部各由均匀分布的 5 个不同的部位取得),每份 5~10 kg(20 mm 以下取 5 kg 以上,31.5 mm、40 mm 取 10 kg 以上)搅拌均匀后缩分成一组试样。

② 皮带运输机上取样。从皮带运输机上取样时,应在皮带运输机机尾的出料处,用接料器定时抽取试样,并由砂 4 份试样(每份 22 kg 以上)、石子 8 份试样(每份 10~15 kg,20 mm 以下取 10 kg,31.5 mm、40 mm 取 15 kg)搅拌均匀后分成一组试样。

(6) 检验项目。

筛分析含泥量、泥块含量、针片状颗粒含量、压碎指标(后两项仅石子需检验)。

3. 拌和用水

(1) 质量标准。

拌和用水应符合《混凝土用水标准》(JGJ 63—2006)的规定。

(2) 检查方法。

试验报告。

(3) 抽样数量。

如拌和用水采用生活饮用水则不需检验。地表水和地下水首次使用时应进行检验。

（4）取样数量。

23 L。

（5）取样方法。

井水、钻孔井水、自来水应放水冲洗管道后采集，江湖水应在中心位或水面下 500 mm 处采集。

（6）检验项目。

pH 值、氯离子含量等。

4. 粉煤灰

从煤燃烧后的烟气中收捕下来的细灰，粉煤灰是燃煤电厂排出的主要固体废物。

（1）质量标准。

粉煤灰应符合《用于水泥和混凝土中的粉煤灰》(GB/T 1596—2017)中的Ⅰ级或Ⅱ级各项技术性能及质量标准。

（2）检验方法。

合格证、型式检验报告、进场复试报告。

（3）抽样数量。

以 200 t 相同等级、同厂别的粉煤灰为一批，不足 200 t 时，亦为一验收批，粉煤灰的计量按干灰（含水量小于 1%）的质量计算。

（4）取样数量。

散装灰取样：从不同部位取 15 份试样，每份试样 1～3 kg，混合拌匀，按四分法缩取比试验所需量大一倍的试样（称为平均试样）。

袋装灰取样：从每批中任抽 10 袋，并从每袋中各取试样不小于 1 kg，混合搅拌均匀，按四分法缩取比试验所需量大一倍的试样（称为平均试样）。

（5）取样方法。

同水泥取样方法。

（6）检验项目。

细度、烧失量、需水量比等。

5. 外加剂

（1）质量标准。

外加剂品种应通过实验室进行试配后确定，质量应符合《混凝土外加剂》(GB 8076—2008)、《混凝土外加剂应用技术规范》(GB 50119—2013)等和有关环境保护的规定。钢筋混凝土结构中，当使用含氯化物的外加剂时，混凝土中氯化物的总含量应符合《混凝土质量控制标准》(GB 50164—2011)的规定。预应力混凝土结构中，严禁使用含氯化物的外加剂。

（2）检查方法。

合格证、使用说明书、型式检验报告、进场复试报告。

（3）抽样数量。

掺量大于 1%（含 1%）同品种的外加剂每一批号为 100 t，掺量小于 1% 的外加剂每一批号为50 t。不足100 t或50 t的,也应按一个批量计,同一批号的产品必须混合均匀。

(4)取样数量。

每一批号取样量不小于0.2 t水泥所需用的外加剂量。

(5)取样方法。

每一批号取样应充分均匀,分成两等份,其中一份进行试验,另一份密封保存半年,以备有疑问时,提交国家指定的检验机关进行复验或仲裁。

(6)检验项目。

泌水率比、含气量、凝结时间差、抗压强度比、收缩率比、减水率(除早强剂、缓凝剂外的各种外加剂)、坍落度(高性能减水剂、泵送剂)、含气量及相对耐久性(引气剂、引气减水剂)。

6. 钢筋

(1)质量标准。

① 预制构件采用的钢筋应符合设计要求。

② 热轧光圆钢筋和热轧带肋钢筋应符合《钢筋混凝土用钢　第1部分:热轧光圆钢筋》(GB 1499.1—2024)和《钢筋混凝土用钢　第2部分:热轧带肋钢筋》(GB 1499.2—2024)的规定。

③ 预应力钢筋应符合《预应力混凝土用螺纹钢筋》(GB/T 20065—2016)、《预应力混凝土用钢丝》(GB/T 5223—2014)和《预应力混凝土用钢绞线》(GB/T 5224—2023)的规定。

④ 钢筋焊接网片应符合《钢筋混凝土用钢　第3部分:钢筋焊接网》(GB/T 1499.3—2022)的规定。

⑤ 吊环应采用未经冷加工的HPB300级钢筋制作。吊装用内埋式螺母、吊杆及配套吊具,应根据相应的产品标准和设计规范选用。

(2)检查方法。

合格证、型式检验报告、进场复试报告。

(3)抽样数量。

对同一厂家、同一型号、同一规格的钢筋,进场数量以60 t为一个检验批,大于60 t时,应划分为若干个检验批;小于60 t时,应作为一个检验批。对同一工程、同一材料来源、同一组生产设备生产的成型钢筋,检验批量不得大于30 t。预应力钢筋按进厂的批次和产品的抽样检验方案确定。

(4)取样数量。

每批抽取5个试样。

(5)取样方法。

每检验批抽取2根钢筋,在钢筋任意一端截去500 mm后切取。

(6)检验项目。

热轧光圆钢筋和热轧带肋钢筋检验质量偏差、屈服强度、抗拉强度、伸长率、弯曲试验等。预应力钢筋检验屈服强度、抗拉强度、伸长率、弯曲实验等。

7. 预埋件

（1）质量标准。

① 预埋件的材料、品种、规格、型号应符合现行国家相关标准的规定和设计要求。

② 预埋件的防腐防锈应满足《工业建筑防腐蚀设计标准》（GB/T 50046—2018）和《涂覆涂料前钢材表面处理 表面清洁度的目视评定》（GB/T 8923.1—2011、GB/T 8923.2—2008、GB/T 8923.3—2009、GB/T 8923.4—2013）的规定。

③ 管线的材料、品种、规格、型号应符合现行国家相关标准的规定和设计要求。

④ 管线的防腐防锈应符合《工业建筑防腐蚀设计标准》（GB/T 50046—2018）和《涂覆涂料前钢材表面处理 表面清洁度的目视评定》（GB/T 8923.1—2011、GB/T 8923.2—2008、GB/T 8923.3—2009、GB/T 8923.4—2013）的规定。

⑤ 门窗框的品种、规格、性能、型材壁厚、连接方式等应符合现行国家相关标准的规定和设计要求。

⑥ 防水密封胶条的质量和耐久性应符合现行国家相关标准的规定，防水密封胶条不应在构件转角处搭接。

（2）检验要求。

预埋件的检验根据其材料种类按进厂的批次和产品的抽样检验方案确定。

8. 钢筋连接套筒

（1）质量标准。

① 连接套筒宜采用灌浆套筒，灌浆套筒材料性能指标和尺寸允许偏差应符合表 6-1 的规定。外观要求：铸造灌浆套筒内外表面不应有影响使用性能的夹渣、冷隔、砂眼、缩孔、裂纹等质量缺陷；机械加工灌浆套筒表面不应有裂纹或影响接头性能的其他缺陷，端面和外表面的边棱处应无尖棱、毛刺，灌浆套筒外表面标识应清晰，表面

项目三相关图片

不应有锈皮。其他性能应符合《钢筋连接用灌浆套筒》（JG/T 398—2019）的规定。机械连接套筒应符合《钢筋机械连接用套筒》（JG/T 163—2013）的规定。

表 6-1 套筒尺寸允许偏差

项目	铸造套筒/mm	机械加工套筒/mm
长度允许偏差	±1%	±2.0
外径允许偏差	±1.5	±0.8
壁厚允许偏差	±1.2	±0.8
锚固段环形凸起部分的内径允许偏差	±1.5	±1.0
锚固段环形凸起部分的内径最小尺寸与钢筋公称直径差值	≥10	≥10
直螺纹精度	—	《普通螺纹 公差》（GB/T 197—2018）中的 6H 级

② 钢筋连接用套筒灌浆料应符合《钢筋连接用套筒灌浆料》（JG/T 408—2019）的规定。

③ 套筒灌浆连接接头应符合《钢筋机械连接技术规程》(JGJ 107—2016)的规定。

④ 钢筋浆锚搭接连接接头应采用水泥基灌浆材料，灌浆料性能应符合《水泥基灌浆材料应用技术规范》(GB/T 50448—2015)等现行国家相关标准的规定。

（2）检查方法。

合格证、型式检验报告、进场复试报告。

（3）抽样数量。

材料性能检验应以同钢号、同规格、同炉（批）号的材料作为一个验收批。尺寸偏差和外观应以连续生产的同原材料、同炉（批）号、同类型、同规格的 1000 个灌浆套筒为一个验收批，不足 1000 个灌浆套筒时仍可作为一个验收批。

（4）取样数量。

材料性能试验每批随机抽取 2 个试样。尺寸偏差和外观检验每批抽取 10%，连续 10 个验收批一次性检验均合格时，尺寸偏差和外观检验的取样数量可由 10%降为 5%。

（5）检验内容。

抗拉强度、延伸率、屈服强度（钢材类）、外观、尺寸偏差等性能指标。

9. 保温材料

（1）质量标准。

① 夹心外墙板宜采用挤塑聚苯板或聚氨酯保温板作为保温材料，保温材料除应符合设计要求外，尚应符合现行国家和地方相关标准的规定。

② 聚苯板主要性能指标应符合现行国家标准《绝热用模塑聚苯乙烯泡沫塑料（EPS）》(GB/T 10801.1—2021)和《绝热用挤塑聚苯乙烯泡沫塑料（XPS）》(GB/T 10801.2—2018)的规定。

③ 聚氨酯保温板主要性能指标应符合表 6-2 的规定，其他性能指标应符合现行国家标准《聚氨酯硬泡复合保温板》(JG/T 314—2012)的规定。

表 6-2 　　　　　　　　　　　　　　　聚氨酯保温板性能指标

项目	单位	性能指标	试验方法
表观密度	kg/m³	≥32	《泡沫塑料及橡胶　表观密度的测定》(GB/T 6343—2009)
导热系数	W/(m·K)	≤0.024	《绝热材料稳态热阻及有关特性的测定 防护热板法》(GB/T 10294—2008)
压缩强度	MPa	≥0.15	《硬质泡沫塑料　压缩性能的测定》(GB/T 8813—2020)
抗伸强度	MPa	≥0.15	—
吸水率（体积分数）	%	≤3	《硬质泡沫塑料吸水率的测定》(GB/T 8810—2005)
燃烧性能	—	不低于 B2 级	《建筑材料及制品燃烧性能分级》(GB 8624—2012)
尺度稳定性	%	80 ℃ 48 h≤1.0	《硬质泡沫塑料　尺寸稳定性试验方法》(GB/T 8811—2008)
		−30 ℃ 48 h≤1.0	

（2）检查方法。

合格证、型式检验报告、进场复试报告。

（3）抽样数量。

同一规格产品数量不超过 2000 m³ 为一个检验批。

（4）取样数量。

每批随机抽取 1 块板材进行检验。

（5）检验项目。

表观密度、导热系数、压缩强度、吸水率（体积分数）、燃烧性能、尺度稳定性等。

10.夹心外墙板拉结件

（1）质量标准。

拉结件宜选用玻璃纤维增强非金属连接件，应满足防腐和耐久性要求，玻璃纤维连接件性能指标应符合表 6-3 的规定。

表 6-3 玻璃纤维连接件性能指标

项目	单位	性能指标	试验方法
拉伸强度	MPa	≥600	《纤维增强塑料拉伸性能试验方法》
拉伸弹性模量	GPa	≥35	（GB/T 1447—2005）
弯曲强度	MPa	≥600	《纤维增强塑料弯曲性能试验方法》
弯曲弹性模量	GPa	≥35	（GB/T 1449—2005）
剪切强度	MPa	≥50	ASTM D2344/D2344M-00(2006)
导热系数	W/(m·K)	≤2.0	《绝热材料稳态热阻及有关特性的测定 防护热板法》（GB/T 10294—2008）

（2）检查方法。

合格证、型式检验报告、进场复试报告。

（3）抽样数量。

同一厂家、同一品种的产品，当单位工程建筑面积在 20000 m² 以下时，各抽查不少于 3 次；当单位工程建筑面积在 20000 m² 以上时，各抽查不少于 6 次。

（4）取样数量。

力学性能试验每组不少于 5 个试样，并保证同期有 5 个有效试样。

（5）检验项目。

拉伸强度、拉伸弹性模量、弯曲强度、弯曲弹性模量、剪切强度、导热系数。

11.外装饰材料检验

（1）质量标准。

涂料和面砖等外装饰材料质量应符合现行国家相关标准的规定和设计要求。

当采用面砖饰面时，宜选用背面带燕尾槽面砖，燕尾槽尺寸应符合现行国家相关标准的规定和设计要求，并按照《建筑工程饰面砖粘结强度检验标准》（JGJ/T 110—2017）做拉拔试验。其他外装饰材料应符合现行国家相关标准的规定。

（2）检验要求。

外装饰材料的检验根据其材料种类按进厂的批次和产品的抽样检验方案确定。

12. 吊装件

（1）质量标准。

应对吊装预制构件采用的各类吊钉、吊件、吊具的质量进行检查并按有关规范进行检验。

（2）检查方法。

合格证、型式检验报告、进场复试报告。

二、预制构件生产质量检验

生产过程的质量控制是预制构件质量控制的第二个关键环节，需要做好生产过程各个工序的质量控制、隐蔽工程验收、质量评定和质量缺陷的处理等工作。

1. 生产工序质量控制

混凝土浇筑前，应对模具组装、钢筋及网片安装、预留及预埋件布置等内容进行检查验收。工序检查由各工序班组自行检查，检查数量为全数检查，应做好相应的检查记录。

（1）模具组装的质量检查。

模具组装时，首先需根据构件制作图核对模板的尺寸是否满足设计要求，然后对模板几何尺寸进行检查，包括模板与混凝土接触面的平整度、板面弯曲、拼装接缝等，再次对模具的观感进行检查，接触面不应有划痕、锈蚀和氧化层脱落等现象。

模具几何尺寸的允许偏差及检验方法见表6-4。

表6-4　　　　　　　　　　**模具几何尺寸的允许偏差及检验方法**

项次	项目		允许偏差/mm	检验方法
1	长度		0，−4	激光测距仪或钢尺，测量平行构件高度方向，取最大值
2	宽度		0，−4	激光测距仪或钢尺，测量平行构件宽度方向，取最大值
3	厚度		0，−2	钢尺测量两端或中部，取最大值
4	构建对角线差		<5	激光测距仪或钢尺量纵、横两个方向对角线
5	侧向弯曲		$L/1500$，且≤3	拉尼龙线，钢角尺测量弯曲最大处
6	端向弯曲		$L/1500$	拉尼龙线，钢角尺测量弯曲最大处
7	底模板表面平整度		2	2 m铝合金靠尺和金属塞尺测量
8	拼装缝隙		1	金属塞片或塞尺测量
9	预埋件、插筋、安装孔、预留孔中心线位移		3	钢尺测量中心坐标
10	端模与侧模高低差		1	钢角尺量测
11	窗端口	厚度	0，−2	钢尺测量两端或中部，取最大值
		长度、宽度	0，−4	激光测距仪或钢尺，测量平行构件宽度方向，取最大值
		中心线位置	3	用尺量测纵、横两中心位置
		垂直度	3	用直角尺和基尺量测
		对角线差	3	用尺量两个对角线

模具组装完成后,应对组装后模具的尺寸进行检查,其允许偏差及检验方法见表6-5。

表6-5　　　　　　　　　　模具组装尺寸允许偏差及检验方法

测定部位	允许偏差/mm	检验方法
边长	±2	钢尺四边测量
对角线误差	2	细线测量两根对角线尺寸,取差值
底模平整度	2	对角用细线固定,钢尺测量线到底模各点距离的差值,取最大值
扭曲	2	对角线用细线固定,钢尺测量中心点高度差值
翘曲	2	四角固定细线,钢尺测量细线到钢模边距离,取最大值
弯曲	2	四角固定细线,钢尺测量细线到钢模边距离,取最大值
侧向扭曲	H≤300,1.0	侧模两对角用细线固定,钢尺测量中心点高度
	H>300,2.0	侧模两对角用细线固定,钢尺测量中心点高度

(2)钢筋骨架、钢筋网片的质量检查。

钢筋骨架、钢筋网片入模后,应按构件制作图要求对钢筋规格、位置、间距、保护层等进行检查,其允许偏差及检验方法见表6-6。

表6-6　　　　　钢筋骨架或钢筋网片尺寸和安装位置的允许偏差及检验方法

项目			允许偏差/mm	检验方法
绑扎钢筋网	长、宽		±10	钢尺检查
	网眼尺寸		±20	钢尺量连续三挡,取最大值
绑扎钢筋骨架	长		±10	钢尺检查
	宽、高		±5	钢尺检查
	钢筋间距		±10	钢尺量两端、中间各一点
受力钢筋	位置		±5	钢尺量测两侧、中间各一点,取较大值
	排距		±5	
	保护层	柱、梁	±5	钢尺检查
		楼板、外墙板楼梯、阳台板	±3	钢尺检查
绑扎钢筋、横向钢筋间距			±20	钢尺量连续三挡,取最大值
箍筋间距			±20	钢尺量连续三挡,取最大值
钢筋弯起点位置			±20	钢尺检查

(3)连接套筒、预埋件、拉结件、预留孔洞质量检查。

连接套筒、预埋件、拉结件、预留孔洞应按预制构件设计制作图进行配置,满足吊装、施工的安全性、耐久性和稳定性要求。其允许偏差及检验方法应满足表6-7的规定。

表6-7 连接套筒、预埋件、拉结件、预留孔洞的允许偏差及检验方法

项目		允许偏差/mm	检验方法
钢筋连接套筒	中心线位置	±3	钢尺检查
	安装垂直度	1/40	拉水平线、竖直线测量两端差值且满足连接套筒施工误差要求
外装饰敷设		图案、分割、色彩、尺寸	与构件设计制作图对照及目视
预埋件	中心线位置	±5	钢尺检查
	外露长度	+5,0	钢尺检查且满足连接套筒施工误差要求
	安装垂直度	1/40	拉水平线、竖直线测量两端差值且满足施工误差要求
拉结件	中心线位置	±3	钢尺检查
	安装垂直度	1/40	拉水平线、竖直线测量两端测量且满足连接套筒施工误差要求
预留孔洞	中心线位置	±5	钢尺检查
	尺寸	+8,0	钢尺检查
其他需要线安装的部件		安装状况:种类、数量、位置、固定状况	与构件设计制作图对照及目视

钢筋连接套筒除应满足上述指标外,还应符合套筒厂家提供的允许误差值和施工允许误差值。

(4)外装饰面的质量检查。

预制构件外装饰允许偏差及检验方法应符合表6-8的规定。

表6-8 预制构件外装饰允许偏差及检验方法

外装饰种类	项目	允许偏差/mm	检验方法
通用	表面平整度	2	2 m靠尺或塞尺检查
石材和面砖	阳交方正	2	用拖线板检查
	上口平直	2	拉通线用钢尺检查
	接缝平直	3	用钢尺或塞尺检查
	接缝深度	±5	
	接缝宽度	±2	用钢尺检查

2.隐蔽工程验收

在混凝土浇筑之前,对应每块预制构件进行隐蔽工程验收,确保其符合设计要求和规范规定。

预制构件隐蔽工程质量验收表见表 6-9。

表 6-9　　　　　　　　　　**预制构件隐蔽工程质量验收表**

分项	检查项目	质量要求	实测	判定
钢筋	牌号			
	规格			
	数量			
	位置允许偏差/mm			
	间距偏差/mm			
	保护层厚度/mm			
纵向受力钢筋	连接方式			
	接头方式			
	接头质量			
	接头面积百分率/%			
	搭接长度			
箍筋、横向钢筋	牌号			
	规格			
	数量			
	间距偏差/mm			
	箍筋弯钩的弯折角度			
	箍筋弯钩的平直段长度			
预埋件、吊环、插筋	规格			
	数量			
	位置偏差/mm			
灌浆套筒、预留孔洞	规格			
	数量			
	位置偏差/mm			
保温层	规格			
	数量			
	位置偏差/mm			
保温层拉结件	规格			
	数量			
	位置偏差/mm			

分项	检查项目	质量要求	实测	判定
预埋管线、线盒	规格			
	数量			
	位置偏差/mm			
	固定措施			

验收意见:

质检员: 质量负责人:

年　月　日

3. 预制构件外观质量及尺寸偏差验收

预制构件外观质量、尺寸偏差的验收要求及判定方法见表6-10和表6-11。

表 6-10 　　　　　　　　　　　　　预制构件外观质量判定方法

项目	现象	质量要求	判定方法
露筋	钢筋未被混凝土完全包裹而外露	受力主筋不应有,其他构造钢筋和箍筋允许有少量	观察
蜂窝	混凝土表面石子外露	受力主筋部位和支撑点位置不应有,其他部位允许有少量	观察
孔洞	混凝土中孔穴深度和长度超过保护层厚度	不应有	观察
夹渣	混凝土中夹有杂物且深度超过保护层厚度	禁止夹渣	观察
外形缺陷	内表面缺棱掉角、表面翘曲、抹面凹凸不平,外表面面砖黏结不牢、位置偏差、面砖嵌缝没有达到横平竖直,转角面砖棱角不直、面砖表面翘曲不平	内表面缺陷基本不允许,要求达到预制构件允许偏差;外表面仅允许极少量缺陷,但禁止面砖黏结不牢,位置偏差、面砖翘曲不平不得超过允许值	观察
外表缺陷	内表面麻面、起砂、掉皮、污染,外表面面砖污染、窗框保护纸破坏	允许少量污染等不影响结构使用功能和结构尺寸的缺陷	观察
连接部位缺陷	连接处混凝土缺陷及连接钢筋、连接件松动	不应有	观察
破损	影响外观	影响结构性能的破损不应有,不影响结构性能和使用功能的破损不宜有	观察
裂缝	裂缝贯穿保护层到达构件内部	影响结构性能的破损不应有,不影响结构性能和使用功能的裂缝不宜有	观察

表 6-11　　　　　　　　　　预制构件外形尺寸允许偏差及检验方法

名称	项目		允许偏差/mm	检验方法
构件外形尺寸	长度	柱	±5	用钢尺测量
		梁	±10	
		楼板	±5	
		内墙板	±5	
		外叶墙板	±3	
		楼梯板	±5	
	宽度		±5	用钢尺测量
	厚度		±3	用钢尺测量
	对角线差值	柱	5	用钢尺测量
		梁	5	
		外墙板	5	
		楼梯板	10	
	表面平整度、扭曲、弯曲		5	用 2 m 靠尺和塞尺检查
	构件边长翘曲	柱、梁、墙板	3	调平尺再两端量测
		楼板、楼梯	5	
主筋保护层厚度		柱、梁	+10,−5	钢尺或保护层厚度测定仪量测
		楼板、外墙楼板梯、阳台板	+5,−3	

三、预制构件成品的出厂质量检验

预制混凝土构件成品出厂质量检验是预制混凝土构件质量控制过程中最后的环节，也是关键环节。预制混凝土构件出厂前应对其成品质量进行检查验收，检验合格后方可出厂。

1. 出厂检验的内容及标准

每块预制构件出厂前均应进行成品质量验收，预制构件出厂质量验收表见表 6-12。

表 6-12　　　　　　　　　　预制构件出厂质量验收表

分项	检查项目	质量要求	实测	判定
外观质量	破损			
	裂缝			
	蜂窝、空洞等外表缺陷			

分项		检查项目	质量要求	实测	判定
构件外形尺寸	允许偏差	长度/mm			
		宽度/mm			
		厚度/mm			
		对角线差值/mm			
		表面平整度、扭曲、弯曲			
		构件边长翘曲			
钢筋	允许偏差	中心线长度			
		外露长度			
	保护层厚度				
	主筋状态				
连接套筒	允许偏差	中心线位置			
		垂直度			
	注入、排出口堵塞				
预埋件	允许偏差	中心线位置			
		平整度			
		安装垂直度			
预留孔洞	允许偏差	中心线位置			
		尺寸			
外装饰	图案、风格、色彩、尺寸				
	破损情况				
门窗框	允许偏差	定位			
		对角线			
		水平度			

验收意见:

质检员: 质量负责人:

年 月 日

预制构件验收合格后应在明显部位进行标识,内容包括构建名称、型号、编号、生产日期、出厂日期、质量状况、生产企业名称,并有检测部门及检验员、质量负责人签名。

2.验收资料管理

预制构件出厂交付时,应向使用方提供以下验收资料:

① 预制构件制作详图;

② 预制构件隐蔽工程质量验收表;

③ 预制构件出厂质量验收表;

④ 钢筋进场复检报告;

⑤ 混凝土留样检验报告;

⑥ 保温材料、拉结件、套筒等主要材料进场复检报告;

⑦ 产品合格证;

⑧ 产品说明书;

⑨ 其他相关的质量证明文件等资料。

项目四　装配式混凝土结构施工质量控制与验收

一、进场

1.验收程序

预制构件运至现场后,施工单位应组织构件生产企业、监理单位对运至构件的质量进行验收,验收内容包括质量证明文件验收和构件外观质量、结构性能检验等。未经检验或进场检验不合格的预制构件严禁使用。施工单位应对构件进行全数验收,监理单位对构件质量进行抽检,发现存在影响结构质量或吊装安全的缺陷时,不得验收通过。

2.验收内容

(1)质量证明文件。

构件进场时,施工单位应要求构件生产企业提供构件的产品合格证、说明书、试验报告、隐蔽验收记录等质量证明文件。对质量证明文件的有效期进行检查,并根据质量证明文件核对构件。

预制构件
进场验收

(2)观感验收。

在质量文件齐全、有效的情况下,对构件的外观质量、外形尺寸等进行验收。观感质量可通过观察和简单的测试确定,工程的观感质量应由验收人员现场检查,并应共同确认,对影响观感及使用功能或质量评价为差的项目应进行返修,观感验收也应符合相应的标准。

观感验收主要检查以下内容:

① 预制构件粗糙面质量和键槽数量是否符合设计要求。

② 预制构件吊装预留吊环、预留焊接埋件应安装牢固、无松动。

③ 预制构件的外观质量不应有严重缺陷,对已经出现的严重缺陷,应按技术处理方案进行处理,并重新检查验收。

④ 预制构件的预埋件、插筋及预留孔洞等规格、位置和数量应符合设计要求。图 6-1 所示为对预留灌浆孔的贯通性进行检查。对存在的影响安装及施工功能的缺陷,应按技术处理方案进行处理,并重新检查验收。

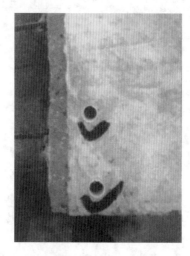

图 6-1 套筒贯通性检查

⑤ 预制构件的尺寸应符合设计要求,且不应有影响结构性能和安装、使用功能的尺寸偏差。对超过尺寸允许偏差且影响结构性能和安装、使用功能的部位,应按技术处理方案进行处理,并重新检查验收。

⑥ 构件明显部位是否贴有标识构件型号、生产日期和质量验收合格的标志。

3. 结构性能检验

在必要的情况下,应按要求对构件进行结构性能检验,如图 6-2 所示,具体要求如下。

(1)梁板类简支架受弯预制构件进场时应进行结构性能检验,并应符合下列规定。

① 结构性能检验应符合现行国家相关标准的有关规定及设计的要求,检验要求和试验方法应符合《混凝土结构工程施工质量验收规范》(GB 50204—2015)的规定。

② 钢筋混凝土构件和允许出现裂缝的预应力混凝土构件应进行承载力、挠度和裂缝宽度检验;不允许出现裂缝的预应力混凝土构件进行承载力、挠度和抗裂检验。

③ 对大型构件及有可靠应用经验的构件,可只进行裂缝宽度、抗裂和挠度检验。

④ 对使用数量较少的构件,若能提供可靠依据,可不进行结构性能检验。

(2)对其他预制构件,如叠合板、叠合梁的梁板类受弯预制构件(叠合底板、底梁),除设计有专门要求外,进场时可不做结构性能检验。

(3)对进场时不做结构性能检验的预制构件,应采取下列措施。

① 施工单位或监理单位代表应驻厂监督制作过程。

② 当无驻厂监督时,预制构件进场时应对预制构件主要受力钢筋数量、规格、间距及混凝土强度等进行实体检验。

检验数量:同一类型预制构件不超过 1000 个为一批,每批随机抽取 1 个构件进行结构性能检验。

检验方法:检查结构性能检验报告或实体检验报告。

需要说明的是：

① 结构性能检验通常应在构件进场时进行，但考虑检验方便，工程中多在各方参与下在预制构件生产场地进行。

② 抽取预制构件时，宜从设计荷载最大、受力最不利或生产数量最多的预制构件中抽取。

③ 对多个工程共同使用的同类型预制构件，也可以在多个工程的施工、监理单位见证下共同委托进行结构性能检验，其结果对多个工程共同有效。

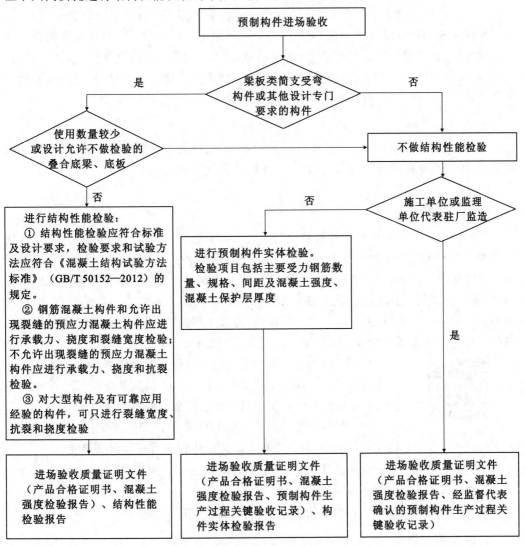

图 6-2　预制构件结构性能检验流程图

二、堆放和运输

预制构件的堆放和运输需要制定相应的方案，对运输时间、次序、线路、构件固定、成品保护、堆放场地、支垫等做出规定。

1. 场地要求

场地平整坚实,有良好的排水措施,构件与地面之间留有空隙,堆垛之间设置通道。

2. 堆垛层数

预制桩堆放不超过3层且不超过2 m,预制梁堆放不超过2层且不超过2 m,预制墙、预制板堆放不超过6层且不超过2 m。

3. 存放要求

预制构件运送到施工现场后,应按规格、品种、使用部位、吊装顺序分别设置存放。预制墙板可采用插放或靠放方式,支架应有足够的刚度,并支垫稳固;预制板类构件可采用叠放方式,构件层与层之间应垫平、垫实,各层支垫应上下对齐,预制楼板、叠合板、阳台板、和空调板等构件宜平放,叠放层数不能超过6层;预制柱、梁等细长构件宜平放且采用条形垫木支撑。

4. 构件运输

构件运输时支撑的位置、方法通过计算后确定,构件运输前应绑扎牢固,以防移动或倾倒,运输过程中要对构件及其上的附件、预埋件进行保护。

三、安装施工

预制构件安装是将预制构件按照设计图纸要求,通过节点之间的可靠连接,与现场后浇混凝土形成建筑结构的过程,预制构件安装的质量对整体结构的安全和质量起着至关重要的作用。因此,应对装配式混凝土结构施工作业过程实施全面和有效的管理与控制,保证工程质量。装配式混凝土结构安装施工质量控制主要从施工前的准备、原材料的质量检验与施工检验、施工过程的工序检验、隐蔽工程验收、结构实体检验等多个方面进行。对装配式混凝土结构工程的质量验收有以下要求。

思政案例

(1)工程质量验收均应在施工单位自检合格的基础上进行。

(2)参加工程施工质量验收的各方人员应具备相应的资格。

(3)检验批的质量应按主控项目和一般项目验收。

(4)对涉及结构安全、节能、环境保护和主要使用功能的试块、构配件及材料,应在进场时或施工中按规定进行见证检验。

(5)隐蔽工程隐蔽前应由施工单位通知监理单位验收,并应形成验收文件,验收合格后方可继续施工。

(6)工程的观感质量应由验收人员现场检查,并应共同确认。

1. 施工前的准备

装配式混凝土结构施工前,施工单位应准确理解设计图纸的要求,掌握有关技术要求及细部构造,根据工程特点和有关规定,进行结构施工复核及验算,编制装配式混凝土专项施工方案,并进行施工技术交底。

装配式混凝土结构施工前,应有相关单位完成深化设计,并经原设计单位确认,施工单位应根据深化设计图纸对预制构件施工预留和预埋进行检查。

施工现场应具有健全的质量管理体系、相应的施工技术标准、施工质量检验制度和综合施工质量控制考核制度。

应根据装配式混凝土结构工程的管理和施工技术特点,对管理人员及作业人员进行专项培训,严禁未培训上岗及培训不合格上岗。

应根据装配式混凝土结构工程的施工要求,合理选择并配备吊装设备;应满足预制构件存放,安装和连接等要求。

设备管线、电线、设备机器及建设材料、板类、楼板材料、砂浆、厨房配件等装修材料的水平和垂直起重,应按经修改编制并批准的施工组织设计文件具体要求执行。

2. 原材料质量检验与施工试验

除常规原材料检验和施工检验外,装配式混凝土结构应重点对灌浆料、钢筋套筒灌浆连接接头等进行检查验收。灌浆套筒、灌浆料进场应对其性能、外观质量、标识和尺寸偏差进行验收,合格才能使用。灌浆质量是接头施工的决定性因素,应做到灌浆密实饱满。

(1) 灌浆料。

《装配式混凝土结构工程施工与质量验收规程》(DB11/T 1030—2021)规定了常温型灌浆料和低温型灌浆料,常温型灌浆料是指适用于灌浆施工及养护过程中 24 小时内温度不低于 5 ℃的灌浆料,低温型灌浆料是指适用于灌浆施工及养护过程中 24 小时内温度不低于－5 ℃且灌浆过程中温度不高于 10 ℃的灌浆料。

① 质量标准。

灌浆料性能应符合《钢筋连接用套筒灌浆料》(JG/T 408—2019)的有关规定,抗压强度应符合表 6-13 的要求,且不应低于接头设计要求的灌浆料抗压强度。灌浆料竖向膨胀率应符合表 6-14 的要求。灌浆料拌合物的工作性能应符合表 6-15 的要求。灌浆料最好采用与构件内预埋套筒相匹配的灌浆料,否则需要完成所有材料的验证,并对结果负责。

预制构件
安装验收

表 6-13　　　　　　　　　　　　**灌浆料抗压强度要求**

时间(龄期)	抗压强度/(N/mm²)
1 d	≥35
3 d	≥60
28 d	≥85

表 6-14　　　　　　　　　　　　**灌浆料竖向膨胀率要求**

项目	竖向膨胀率/%
3 h	≥0.02
24 h 与 3 h 的差值	0.02～0.40

表 6-15   **灌浆料拌合物的工作性能要求**

项目		工作性能要求
流动度/mm	初始	≥300
	30 min	≥260
泌水率/%		0

② 检验方法。

产品合格证、型式检验报告、进场复试报告。表 6-16 为灌浆料复试报告的格式。

③ 检查数量。

在 15 d 内生产的同配方、同批号原材料的产品应以 50 t 为同一生产批号,不足 50 t 的,也应作为同一生产批号。

④ 取样数量。

从多个部位取等量样品,样品总量不应少于 30 kg。

⑤ 取样方法。

同水泥取样方法。

⑥ 检验项目。

抗压强度、流动度(图 6-3)、竖向膨胀率。

表 6-16   **试验报告一:灌浆料复试报告**
(××省建筑工程质量监督检验测试中心报告)

委托单位	××××建设集团有限公司	报告编号	QTC15030272
样品名称	灌浆料	检测编号	3-278
工程名称	××市公租房项目 3# 楼	工程部位	主体
生产厂家	××建筑材料有限公司	规格等级	M85
检测类型	委托检测	样品数量	1 组
检测设备	砂浆搅拌机、钢直尺、压力试验机、电子天平、比长仪	检测性质	—
检测地点	混凝土实验室	样品状态	粉状
试验室地址	××市××区解放路 28 号	送样日期	2020 年 3 月 23 日
检测依据	《钢筋连接用套筒灌浆料》(JG/T 408—2019)	检测日期	2020 年 3 月 23 日
检测项目	性能指标	检测结果	单项评定
流动性/mm 初始	≥300	325	合格
流动性/mm 30 min	≥260	280	合格

续表

检测项目		性能指标	检测结果	单项评定
抗压强度/ MPa	1 d	≥35	44.8	合格
	3 d	≥60	61.2	合格
	28 d	≥85	86.3	合格
竖向膨胀率/ %	3 h	≥0.02	0.188	合格
	28 h与 3 h差	0.02~0.4	0.023	合格
以下空白				
综合结论		该样品依据《钢筋连接用套筒灌浆料》(JG/T 408—2019)标准检测,所验项目合格		
检测说明		用水量:每千克灌浆料加170 mL水 见证单位:×××监理有限公司　　　见证人:张××　　委托人:李×× 检测结果仅对委托来样负技术责任		

批准:王××　　审核:周××　　主检:范××　　　　　　检测单位:(盖章)

签发日期:2020.04.28

图6-3 灌浆料流动度检验

(2)灌浆料试块。

施工现场灌浆施工中,应同时在灌浆地点制作灌浆料试块,每个工作班取样不得少于1次,每楼层取样不得少于3次。每次抽取1组试件,每组3个试块,试块规格为40 mm×40 mm×160 mm灌浆料强度试件,标准养护28 d后,做抗压强度试验(表6-17)。抗压强度应不小于85 N/m² 并应符合设计要求。

表 6-17
试验报告二：灌浆料试块试验报告
(××省建筑工程质量监督检验测试中心报告)

委托单位	××建设集团有限公司	报告编号	QTC15081336
样品名称	灌浆料试块	检测编号	8-1470
工程名称	××市公租房项目2#楼	工程部位	二层变形缝东剪力墙
生产厂家		规格等级	40 mm×40 mm×160 mm
检测类型	委托检测	样品数量	1组
检测设备	压力试验机	检测性质	—
检测地点	混凝土试验室	样品状态	块状
试验室地址	××市××区解放路28号	送样日期	2020年8月22日
检测依据	《钢筋连接用套筒灌浆料》(JG/T 408—2019)	检测日期	2020年8月22日
检测项目	性能指标	检测结果	单项评定
抗压强度/MPa 1d	≥35	—	
抗压强度/MPa 3d	≥60	—	
抗压强度/MPa 28d	≥85	104.6	合格
以下空白			
综合结论	该样品依据《钢筋连接用套筒灌浆料》(JG/T 408—2019)标准检测,所检项目合格		
检测说明	试块制作时期:2020.07.25 见证单位:×××监理有限公司 见证人:张×× 委托人:李×× 检测结果仅对委托来样负技术责任		

(3) 钢筋套筒灌浆连接接头(图6-4)。

① 工艺检验。

第一批灌浆料检验合格后,灌浆施工前,应对不同钢筋生产企业的进厂钢筋进行接头工艺检验。施工过程中,当更换钢筋生产企业,或同生产企业生产的钢筋外形尺寸与已完成工艺检验的钢筋有较大差异,或灌浆的施工单位变更时,应再次进行工艺检验。每种规格钢筋应制作3个对中套筒灌浆连接接头,并应检查灌浆质量。采用灌浆料拌合物制作 40 mm×40 mm×160 mm 的试件不少于1组。接头试件与灌浆料试件应在标准养护条件下养护 28 d。

每个接头试件的抗拉强度不应小于连接钢筋抗拉强度标准值,且破坏时应断裂于接头外钢筋(图6-5),屈服强度不应小于连接钢筋屈服强度标准值;3个接头试件残余变形的平均值应不大于 0.10 或 0.14,灌浆料抗压强度应不小于 85 N/mm²。

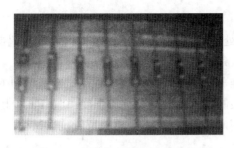

图 6-4　钢筋套筒灌浆连接接头　　　　图 6-5　接头断裂于外钢筋

② 施工检验。

施工过程中,应按照同一原材料、同一炉号、同一类型、同一规格的 1000 个灌浆套筒为一个检验批,每批随机抽取 3 个灌浆套筒制作接头。接头试件应在标准养护条件下养护 28 d 后进行抗拉强度检验,检验结果应满足:抗拉强度不小于连接钢筋抗拉强度标准值,且破坏时应断于接头外钢筋。表 6-18 为钢筋套筒灌浆连接接头试验报告的格式。

表 6-18　　　　　　　试验报告三:钢筋套筒灌浆连接接头试验报告
（××省建筑工程质量监督检验测试中心报告）

委托单位	××××建设集团 有限公司	报告编号	G15111013
样品名称	钢筋机械连接	委托日期	2020 年 11 月 23 日
样品状态	金属无损坏	检测日期	2020 年 11 月 23 日
工程名称	××市公租房项目一楼	检测性质	—
检测设备	液压式万能材料试验机	检测类别	委托检测
试验室地址	××市××区 解放路 28 号	检测地点	力学试验室
检测依据	《钢筋连接用套筒灌浆料》(JG/T 408—2019)		

试验编号 接头个数	接头等级 钢筋牌号	直径/mm 面积/mm²	生产厂家 工程部位	连接形式 连接目的	残余变形/ mm	极限强度/ MPa	伸长率	断裂特征
11-3220 1000 个	1 HRB400	14 153.9	6～8 层 剪力墙	水泥灌浆 充填接头 施工连接	—	565	—	断于钢筋
						600	—	断于钢筋
						550	—	断于钢筋
结论	该样品依据《钢筋机械连接技术规程》(JGJ 107—2016)检测,所检项目符合 I 级接头标准							
以下空白								
检测说明	见证单位:××有限公司 见证人:张×× 检测结果仅对委托来样负技术责任							

批准:王××　　　　审核:靳××　　　　主检:马××　　　　检测单位:

（4）坐浆料试块。

预制墙板与下层现浇构件接缝采取坐浆料处理时，应按照设计单位提供的配合比制作坐浆料试块，每个工作班取样不得少于一次，每次制作不少于 1 组试件，每组 3 个试块，试块规格为 40 mm×40 mm×160 mm，标准养护 28 d 后，做抗压强度试验。28 d 标准养护试块抗压强度应满足设计要求，并高于预制剪力墙混凝土抗压强度 10 MPa 以上，且不应低于 40 MPa。当接缝灌浆与套筒灌浆同时施工时，可不再单独留置抗压试块。

3. 施工过程中的工序检验

对于装配式混凝土结构，施工过程中主要设计模板与支撑、钢筋、混凝土和预制构件安装四个分项工程。其中，模板与支撑、钢筋、混凝土分项工程的检验要求满足一般现浇混凝土结构的检验要求外，还应满足装配式混凝土结构的质量检验要求。

（1）模板及支撑。

① 主控项目。

a. 预制构件安装临时固定支撑应稳固、可靠，应符合设计、专项施工方案要求及相关技术标准规定。

检查数量：全数检查。

检查方法：观察检查，检查施工方案、施工记录或设计文件。

b. 后浇混凝土模板应具有足够的承载能力、刚度和稳定性，并应符合施工方案及相关技术标准规定。

检查数量：全数检查。

检查方法：观察检查，检查施工记录。

② 一般项目。

装配式混凝土结构中后浇混凝土结构模板安装的偏差应符合表 6-19 的规定。

表 6-19　　　　　　　　　　**模板安装允许偏差及检验方法**

项目		允许偏差/mm	检验方法
轴线位置		5	尺量检查
底模上表面标高		±5	水准仪或拉线、尺量检查
截面内部尺寸	柱、梁	+4，−5	尺量检查
	墙	+4，−3	尺量检查
层垂直高度	不大于 5 m	6	经纬仪或吊线、尺量检查
	大于 5 m	8	经纬仪或吊线、尺量检查
相邻两板表面高低差		2	尺量检查
表面平整度		5	2 m 靠尺和塞尺检查

注：检查轴线位置时，应沿纵、横两个方向量测，并取其中较大值。

检查数量：在同一检验批内，对梁和柱，应抽查构件数量的 10%，且不少于 3 件；对墙和板，应按有代表性的自然间抽查 10%，且不小于 3 间。

（2）钢筋。

钢筋采用机械连接时，其接头质量应符合《钢筋机械连接技术规程》(JGJ 107—2016) 的规定。

钢筋采用焊接连接时，其焊缝的接头质量应满足设计要求，并应符合《钢筋焊接及验收规程》(JGJ 18—2012)的规定。

装配式混凝土结构中后浇混凝土中连接钢筋、预埋件安装位置允许偏差应符合表 6-20 的规定。

表 6-20   **连接钢筋、预埋件安装位置允许偏差及检验方法**

项目		允许偏差/mm	检验方法
连接钢筋	中心线位置	5	尺量检查
	长度	±10	尺量检查
灌浆套筒连接钢筋	中心线位置	2	宜用专用定位模具整体检查
	长度	3,0	尺量检查
安装预用埋件	中心线位置	3	尺量检查
	水平偏差	3,0	尺量或塞尺检查
斜支撑预埋件	中心线位置	±10	尺量检查
普通预埋件	中心线位置	5	尺量检查
	水平偏差	3,0	尺量或塞尺检查

注：检查预埋件中心线位置，应沿纵、横两个方向量测，并取其中较大值。

检查数量：在同一检验批内，对梁和柱，应抽查构件数量的 10%，且不少于 3 件；对墙和板，应按有代表性的自然间抽查 10%，且不小于 3 间。

（3）后浇混凝土。

① 主控项目。

装配式混凝土结构安装连接节点和连接接缝部位的后浇混凝土强度应符合设计要求。

检查数量：每个工作班同一配合比的混凝土取样不得少于 1 次，每次取样至少留置 1 组标准养护试块，同条件养护试块的留置组数宜根据实际需要确定。

检查方法：检查施工记录及试件强度试验报告。

装配式混凝土结构后浇混凝土的外观质量不应有严重缺陷。对已经出现的严重缺陷，应由施工单位提出技术处理方案，并经监理单位认可后处理。对经处理的部位，应重新检查验收。

检查数量：全数检查。

检验方法：观察检查，检查技术处理方案。

② 一般项目。

装配式混凝土结构后浇混凝土的外观质量不应有一般缺陷。对已经出现的一般缺陷，应由施工单位按技术处理方案处理，并重新检查验收。

检查数量:全数检查。

检验方法:观察检查,检查技术处理方案。

(4)预制构件安装。

① 主控项目。

a.对于工厂生产的预制构件,进场时应检查其质量证明文件和表面标识。预制构件的质量、标识应符合设计要求及国家相关标准的规定。

检查数量:全数检查。

检查方法:观察检查,检查出厂合格证及相关质量证明文件。

b.预制构件进场时,预制构件结构性能检验应符合《装配式混凝土建筑技术标准》(GB/T 51231—2016)、《混凝土结构工程施工质量验收规范》(GB 50204—2015)和《预制混凝土构件质量检验标准》(DB11/T 968—2021)的有关要求。

检查数量:同一类型预制构件不超过1000个为一批,每批随机抽取1个构件进行结构性能检验。

检验方法:检查结构性能检验报告或实体检验报告。

c.预制构件表面预贴饰面砖、石材等饰面与混凝土的黏接性能应符合设计和现行有关标准的规定。

检查数量:按批检查。

检查方法:检查拉拔强度检验报告。

d.装配式混凝土框架采用后张预应力混凝土叠合梁时,应符合国家现行标准规定。

检查数量:全数检查。

检查方法:观察检查,检查结构性能检测报告及相关质量证明文件。

e.预制构件安装就位后,连接钢筋、套筒或浆锚的主要传力部位不应出现影响结构性能和构件安装施工的尺寸偏差。

对已经出现的影响结构性能的尺寸偏差,应由施工单位提出技术处理方案,并经监理单位许可后处理。对经过处理的部位,应重新检查验收。

检查数量:全数检查。

检查方法:观察检查,检查技术处理方案。

f.预制构件安装完成后,外观质量不应有严重缺陷,且不得影响结构性能和使用功能的尺寸偏差。

对已经出现的影响结构性能的缺陷,应由施工单位提出技术处理方案,并经监理单位认可后处理。对经过处理的部位,应重新检查验收。

检查数量:全数检查。

检查方法:观察检查,检查技术处理方案。

g.预制构件与主体结构之间、预制构件与预制构件之间的钢筋接头应符合设计要求。施工前应对接头施工进行工艺检验。

采用机械连接时,接头质量应符合《钢筋机械连接技术规程》(JGJ 107—2016)的要求。采用灌浆套筒时,接头抗拉强度及残余变形应符合《钢筋机械连接技术规程》(JGJ 107—2016)中Ⅰ级接头的要求。采用浆锚搭接连接钢筋时,浆锚搭接连接接头的工艺检验应按有关规定执行。

检查数量:全数检查。

检查方法:观察检查,检查施工记录和检查报告。

h. 预制构件底部水平接缝坐浆强度应满足设计要求。

检查数量:按批检验,以每层为一检验批;每工作班同一配合比应制作 1 组且每层不应少于 3 组边长为 70.7 mm 的立方体试件,标准养护 28 d 后进行抗压强度试验。

检验方法:检查坐浆材料强度试验报告及评定记录。

i. 灌浆套筒进场时,应抽取套筒采用与之匹配的灌浆料制作对中连接接头,并做抗拉强度检验,检验结果应符合《钢筋机械连接技术规程》(JGJ 107—2016)中Ⅰ级接头对抗拉强度的要求。接头的抗拉强度不应小于连接钢筋抗拉强度标准值,且破坏时应断裂于接头外钢筋。

检查数量:同一原材料、同一炉号、同一类型、同一规格的灌浆套筒,检验批量不应大于 1000 个,每批随机抽取 3 个灌浆套筒制作接头。并应制作不少于一组的 40 mm×40 mm×160 mm 灌浆料强度试件。

检查方法:检查质量证明文件和抽样检查报告。

j. 灌浆套筒进场时,应抽取试件检验外观质量和尺寸偏差,检验结果应符合《钢筋连接用套筒灌浆料》(JG/T 408—2019)的有关规定。

检查数量:同一原材料、同一炉号、同一类型、统一规格的灌浆套筒,检验批量不应大于 1000 个,每批随机抽取 10 个灌浆套筒。

检查方法:观察检查,尺量检查。

k. 灌浆料进场时,应对其拌合物 30 min 流动度、泌水率及 1 d 强度、28 d 强度、3 h 膨胀率进行检验,检验结果应符合《钢筋连接用套筒灌浆料》(JG/T 408—2019)的有关规定。

检查数量:同一成分、同一工艺、同一批号的灌浆料,检验批量不应大于 50 t,每批按《钢筋连接用套筒灌浆料》(JG/T 408—2019)的有关规定随机抽取灌浆料制作试件。

检查方法:检查质量证明文件和抽样检测报告。

l. 施工现场灌浆施工中,灌浆料的 28 d 抗压强度应符合设计要求及《钢筋连接用套筒灌浆料》(JG/T 408—2019)的规定,用于检验强度的试件应在灌浆地点制作。

检查数量:每个工作班取样不得少于 1 次,每楼层取样不得少于 3 次。每次抽取一组试件,每组 3 个试块,试块规格为 40 mm×40 mm×160 mm 的灌浆料强度试件,标准养护 28 d 后做抗压强度试验。

检查方法:检查灌浆施工记录及试件强度试验报告。

m. 后浇连接部分的钢筋品种、级别、规格、数量和间距应符合设计要求。

检查数量:全数检查。

检查方法:观察检查,钢尺检查。

n. 预制构件外墙板与构件、配件的连接应牢固、可靠。

检查数量:全数检查。

检查方法:观察检查。

o.连接节点的防腐、防锈、防火和防水构造措施应满足设计要求。

检查数量:全数检查。

检查方法:观察检查,检查检测报告。

p.承受内力的接头和拼缝,当其混凝土强度未达到设计要求时,不得吊装上一层结构构件;当设计无具体要求时,应在混凝土强度不小于 10 MPa 或具有足够的支撑时,方可吊装上一层结构构件。

q.已安装完毕的装配式混凝土结构,应在混凝土结构达到设计要求后,方可承受全部荷载。

检查数量:全数检查。

检查方法:观察检查。

r.装配式混凝土结构预制构件连接接缝处防水材料应符合设计要求,并具有合格证、厂家检测报告及进场复试报告。

检查数量:全数检查。

检查方法:观察检查,检查出厂合格及相关质量证明文件。

s.钢筋采用焊接连接时,焊缝的接头质量应满足设计要求,并应符合《钢筋焊接及验收规程》(JGJ 18—2012)的规定。

检查数量:应符合《钢筋焊接及验收规程》(JGJ 18—2012)的有关规定。

检验方法:检查钢筋焊接接头检验批质量验收记录。

t.预制构件采用型钢焊接连接时,型钢焊缝的接头质量应满足设计要求,并应符合《钢结构焊接规范》(GB 50661—2011)和《钢结构工程施工质量验收标准》(GB 50205—2020)的有关规定。

检查数量:全数检查。

检验方法:应符合《钢结构工程施工质量验收标准》(GB 50205—2020)的有关规定。

u.预制构件采用螺栓连接时,螺栓的材质、规格、拧紧力矩应符合设计要求及《钢结构设计标准》(GB 50017—2017)和《钢结构工程施工质量验收标准》(GB 50205—2020)的有关规定。

检查数量:全数检查。

检验方法:应符合《钢结构工程施工质量验收标准》(GB 50205—2020)的有关规定。

v.外墙板接缝的防水性能应符合设计要求。

检验数量:按批检验。每 1000 m² 外墙(含窗)面积应划分为一个检验批,不足 1000 m² 时也应划分为一个检验批;每个检验批应至少抽查一处,抽查部位应为相邻两层 4 块墙板形成的水平和竖向十字接缝区域,面积不得少于 10 m²。

检验方法:检查现场淋水试验报告。

② 一般项目。

a.预制构件的外观质量不宜有一般缺陷。对出现的一般缺陷应要求构件生产单位按技术处理方案进行处理,并重新检查验收。

检查数量:全数检查。

检查方法:观察检查,检查技术处理方案和处理记录。

b. 预制构件应在明显部位标明生产单位、构件型号和编号、生产日期和出厂质量验收标志等表面标识。

检查数量：全数检查。

检查方法：观察检查。

c. 预制构件的尺寸偏差应符合表 6-11 的规定。对于施工过程临时使用的预埋件中心线位置及后浇混凝土部位的预制构件的尺寸偏差，可按表中的规定放大一倍执行。

检查数量：按同一生产企业、同一品种的构件，不超过 1000 个为一批，每批抽查构件数量的 5%，且不少于 3 件。

d. 装配式混凝土结构预制构件的粗糙面或键槽应符合设计要求。

检查数量：全数检查。

检查方法：观察检查，量测检查。

e. 预制构件表面预贴饰面砖、石材等饰面及装饰混凝土饰面的外观质量应符合设计要求或有关标准规定。

检查数量：按批检查。

检查方法：观察或轻击检查，与样板比对。

f. 预制构件上的预埋件、预留插筋、预留孔洞、预埋管线等规格型号、数量应符合设计要求。

检查数量：全数检查。

检查方法：观察、尺量检查，检查产品合格证。

g. 装配式混凝土结构钢筋套筒连接或浆锚搭接连接灌浆应饱满，所有出浆口均应出浆。

检查数量：全数检查。

检查方法：观察检查。

h. 装配式混凝土结构安装完毕后，预制构件安装尺寸允许偏差应符合表 6-21 的要求。

检查数量：按楼层、结构缝或施工段划分检验批。在同一检验批内，对梁、柱，应抽查构件数量的 10%，且不少于 3 件；对于墙和板，应按有代表性的自然间抽查 10%，且不少于 3 件；对大空间结构，墙可按相邻轴线间高度 5 m 左右划分检查面，还可按纵、横线划分检查面，抽查 10%，且均不少于 3 面。

表 6-21　　　　　　　　**预制构件安装尺寸的允许偏差及检验方法**

项目		允许偏差/mm	检验方法
构件中心线 对轴线位置	基础	15	尺量检查
	竖向构件	10	
	水平构件	5	
构件标高	梁、柱、墙、 板底面或顶面	±5	水准仪或尺量检查

续表

项目			允许偏差/mm	检验方法
构件垂直度	柱、墙板	<5 m	5	经纬仪量测
		≥5 m且<10 m	10	
		≥10 m	20	
构件倾斜度	梁		5	垂线、钢尺检查
相邻件平直度	板端面		5	钢尺、塞尺量测
	梁、板下表面	抹灰	3	
		不抹灰	5	
	柱、墙板侧构表面	外露	5	
		不外露	10	
构件搁置长度	梁、板		±10	尺量检查
支座、支垫中心位置	板、梁、柱、墙板		±10	尺量检查
接缝宽度			±5	尺量检查

i.装配式混凝土结构预制构件的防水节点构造做法应符合设计要求。

检查数量:全数检查。

检查方法:观察检查。

j.建筑节能工程进场材料和设备的复检报告、项目复试要求,应按有关规范规定执行。

检查数量:全数检查。

检查方法:检查施工记录。

k.装配式混凝土建筑的饰面外观质量应符合设计要求,并应符合现行国家标准《建筑装饰装修工程质量验收标准》(GB 50210—2018)的有关规定。

检查数量:全数检查。

检验方法:观察检查,对比量测。

4.隐蔽工程验收

装配式混凝土结构工程应在安装施工及浇筑混凝土前完成下列隐蔽项目的现场验收:

① 预制构件与预制构件之间、预制构件与主体结构之间的连接应符合设计要求;

② 预制构件与后浇混凝土结构连接处混凝土粗糙面的质量或键槽的数量、位置;

③ 后浇混凝土中钢筋的牌号、规格、数量、位置;

④ 钢筋连接方式、接头位置、接头数量、接头面积百分率、搭接长度、锚固方式、锚固长度;

⑤ 结构预埋件、螺栓连接、预留专业管线的数量与位置。构件安装完成后,再对预制

混凝土构件拼缝进行封闭处理前,应对接缝处的防水、防火等构造做法进行现场验收;

⑥ 保温节点施工质量;

⑦ 其他隐蔽项目。

5.结构实体检验

根据《建筑工程施工质量验收统一标准》(GB 50300—2013),在混凝土结构子分部工程验收前应进行结构实体检验。对结构实体进行检验,并不是在子分部工程验收前的重新检验,而是在相应分项工程验收合格的基础上,对涉及结构安全的重要部位进行的验证性检验,其目的是强化混凝土结构的施工质量验收,真实地反映结构混凝土强度、受力钢筋位置、结构位置与尺寸等质量指标,确保结构安全。

对于装配式混凝土结构工程,对涉及混凝土结构安全的有代表性的连接部位及进厂的混凝土预制构件应作结构实体试验。结构实体试验分现浇和预制两部分,包括混凝土强度、钢筋直径、间距、混凝土保护层厚度以及结构位置与尺寸偏差。当工程合同有约定时,可根据合同确定其他检验项目和相应的检验方法、检验数量、合格条件。

结构实体检验应由监理工程师组织并见证,混凝土强度、钢筋保护层厚度应由具有相应资质的检测机构完成,结构位置与尺寸偏差可由专业检测机构完成,也可由监理单位组织施工单位完成。为保证结构实体检验的可行性、代表性,施工单位应编制结构实体检验专项方案,并经监理单位审核批准后实施。结构实体混凝土同条件养护试件强度检验的方案应在施工前编制,其他检验方案应在检验前编制。

装配式混凝土结构位置与尺寸偏差检验同现浇混凝土结构,混凝土强度、钢筋保护层厚度检验可按下列规定执行:

① 连接预制构件的后浇混凝土结构同现浇混凝土结构;

② 进场时,不进行结构性能检验的预制构件同现浇混凝土结构;

③ 进场时,按批次进行结构性能检验的预制构件可不进行。

混凝土强度检验宜采用同条件养护试块或钻取芯样的方法,也可采用非破损方法检测。

当混凝土强度及钢筋直径、间距、混凝土保护层厚度不满足涉及要求时,应委托具有资质的检测机构按现行国家有关标准的规定做检测鉴定。

四、子分部的验收

装配式混凝土结构应按混凝土结构子分部工程进行验收,装配式结构部分可作为混凝土结构子分部工程的分项工程进行验收,现场施工的模板支设、钢筋绑扎、混凝土浇筑等内容应分别纳入模板、钢筋、混凝土、预应力等分项工程进行验收。混凝土结构子分部工程的划分如图 6-6所示。

分部工程验收

1.验收时应提交的资料

装配式混凝土结构工程验收时应提交以下资料:

① 工程设计单位确认的预制构件深化设计图、设计变更文件;

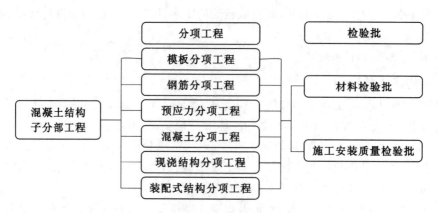

图 6-6　混凝土结构子分部工程的划分

② 装配式混凝土结构工程施工所用各种材料、连接件及预制混凝土构件的产品合格证书、性能测试报告、进场验收记录和复试报告;

③ 预制构件安装施工验收记录;

④ 连接构造节点的隐蔽工程检查验收文件;

⑤ 后浇筑节点的混凝土或浆体强度检测报告;

⑥ 分项工程验收记录;

⑦ 装配式结构实体检验记录;

⑧ 工程的重大质量问题的处理方案和验收记录;

⑨ 预制外墙的装饰、保温、接缝防水检测报告;

⑩ 其他质量保证资料。

2. 验收应具备的条件

装配式混凝土结构子分部工程施工质量验收应符合下列规定:

① 预制混凝土构件安装及其他有关分项工程施工质量验收合格;

② 质量控制资料完整,符合要求;

③ 观感质量验收合格;

④ 结构实体验收满足涉及的标准要求。

3. 验收程序

根据《建筑工程施工质量验收统一标准》(GB 50300—2013)的规定,混凝土分部工程验收由总监理工程师组织施工单位项目负责人和项目技术、质量负责人进行验收。当主体结构验收时,涉及单位项目负责人、施工单位技术、质量部门负责人应参加。鉴于装配式结构工程刚刚兴起,各地区对验收程序提出更严格的要求,要求建设单位组织设计、施工、建立和预制构件生产企业共同验收并形成验收意见,对规范中包含的验收内容,应组织专家论证验收。

4. 装配式结构工程隐蔽项目的现场验收

① 结构预埋件、焊接接头、螺栓连接、钢筋连接接头、套筒灌浆接头等;

② 混凝土构件与现浇结构连接构造节点处钢筋及混凝土接荐面;

③ 预制混凝土构件接缝及防水、防火做法。

5. 装配式结构子分部工程施工质量验收合格的要求

① 有关分项工程施工质量验收合格；

② 质量控制资料完整符合要求；

③ 观感质量验收合格；

④ 结构实体检验满足设计或标准要求。

除特殊要求外，装配式结构可按混凝土结构子分部工程要求验收。装配式结构中涉及的装饰、保温、防水、防火等性能要求应按设计要求或有关标准规定验收。

6. 装配式结构子分部工程施工质量不符合要求时的处理

① 经返工、返修或更换构件、部件的检验批，应重新进行检验；

② 经有资质的检测单位检测鉴定达到设计要求的检验批，应予以验收；

③ 经有资质的检测单位检测鉴定达不到设计要求，但经原设计单位核算并确认仍可满足结构安全和使用功能的检验批，可予以验收；

④ 经返修或加固处理能够满足结构安全使用要求的分项工程，可根据技术处理方案和协商文件进行验收。

装配式结构子分部工程施工质量验收合格后，应将所有的验收文件存档备案。

➡ 单 元 小 结

装配式混凝土结构工程质量控制是一个严格的过程，贯穿工程规划设计、生产制作、施工安装及验收的全过程，设计过程要注重各单位及各专业之间的协同工作，重视深化设计，确保设计质量；构件生产过程要注重原材料质量、预制构件的生产质量、钢筋安装、接头固定等，安装施工过程要注重构件安装和固定、连接接头施工，尤其接头质量是装配式结构成败的关键，要注重隐蔽工程的验收，确保验收资料的完整，只有各环节的质量控制得到保证，才能最终达到控制整个工程质量的目标。

➡ 思考练习题

一、填空题

1.水泥质量检验项目有_____、_____、_____及其他必要的性能指标等。

2.细集料宜选用细度模数为_____的中细砂。

3.粗集料宜选用粒径为_____mm的碎石。

4.粉煤灰检验项目有_____、_____、_____等。

5.钢筋吊环应采用未经冷加工的_____级钢筋制作。

二、选择题

1.拌和用水中江湖水应在中心位或水面下（　　）mm 处采集。

A. 200　　　　　　B. 300　　　　　　C. 500　　　　　　D. 600

2.散装灰取样,每份试样(　　)kg。

A.1～3 　　　　　B.4～6 　　　　　C.7～9 　　　　　D.9～10

3.袋装灰取样,每袋中各取试样不小于(　　)kg。

A.1 　　　　　　　B.3 　　　　　　　C.5 　　　　　　　D.6

4.外加剂每一批号取样量不少于(　　)t水泥所需用的外加剂量。

A.0.1 　　　　　　B.0.2 　　　　　　C.0.3 　　　　　　D.0.5

5.预制构件外装饰表面平整度允许偏差为(　　)mm。

A.1 　　　　　　　B.2 　　　　　　　C.3 　　　　　　　D.4

三、判断题

1.水泥宜采用不低于强度等级42.5的硅酸盐水泥。 (　　)

2.拌和用水采用生活饮用水不需检验。 (　　)

3.拌和用水首次使用地表水和地下水不需检验。 (　　)

4.夹心外墙板宜采用挤塑聚苯板作为保温材料。 (　　)

5.玻璃纤维连接件拉伸强度不小于400 MPa。 (　　)

四、简答题

1.装配式混凝土结构现场验收哪些隐蔽项目?

2.装配式混凝土结构质量控制的依据有哪些?

3.装配式混凝土结构预制构件进场验收程序是什么?

4.钢筋连接套筒的质量标准有哪些?

5.子分部工程验收时应提交哪些资料?

思考练习题答案

单元七 装配式混凝土结构工程的造价控制

5 分钟看完
单元七

> **【内容提要】**
>
> 本单元主要讲述全生命周期造价理论(LCC)的产生和发展,通过将建筑产业化与传统住宅的各阶段成本进行计算比较,分析建筑产业化工程造价的构成以及工程建设各阶段对造价的影响,探讨各阶段对造价风险的控制措施,聚焦如何发挥和提高装配式建筑在提升项目管理方面的诸多优势。
>
> **【教学要求】**
>
> ➤ 了解全生命周期造价理论(LCC)的产生,了解建筑产业化与传统住宅的成本差异及发展方向。
>
> ➤ 掌握建筑产业化的工程造价构成,了解建筑产业化的发展方向和趋势。
>
> ➤ 了解装配式工程建设各阶段对造价的影响以及不同阶段中对造价风险的控制措施。

作为 21 世纪的新兴产业、绿色产业,装配式混凝土结构工程在保质保量、提高工效、节能节水、减少浪费等方面,都比传统建筑产业体现出了更大的优越性。同时,在全生命周期造价理论(LCC)方面,装配式混凝土结构工程也有着卓越的表现,成为现代建筑行业的重要发展方向。

项目一 基于全生命周期造价理论(LCC)的新产业

一、全生命周期造价理论(LCC)概述

LCC 是 life cycle costing 的缩写,意为"全生命周期造价理论"。20 世纪 70 年代末、80 年代初,英国、美国工程造价界的一些学者和实际工作者将项目竣工后的使用维护阶段纳入造价管理的范围,提出了以实现整个项目生命周期总造价最小化为目标的全生命周期造价理论,即 LCC。全生命周期涵盖了建设项目的决策、设计、施工、竣工验收及运营维护五个阶段。

工程全生命周期成本管理是建筑施工项目管理的核心内容之一,企业要想在激烈的竞争环境下生存和发展,就必须在保证工程质量、进度及安全的前提下,使成本最小化、经济利益最大化。对建筑施工项目的成本进行有效控制,涉及与工程有关的各种要素,同时也涉及业主、承包商的利益以及设计单位、建筑施工单位、监理单位等之间的合作关系。

工程项目寿命期内有四大管理阶段,即前期策划阶段、设计阶段、建设期项目管理阶段、运营期设施管理阶段。目前的项目管理理论认为,越是靠前的管理阶段,其管理的效果对工程项目的影响就越大,投入产出比就越高;仅靠施工阶段的造价管理,远远不能满足对工程项目造价和成本的控制要求。项目前期的设计阶段是节约投资可能性最大的阶段,而项目的运营阶段和拆除阶段也都会带来大量费用的累积。因而,应对项目的四大管理阶段实施全生命周期的造价管理。

传统建筑产业所注重的是在满足功能的基础上尽量减少建设投资。对于"满足功能",在建设过程中往往只理解为"能用""可用""适用",而对于"结构耐久性""环境污染性""节能性""回收性""重复利用性"等则考虑不周;对于建设投资,迫于资金压力、建设工期压力等,往往是肆意压缩,不合理调减的情况屡见不鲜。因此,建设项目的质量、耐久性等受到层层干扰,投资可能有所减少,从而严重影响项目的可使用性、寿命。然而大量事实表明,建设项目的未来成本(包括运行费、维修费和报废处置费等)有时超过建设成本。因此,不仅要在建设项目各个阶段考虑项目的建设成本,而且要考虑建设项目全生命周期成本,实现建设项目全生命周期的经济性与合理性。

装配式混凝土结构,又称为"预制装配式混凝土结构",英文简称PC(precast concrete structure),是以预制混凝土构件为主要构件,经装配、连接,结合部分现浇而形成的混凝土结构。该结构形式凭借其较短的建设工期、较高的建设质量、可控的建设投资、优秀的社会效益等优势,较大程度上解决了传统建筑产业所面临的问题。

二、装配式混凝土结构工程的 LCC 分析

1. 建设成本对比

装配式混凝土结构一般适用于多层、高层住宅楼工程,由于其均是在工厂内预制加工而成,所以采用该结构的住宅又被称为建筑产业化住宅。建筑产业化的生产流程与传统建筑产业存在较大差异:传统的工程建设在工地直接进行材料准备、钢筋绑扎、混凝土浇筑等工作;而建筑产业化是在工厂进行构件的标准化预制,只需要在工地进行搭建安装。二者的差异还体现在建设成本上。表7-1是对一幢传统住宅(103 m²)进行预制装配化假设,将建筑产业化与传统住宅的建设成本进行对比。

表 7-1 　　　　建筑产业化与传统住宅的建设成本比较

住宅建造费		传统住宅造价/ (元/m²)	总费用/元	工业化 增长率/%	工业化成本/ (元/m²)
1	土地费用	2400	247200	0	2400
2	前期工程费	145	14935	20	174

续表

	住宅建造费	传统住宅造价/ （元/m²）	总费用/元	工业化 增长率/%	工业化成本/ （元/m²）
3	主体建筑工程费	1200	123600	20	1440
4	主体安装工程费	250	25750	20	300
5	室外管网工程费	160	16480	15	184
6	小区环境费用	130	13390	20	156
7	小区配套设施费	30	3090	0	30
8	开发间接费	300	30900	25	375
9	财务费用	250	25750	20	300
10	利润	265	27295	3.8	275
	总成本	5130	528390	9.8	5634

从表 7-1 中的对比分析可以看出，在建设成本方面，建筑产业化比传统住宅增加了 9.8％。装配式建筑成本高的主要原因在于预制构件，预制构件虽然采用了工业化流水生产线生产，但实际建筑形状并不规则，户型和内部结构不同，导致实际每一块预制构件的形状和工艺都不一样，加上每个项目和楼栋的工期进度参差不齐，导致工业化流水生产线很难进行大规模的连续生产，也就是说工业化流水线生产预制构件具有大规模、个性化的离散型制造特点。而目前国内具备大规模、个性化的离散制造能力的预制构件厂屈指可数。预制构件价格偏高，导致装配式建设率与装配式建筑成本形成高度的正相关，影响开发商和施工单位推广装配式建筑的积极性，增加政府推广装配式建筑的难度，同时影响装配式建筑行业的可持续发展。据调查，由于工业化增长率不同，目前市场上的建筑产业化比传统建筑的造价增加 150～400 元/m²，增幅为 8％～12％。

2. 使用成本对比

在使用成本（运营成本）方面，包括能耗、管理、维修、大修四个因素，建筑产业化的费用增加不一。由于采取了先进技术和材料，质量保障措施得当，建筑产业化的能耗、维修、大修成本与传统建筑相比有大幅度下落；与此同时，管理内容的增加和管理水平的提升，导致管理成本有小幅提升，详见表 7-2。

表 7-2　　　　　　　　　　　**建筑产业化与传统住宅的使用成本比较**

	使用、维修费用	传统住宅（50 年）		工业化 增长率/%	工业化成本（50 年）	
1	能耗成本	195 元/月	117000 元	−40	117 元/月	70200 元
2	管理成本	2 元/(月·m²)	123600 元	10	2.2 元/(月·m²)	135960 元
3	维修成本	107 元/m²	11021 元	−30	74.9 元/m²	7714.7 元
4	大修成本	—	54610 元	−25	—	40958 元
	总计	—	306231 元	—	—	254833 元

从表 7-2 中的对比分析可以看出,在使用成本方面,建筑产业化比传统住宅降低了许多;而且,使用年限越久,使用成本降低的幅度就越大。建筑产业化项目虽然建设成本较高,但是在使用过程中非常节能。装配式建筑在整个施工过程大幅减少木材模板、保温材料(寿命长,更新周期长)、抹灰水泥砂浆、施工用水、施工用电的消耗,并减少 80% 以上的建筑垃圾排放,减少碳排放和对环境带来的扬尘和噪声污染,与传统建筑相比较大程度地降低了环境治理成本。有资料显示,按建筑产业化建设的某保障房项目,每年节约电费可达 80 万元,节约标煤 485.19 t,减少粉尘排放 4.85 t。由此可以看出,建筑产业化可在很大程度上实现国家"四节一环保"的建设减排目标。

3. 综合分析

按照 50 年的建筑全生命周期,将建筑产业化与上述传统住宅的各阶段成本进行计算比较(图 7-1),可以发现建筑产业化全生命周期成本与传统住宅全生命周期成本相差无几。如果以更长的使用寿命计算,建筑产业化全生命周期成本将会低于传统住宅全生命周期成本。

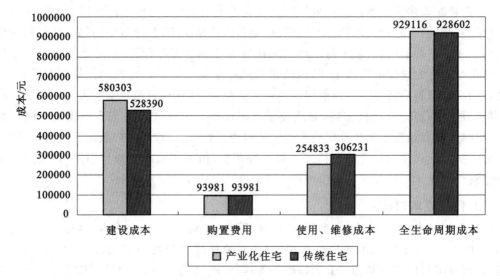

图 7-1 建筑产业化与传统住宅各阶段成本比较

通过上述对比分析可知,目前的建筑产业化在前期阶段投入要高于传统住宅。当进入使用阶段,建筑产业化在使用成本上会低于传统住宅。随着时间的推移,建设技术的发展,建筑产业化与传统住宅的全生命周期成本之间的差距会逐渐缩小,让建筑产业化本身具备市场生命力,摆脱依靠优待政策生存,特别是解决大规模、个性化的离散型制造问题,降低预制构件价格,使装配式建筑建设成本较传统建筑持平或略低,最终建筑产业化的成本甚至将会低于传统住宅,装配式建筑在行业中得到市场化的推广和应用。

项目二　建筑产业化工程造价的构成

　　从建设项目总投资的构成(表 7-3)来看,从工程造价到建设投资、工程费用,建筑产业化工程与其他建筑安装工程一样,并没有太大的差异。按照目前建筑产业化的发展趋势,其差异最大的部分是建筑安装工程费。依据《建筑安装工程费用项目组成》(建标〔2013〕44 号),建筑安装工程费按照费用构成要素划分为人工费、材料(包含工程设备)费、施工机具使用费、企业管理费、利润、规费和税金;按照工程造价形成划分为分部分项工程费、措施项目费、其他项目费、规费、税金。其中,人工费、材料费、施工机具使用费、企业管理费和利润包含在分部分项工程费、措施项目费、其他项目费中。在上述费用中,建筑产业化工程与其他建筑安装工程差异较大的主要是人工费、材料费、施工机具使用费和税金。

表 7-3　　　　　　　　　　　　　　　建筑工程造价构成

费用组成				
建设项目总投资	固定资产投资(工程造价)	建设投资	工程费用	设备及工器具购置费	设备购置费
					工具、器具及生产家具购置费
				建筑安装工程费	人工费、材料(包含工程设备)费、施工机具使用费、企业管理费、利润、规费、税金
			工程建设其他费用		固定资产其他费
					无形资产费用
					其他资产费用
			预备费		基本预备费
					涨价预备费
		建设期利息			
	流动资产投资				

　　分部分项工程费中,预制混凝土构件中模板的安装拆除、钢筋的加工绑扎、混凝土的浇筑等,都从现浇混凝土的现场施工转移到了工厂内;随着加工精度的提高,制造成本也有相应的提高。这些成本对装配式住宅的工程造价也会起到决定性的作用,其中制作费用包括预制构件制作的模型工具费用、材料费用、规费、税金等;运输费用主要是预制构件从生产工厂运输到施工现场的费用、现场临时储存的费用等;安装费用主要有装配人工成本、现浇工作人材机成本。

　　措施项目费中,建筑产业化工程与现浇混凝土工程相比,脚手架有相当程度的简化,垂直运输机械的选用有所变化。

　　预制混凝土构件的企业管理费和规费,也因现浇混凝土的现场施工转移到了工厂内制造,进而随制造成本的增加而有着相应的增量。

合理的利润是企业发展的基石。作为新兴产业,建筑产业化工程的利润会比现浇混凝土工程的利润偏高一些;随着行业的发展,利润率将会逐步降低。在"营改增"新政策下,传统建筑结构现场湿作业,钢筋、混凝土、砂、石等材料与预制装配式建筑中成品构件制作等进项税额抵扣税率也不相同,由于在工厂内进行混凝土构件的生产,运到现场的为半成品构件,所以,该部分产值的税金从营业税变更为增值税,建筑产业化工程的税金稍高于现浇混凝土工程的税金。

一、人工费、材料费、施工机具使用费

分部分项工程费和措施项目费中的人工费、材料费、施工机具使用费,是建筑产业化工程与现浇混凝土工程成本差异最大的一部分。

1. 分部分项工程费中的人工费、材料费、施工机具施工费

(1)构成费用对比。

建筑构件生产、安装中每一道施工程序的费用,都是由人工费、材料费、施工机具使用费这三项费用构成的。

措施项目费也是主要由人工费、材料费、施工机具使用费构成的,但是措施项目不能形成看得见、摸得着的实物,最终不会留在工程本身;分部分项工程一般能够形成实物,最终能够留在工程本身。例如,模板只是混凝土构件施工过程中混凝土成形的保障措施,混凝土成形后即须拆除。特殊情况下,有些封闭结构空间内的模板不能拆除,这种情况下的模板也算作措施项目费。这是分部分项工程费和措施项目费的主要区别。

建筑产业化项目中的人工费、材料费、机械使用费,与现浇混凝土结构有着明显的差异。建筑产业化项目中,构件的工厂化代替了传统的半手工、半机械的建设模式,使得大量需要现场产生的人工费、材料费、机械费转移到工厂内。人工、材料、机械使用也有明显的区别,详见表7-4。

表7-4　　　　　　　**建筑产业化与传统建筑的人工、材料、机械使用区别**

对比项目	建筑产业化	传统建筑产业
人工费	现代产业化工人,受过高等教育,文化程度普遍较高	大批量使用劳务用工人员,教育程度良莠不齐,文化程度普遍不高
材料费	供货商稳定,质量检验到位,可成批量、按需要地供货、检验	供货商复杂,质量保障性较差,更换材料难以察觉,人为因素较多
施工机具使用费	现代化生产流水线,可24 h生产,质量精度高,供货有保障	手工操作小型机械,质量完全凭业务水平和责任心,质量精度普遍没有保障性;受天气影响较大

例如,在混凝土现场施工过程中,混凝土由于受外界因素影响的不同,最终达到的强度也有较大的差距。在工厂内预制过程中,混凝土构件的振捣、养护完全机械化,在规定的时间内按预先设定的条件实施,完全去除人为因素,生产出来的混凝土构件强度完全有保障。在现场施工过程中,混凝土的振捣、养护为人工操作,除需要掌握一定的施工技能外,受相应施工人员的精神状态、脾气性格、疲劳程度、责任心等影响,混凝土的强度很

难达到受控要求。

综合来看,装配式建筑在人工成本上具备一定的优势,但也存在一些劣势。随着技术的发展和经验的积累,装配式建筑的生产设备投资和技术人员培训成本有望逐渐降低。此外,装配式建筑施工速度快,可以提高项目的周转率,减少资金的占用,从而在长期看来可能会带来更好的经济效益。

（2）构件生产费用对比。

对于预制混凝土构件来说,其分部分项工程费主要指该构件的成品价（包括模板、钢筋、混凝土等所有费用）。按照《房屋建筑与装饰工程工程量计算规范》（GB 50854—2013）的规定,模板费用应计入综合单价中,也就是将模板差异因素体现在分部分项工程费中。

建筑产业化中的预制混凝土构件,主要有混凝土柱、混凝土叠合梁、混凝土墙、混凝土板、混凝土楼梯。其中,混凝土墙主要有混凝土外墙、混凝土转角外墙、混凝土内墙（保温墙、非保温墙）、混凝土女儿墙、混凝土楼梯间隔墙等;混凝土板主要有混凝土叠合板、混凝土 PK 板、混凝土 ZDB 板、混凝土阳台板、混凝土空调板等。

在上述预制混凝土构件中,其出厂价格均高于同规格的现浇混凝土构件。差异的主要原因详见表 7-5。

表 7-5　　　　　　　　**预制混凝土构件与现浇混凝土构件价格差异对比**

对比项目		预制混凝土构件	现浇混凝土构件
单个构件包括内容	统计口径	混凝土外墙包括外墙保温做法,电气方面的预埋管、配电箱箱体、接线盒等,出厂价中相应考虑全部费用。相应造价较高	建筑、安装专业不一致,分别计算费用。核算混凝土单价时一般不含安装专业费用。相应造价较低
	增加内容	预埋件（调节件、固定件、吊环）、防水胶、PE 胶条、物联网芯片等。相应造价较高	没有增加。相应造价较低
钢筋类型	楼板	预应力钢筋、冷拔低碳钢丝。相应造价较高	HPB300 级钢筋、HRB400 级带肋钢筋。相应造价较低
	墙体	冷轧带肋钢筋、HRB400 级带肋钢筋、钢套筒。相应造价较高	HPB300 级钢筋、HRB400 级带肋钢筋。相应造价较低
模板类型	所有构件	钢模板、混凝土加工场地、预制构件生产线。相应造价较高	胶合板模板。相应造价较低
混凝土强度等级	楼板	桁架板、混凝土 PK 板为 C40、C50。相应造价较高	C25、C30。相应造价较低
	墙体	不低于 C30。相应造价较高	C25、C30。相应造价较低
混凝土养护	所有构件	采用蒸养工艺。相应造价较高	采用自然养护。相应造价较低
其他	所有构件	均使用自动控制系统、自动加工系统,构件的场内运输、码放等。相应造价较高	相应造价较低

表 7-5 中"增加内容"中的材料,预埋件为构件安装过程中的辅材,其中调节件、吊环

为一次性使用,固定件可重复使用;防水胶、PE胶条用于构件间的拼缝位置,主要起到防水作用,为一次性使用;物联网芯片放置于构件表面的固定位置,主要起到辨别构件、方便管理、信息跟踪等作用,为一次性使用。

例如,在混凝土外墙板构件生产过程中,均是将混凝土墙体以水平方向浇筑混凝土,为方便起吊,在墙板的四角均须设置生产吊环;在运输和安装的前后,为方便起吊和卸车,在墙板顶部设置吊装吊环,该吊装吊环与生产吊环位置、规格完全不一致。在现场安装过程中,为保障安装到位的墙板的倾覆,须设置侧向支撑杆,该支撑杆与墙体的连接点须预埋调节件。这些材料均是现浇混凝土结构中没有的。

2. 措施项目费

措施项目费是辅助工程建设的措施项目的费用,措施项目的施工工艺一般可以由施工单位自由选择。由于不同的施工工艺对应不同的费用成本,所以在工程招标时,招标人对于特殊的措施项目须列出具体的施工方法,而对于一般的措施项目可由投标单位自由竞报。

从施工类型的角度来区分,建筑工程的措施项目费主要由两大部分构成:不宜计算工程量的(按系数计算的),如夜间施工费、二次搬运费、冬雨期施工增加费、已完工程及设备保护费等;宜计算工程量的,如各种构件的场外运输、垂直运输、脚手架、模板等。

(1)不宜计算工程量的措施项目费。

由于施工的工艺不一致,建筑产业化工程与现浇混凝土工程相比,按系数计算的措施项目费在现场施工过程中,其支出大都有着明显的区别,详见表7-6。

表7-6   **建筑产业化工程与现浇混凝土工程措施项目费差异(一)**

费用名称	建筑产业化工程	现浇混凝土工程
夜间施工费	按计划、依照程序施工,可以避免夜间施工;即使夜间施工,人工用量相对较少。相应造价较低	受施工缝留设影响较大,同一部分混凝土须一次性浇筑完成,夜间施工不可避免;夜间施工人员较多。相应造价较高
二次搬运费	构件可按现场施工需要运送,现场可不留置预制构件;即使留置,现场安排较易。二次搬运情况较少,相应造价较低	由于受施工条件、天气条件影响,各种材料须提前进场,现场安排较复杂。二次搬运情况较多,相应造价较高
冬雨季施工增加费	构件到达现场已达到设计强度,不须另外增加相应保护措施。相应造价较低	现场受天气影响较大,为不影响工期,确保质量,相应保护、保障措施较多。相应造价较高
已完工程及设备保护费	两种工程没有明显差异	

(2)宜计算工程量的措施项目费。

虽然可以采取的措施施工工艺较多,建筑产业化工程与现浇混凝土工程相比,每个措施项目费都有着明显一边倒的优势或劣势。

① 场外运输费。现浇混凝土工程的场外运输费用较低,与建筑产业化工程相比,比较占优势。

建筑产业化工程中,预制构件在工厂内生产成型,再运输到工程所在地;现浇混凝土工程中,商品混凝土从预拌站运输到工程所在地。二者的区别和联系详见表7-7。

表7-7　　　　　建筑产业化工程与现浇混凝土工程措施项目费差异(二)

对比项目	建筑产业化工程	现浇混凝土工程
运输方式	预制构件使用平板运输车或专用运输车,车上配备专用钢架;装车及卸车均须使用吊车。相应造价较高	商品混凝土的运送使用混凝土输送车,不须专用机械进行装车、卸车。相应造价较低
运输效率	由于预制构件为半成品,其运输时须对每个构件进行单独放置、固定,单车运输数量较少。相应造价较高	刚出厂的商品混凝土为流质材料,单车运输数量较多。相应造价较低
运输距离	由于构件生产厂家较少,且多在郊区生产,其与一般工程的距离较远。相应造价较高	商品生产厂家较多,其与一般工程的距离较近。相应造价较低
费用结算	均须开具增值税发票	

② 场内运输费。建筑产业化工程中,混凝土构件的场内运输费用主要看现场的施工布置,一般不会发生;现浇混凝土工程中,由于受现场布置、流水施工、施工速度、施工方法的影响,钢筋、模板的场内运输费用较大。

③ 垂直运输费。

a.结构施工期间。现浇混凝土工程中,塔式起重机主要负责钢筋、模板、脚手架、砌体、砌筑砂浆、零星混凝土等的垂直运输和水平运输费用,结构用混凝土常规采用泵送混凝土工艺。

建筑产业化工程中,塔式起重机主要负责混凝土预制构件的垂直运输和水平运输。与现浇混凝土工程相比,塔式起重机的使用数量稍微有些降低,主要原因是钢筋、模板、脚手架等材料的吊装数量下降。但因混凝土构件的单块质量较大,特别是塔式起重机臂的端部也须承担较大荷载,塔式起重机的型号须相对增加1～2个等级,台班的单位价格上涨不少,所以垂直运输的费用总体来说是上浮的。

b.装饰施工期间。装饰施工期间装饰材料、安装材料、小型设备的垂直运输,小高层结构、高层结构均采用施工电梯,多层结构均采用井字架、龙门架或台灵吊;外立面的保温工程、涂料工程、干挂铝板或石材工程、幕墙工程等,一般均采用吊篮施工。建筑产业化工程与现浇混凝土工程的垂直运输费差异相对来说不是太大。

建筑产业化工程在结构施工期间,已经将外墙保温板、部分管线等预埋到混凝土构件中;由于预制构件表面平整度的提高和建筑做法的简化,减少了墙面、地面装饰砂浆的应用量;装饰工程中规格化材料的使用;建筑产业化工程的这些施工因素,相对于现浇混凝土工程来说,是成本上的减量。垂直运输的费用总体来说是下浮的。

④ 脚手架费。脚手架工程包括外墙脚手架、内墙脚手架、结构用满堂脚手架、装饰用满堂脚手架等。由于施工工艺不同,上述脚手架的应用也不尽相同。详见表7-8。

表7-8   建筑产业化工程与现浇混凝土工程措施项目费差异(三)

脚手架类型	建筑产业化工程	现浇混凝土工程
外墙脚手架	使用三角形支撑脚手架,或简易支撑脚手架。随结构层施工随时拆除、搭设,安全防护较少。相应造价较低	使用悬挑式、封闭式双排外脚手架,5~6层搭设一次,安全防护较多。相应造价较高
内墙脚手架	外混凝土墙内侧、内混凝土墙两侧仅须搭设临时支撑杆,时间较短。相应造价较低	内墙砌筑一般须搭设单排脚手架,内柱、内混凝土墙一般须搭设双排脚手架,时间较长。相应造价较高
结构用满堂脚手架	有些预制板施工时搭设简易的保障性支撑满堂脚手架,时间较短。相应造价较低	现浇板施工时须搭设标准的承重满堂脚手架,时间较长。相应造价较高
装饰用满堂脚手架	均须根据装饰方案的需要搭设	

⑤ 模板费。预制混凝土构件与现浇混凝土构件相比,其模板造价相对较高。制构件的成本组成中,模具不构成制品的一部分,其周转次数、重复利用率有进一步降控成本的空间,资料表明,行业内模具成本的占比变化范围也较大,模具的摊销费用约占5%~10%,由此可见,模具的费用对于整个预制构件成本而言是非常重要的。另外,在建筑产业化工程中也有现浇混凝土构件,主要是两块预制混凝土墙体间的连接混凝土墙,以及预制混凝土板上部的叠合层混凝土。

预制混凝土墙体之间的连接墙体,一般宽度较窄,混凝土体积较小,单位体积内所包含的模板数量较大,与后浇带比较类似。在这种情况下,预制混凝土构件的模板造价要高于现浇混凝土构件。预制混凝土板上部的叠合层混凝土,以下部的预制混凝土板为底模板,侧面模板需要支设,相对现浇混凝土构件来说,模板使用量有大幅度的降低。

二、企业管理费和利润

建筑产业化工程与现浇混凝土工程,除企业管理费中的职工教育经费有一些增幅、税金有所变化外,该两种费用的收入和支出没有较大的差异。

1. 企业管理费

企业管理费是指建设工程施工企业组织施工生产和经营管理所需费用,主要包括以下内容。

(1) 管理人员工资:管理人员的基本工资、工资性补贴、职工福利费、劳动保护费等。

(2) 办公费:企业管理办公用的文具、纸张、账表、印刷、邮电、书报、会议、水电、烧水和集体取暖(包括现场临时宿舍取暖)用煤等费用。

(3) 差旅交通费:职工因公出差、调动工作的差旅费、住勤补助费,市内交通费和误餐补助费,职工探亲路费,劳动力招募费,职工离退休、退职一次性路费,工伤人员就医路费,工地转移费以及管理部门使用的交通工具的油料、燃料及牌照费。

(4) 固定资产使用费:管理和试验部门及附属生产单位使用的属于固定资产的房屋、设备仪器等的折旧、大修、维修或租赁费。

（5）工具用具使用费：管理使用的不属于固定资产的生产工具、器具、家具、交通工具和检验、试验、测绘、消防用具等的购置、维修和摊销费。

（6）劳动保险费：由企业支付离退休职工的异地安家补助费、职工退职金、六个月以上的病假人员工资、职工死亡丧葬补助费及抚恤费、按规定支付给离休干部的各项经费。

（7）工会经费：企业按职工工资总额计提的工会经费。

（8）职工教育经费：企业为职工学习先进技术和提高文化水平，按职工工资总额计提的费用。

（9）财产保险费：施工管理用财产、车辆保险。

（10）财务费：企业为筹集资金而发生的各种费用。

（11）税金：企业按规定缴纳的房产税、车船使用税、土地使用税、印花税等。

按照"营改增"之后的税改政策，全国大部分省、市、自治区（包括山西省），将原含在建筑安装工程费中"税金"项下的城市维护建设税、教育费附加、地方教育费附加，调整到了企业管理费中。

（12）其他：技术转让费、技术开发费、业务招待费、绿化费、广告费、公证费、法律顾问费、审计费、咨询费等。

2.利润

合理的利润是施工企业发展的基石，这是国家所允许的。从理论上来说，不分结构形式，其利润率水平应基本保持一致。作为新兴产业，由于其生产成本不透明，施工单位在建筑产业化工程上的利润会比现浇混凝土工程的利润偏高一些；随着行业的发展，竞争的加剧，成本的透明度会逐步加大，施工企业的利润率将会逐步降低，最终与其他结构形式的利润率水平基本一致。

三、规费与税金

建筑产业化工程与现浇混凝土工程，企业的规费差异较小，但是税金差异比较大。

1.规费

规费是指按国家法律、法规规定，由省级政府和省级有关权力部门规定必须计取或缴纳的，应计入工程造价的费用。

（1）工程排污费。

工程排污费是指施工现场按规定缴纳的排污费用。

（2）社会保险费。

社会保险费是指企业按照国家规定标准为职工缴纳的保险费用，包括养老保险费、失业保险费、医疗保险费、工伤保险费、生育保险费。

（3）住房公积金。

住房公积金是指企业按规定标准为职工缴纳的住房储金。

其他应列而未列入的规费，按实际发生计取。

2.税金

税金是指国家税法规定的应计入工程造价内的营业税、城市维护建设税、教育费附加以及地方教育费附加等。

(1) 营业税和增值税。

营业税是对提供应税劳务、转让无形资产或销售不动产的单位和个人,就其所取得的营业额征收的一种税,是流转税制中的一个主要税种。2011年11月17日,财政部、国家税务总局正式公布营业税改增值税试点方案。

2016年2月19日,中华人民共和国住房和城乡建设部颁布了《关于做好建筑业营改增建设工程计价依据调整准备工作的通知》(建办标〔2016〕4号)。2016年4月21日,山西省住房和城乡建设厅颁布了《关于建筑业"营改增"〈山西省建设工程计价依据〉调整执行规定的通知》(晋建标函〔2016〕383号)。该通知明确规定:增值税下工程造价实行"价税分离"的工程计价规则,工程造价=税前工程造价×(1+11%)。其中,11%为建筑业增值税税率,税前造价为人工费、材料费、施工机具使用费、企业管理费、利润和规费之和,各项费用均按不包含增值税可抵扣进项税额的价格计算,相应计价依据按上述方法调整。

2018年4月9日,住房和城乡建设部根据《财政部 税务总局关于调整增值税税率的通知》(财税〔2018〕32号)要求,将《住房城乡建设部办公厅关于做好建筑业营改增建设工程计价依据调整准备工作的通知》(建办标〔2016〕4号)规定的工程造价计价依据中增值税税率由11%调整为10%。

增值税是以商品(含应税劳务)在流转过程中产生的增值额作为计税依据而征收的一种流转税。增值税是对商品生产、流通、劳务服务中多个环节的新增价值或商品的附加值征收的一种流转税。实行价外税,也就是由消费者负担,有增值才征税,没有增值不征税。

建筑产业化工程中,由于在工厂内进行混凝土构件的生产,运到现场的为半成品构件,该部分造价的税金按国家规定应缴纳增值税;而同样的混凝土构件在现浇混凝土工程中,应缴纳营业税。1 m³ 的混凝土构件,在两种不同的生产模式下,其增值税的税金明显高于营业税的税金。目前正在推行的"营业税改征增值税"的政策,将消除两种工程之间的税金差异。

(2) 建筑产业化工程目前的税金规定。

随着税务政策的更新和变革,原先的"国税发〔2002〕117号"文件已经废止,当前建筑产业化工程的税金规定主要依据现行的增值税和建筑业相关税收政策。

预制构件在工厂内加工成半成品,并运输到施工现场进行安装,这样的业务模式通常涉及增值税和可能涉及的建筑业相关税收。

① 增值税。

预制混凝土构件等自产货物的销售,以及可能涉及的增值税应税劳务,一般按照增值税的规定进行征税。目前,一般纳税人的增值税税率通常为13%(根据具体商品和服务可能有所不同),小规模纳税人的征收率为3%。增值税的应纳税额是销项税额减去进项税额的余额。

生产企业可以抵扣的进项税额通常包括购买生产材料、生产机械等产生的增值税。然而,如果生产材料、机械等不能开具增值税发票,则不能作为抵扣销项税的进项税额。

以预制混凝土构件为例,假设其出厂价格为2800元,按照13%的税率计算,销项税额为364元(销项税=销售额×税率=2800元×13%)。如果生产成本中能够开具增值税发票的额度为1800元,则进项税额为234元(进项税=进项税额×税率=1800元×13%)。应纳增值税额=销项税额-进项税额=364元-234元=130元。

② 建筑业相关税收。

如果企业同时提供建筑业劳务(如安装服务),则可能还需缴纳建筑业相关的税收,如增值税(对于安装等建筑服务)或建筑业营业税(如果适用)。然而,自2016年5月1日起,中国全面推开营业税改征增值税试点,建筑业营业税已经停止征收,改为征收增值税。

(3)"营改增"后建筑产业化工程的税金。

根据国务院下发的《营业税改征增值税试点方案》,增值税税率定为四档,即17%、10%、6%、3%,不同的行业对应的税率是不同的。例如,钢材、木材(锯材)、水泥的税率为17%;碎石、商品混凝土的税率为3%。

在新的计税方式下,如何计算、确定材料、机械的进项税成为重点工作。由于每种材料、机械的费率都不同,不同的供应商所缴纳的增值税税率不尽相同,有可能造成不同批次的预制构件出厂价格一致,但缴纳的增值税金额不一致。但是,由于可以开具增值税发票的材料、机械种类增加,不论其进项税税率是多少,能够抵扣销项税的进项税税额将会比以前有明显增加,能够减轻预制构件生产企业的税赋。相应地,可以降低预制构件的出厂价格。

我国传统建筑行业采用的营业税税收制度,会导致税务部门在对建筑施工企业进行征税时,引发重复征税问题。在实施"营改增"后,充分避免了企业重复征税的现象出现,建筑施工企业可将部分税务转移给其他消费者,从而可以适当减轻我国建筑施工企业的税负。

由于建筑产业化发展还处于起步阶段,建筑市场上对于预制混凝土构件的应用量不到1%,所以,造成混凝土预制构件的商品价格透明度较低,市场价位一直居高不下,短期内不可能有大幅度的回落。同时,由于进入建筑产业化构件生产的门槛低,监督管理制度不健全,潜在的利润率相对其他产业较高。所以,目前建设市场上的相应生产企业如雨后春笋,发展速度过快。

为保障建筑产业化行业的良性发展,使其能够健康、有序地成长为建设市场的主流行业,山西省住房和城乡建设厅已经在现行建筑工程预算定额的框架下,对2018《山西省建设工程计价依据》增值税税率有关事项予以调整,选择一般计税方法的,各专业定额预算价格不变,费用定额中增值税税率由10%调整为9%,其余各项费率不变。选择简易计税方法的,各专业定额预算价格按照2019年调整的简易计税价目汇总表执行。费用定额中企业管理费费率的调整系数为:以定额人工费为计算基础的项目乘0.90;以定额工料机为计算基础的项目乘1.15;其余各项费率不变。同时,建设行政主管部门也应完善市场机制,健全各项监管制度,制定建筑产业化行业的基本保障价格,以避免本行业的恶性竞争、无序发展。

项目三 工程建设各阶段对造价的影响

近年来,我国建筑行业得到了迅猛发展,从建筑企业角度来讲,进行装配式建筑施工目的是获得经济效益,为此,需要按照施工阶段对装配式建筑施工造价进行控制,这样才能确保各项造价措施的有效落实。同时,按照装配式建筑施工各阶段开展造价控制工作,要从多个层面开展细节分析。

影响建筑产业化工程造价的因素有许多,按照项目的运行顺序,可从设计、交易、施工三个阶段进行分析。按照造价控制的规律,设计阶段是影响造价的最主要时期,能够影响总体造价的80%以上。由于装配式构件起步时间晚,市场价格的形成机制不完善,竞争机制没有真正引入工程实践中,所以,决策与设计阶段是影响造价的重要时期。现场施工过程中,加强过程管理,科学安排构件的到厂顺序,提高构件的供应到位率,减小构件的破损率,提升操作工人按章办事的意识,将会在比较大的程度上降低工程建设成本。

建筑产业化工程中的住宅比传统住宅的造价增加 $150 \sim 400$ 元/m²。根据前面的分析,建筑产业化工程在各个阶段的成本都有所增加,决策及设计阶段、构件生产阶段和施工阶段,也是造价风险管控的主要方面。

一、决策及设计阶段的造价风险控制措施

1. 做好充足的技术及资源准备

当前,我国装配式建筑施工发展还不够完善,因此,为了确保施工质量和效率,同时做到对造价的合理控制,需要做好技术准备工作,以此来确保工程施工的技术性和科学性。想要确保技术准备充足,需要对设计单位、构件生产厂家、施工单位等建筑施工单位进行充分调研,确保相关单位具备完成相应施工工作的技术水平。同时对相关人员进行针对性技术培训,如设计人员、施工人员、监管人员等,确保相关人员能够掌握相应的施工知识和技术;还可以组织相关人员参观已经竣工的项目,通过实际情况来掌握相关经验。对所在区域的施工总包、设计院、装修单位、构件生产厂家,特别是区域内是否具备相关生产能力的构件生产厂家等进行调研。

2. 合理确定建设规模及预制装配率

装配式结构所带来的部分成本增量可以随着建设规模的扩大而产生规模经济效应。关于建筑产业化工程区的建设规模,在设计阶段,建筑产业化工程形成一定体量时,设计成本可以被极大地分解摊销,规模经济使支持设计活动所需要投入的增长低于其扩大的比例。在构件生产及施工环节,构件生产所形成的一次性投入、机械投入,以及施工现场的机械进出场费用、工人培训费用等也会随着住宅规模的扩大而相应降低。

在装配式建筑设计中,需要做到对施工规模的科学设定,例如,预制技术适合应用在水平构件生产中,如预制梁、预制板、楼梯、阳台、内外墙体等,这是因为预制技术的应用能够避免在施工过程中搭建临时模板或脚手架,因此降低了造价。应考虑外墙保温装饰

一体的预制外墙(正、反打工艺的剪力墙),减少外脚手架使用。在考虑承重和非承重内墙的预制(预制双叠合式剪力墙、全预制圆孔板承重或非承重墙)等拆分技术的前提下,还应更多地综合考虑多种因素,因时因地,在满足建筑施工需求的基础上,即在尊重原有建筑风格不变的前提下,通过生产构件的方式来实现施工生产一体化,找寻在既定建筑成本概算前提下研究利于施工、便于生产的合理装配率,促进施工生产一体化,进而降低造价。

3. 优选设计单位,强化设计管理

装配式建筑设计阶段涉及的造价主要包括设计费用和设计投入费用,为了控制设计投入费用,同时减少后期的设计费用,需要做好设计选择。第一,需要做好设计单位选择;当前,由于装配式建筑施工体系尚不完善,拥有成熟的装配式建筑设计能力的单位较少,因此需要尽量选择设计经验较多、设计能力较为专业的设计单位。第二,需要做好建筑装饰装修选择,具体需要结合建筑的定位和特点,做到对建筑平面、立面、装修装饰的合理设计。第三,需要做好技术选择,建筑施工涉及的技术较多,常见的有构件生产技术、构件拆分技术、构件安装技术、围护技术、装修装饰技术等。第四,需要做好资源选择,这需要充分调研市场相关资源进行分析。第五,需要做好施工方案选择,往往需要设计出几个针对性施工方案,随后综合分析各项方案的可实施性、经济性等相关因素,最终选择出施工方案,施工方案需要涉及各项施工环节,如构件生产、构件运输、构件吊装、施工质量等。

设计阶段要注意所设计的构件的种类尽量统一,增加钢模的周转使用率,而且在构件设计时要考虑构件的生产、运输要求及现场施工的吊装要求。尽量对钢筋用量进行优化,并对其他埋件进行标准化设计,加大周转使用率。

二、构件生产阶段的造价风险控制措施

预制构件生产环节是建筑产业化工程与传统住宅差异较大的环节之一。成本增加部分主要有阳台、内外墙板、梁、楼梯、楼板、预制柱等,在制模、构件加工、采购、运输等方面都引起了成本增加。尤其是外墙部分,为整个预制构件综合价格中最高的。由于建造方式的改变,新的产品(如内支撑、爬架、钢地坪、集水器、埋件、早强剂、减水剂、脱模剂、套筒、吊具、ALC墙等)市场价格较高,产业的不成熟也导致了构件生产阶段成本的增加。

1. 提升技术水平,提高生产效率

预制建筑产业化工程发展的关键因素之一就是依靠科技进步,变粗放型为集约型,提高劳动生产力,组织科研人员对影响预制建筑产业化工程的主要技术环节进行科技攻关,通过研发新技术、新材料、新工艺,解决关键问题,推动预制建筑产业化工程的发展。我国的住宅产业仍然属于粗放型的生产方式。在这种情况下,目前国内的构件生产成本虽然较低,但精度不高,难以保证构件质量,加大后期安装成本。如果引进或研发新模具的结构形式和预留预埋形式,并提高精度,使模具简单易用,方便拆卸,可降低生产成本。免模板技术,可解决双向板配筋问题,做预制主、次梁,价格比现浇板更有优势;如果变更浆锚孔的设计,将孔径加大,可提高现场安装效率,节省安装费用。再如研发新工艺,节省购买专利花费的大量费用,研发新技术,减少支撑,提升效率,降低机械使用费。

构件生产是装配式建筑相比较传统建筑最重要的施工环节,常见的构件有预制梁、预制板、预制柱、楼梯、阳台、内外墙体等,其中内外墙体的生产费用最高。由于当前装配式建筑施工体系不够完善,一些构件的产品费用会相对较高,如吊具、爬架、埋件、套筒等,这会增加构件生产阶段造价。要从装配式建筑构件生产阶段进行造价控制,提高构件生产质量和效率,需要提高构件生产技术水平,为此,需要组织相关人员学习装配式建筑构件生产相关技术和知识,通过对新技术、新材料、新方式的研究,来解决当前装配式建筑构件生产中的问题。

2.降低运输成本,提高运输效率

在吊装运输开始之前,应充分做好准备工作,设计全面的吊装运输方案,明确运输车辆,合理设计并制作运输架等装运工具,并且应仔细检查、清点构件,确保构件质量良好并且数量齐全。在实际运输之前,要仔细探查运输路线的实际状况,必要时可以进行试运。

在大型预制构件的吊装运输中,必须要科学、合理地放置构件,确保构件支撑点安全、平稳,并且要使车辆弹簧承受的载荷均匀对称。具体操作时,要采用填充物将构件支撑点垫实,并且应该使车辆装载中心与构件中心部位重合,不同构件之间要使用填充物塞紧,用绳索将其固定牢靠,避免构件在运输过程发生碰撞或晃动,对于一些特殊的构件,要合理使用支撑架等设备。例如,在对屋架、面梁等构件进行吊装运输时,由于构件高宽比较大、重心较高,要合理设置钢运架以及支撑架,防止构件在运输途中发生倾倒,引起车辆倾翻。

大型预制构件吊装运输时,必须要选择平坦、坚实的运输道路,必要时可以"先修路、再运送"。这样不仅可以确保构件在运输过程中不发生损坏,还可以在很大程度上提高运输效率。另外,由于运输的构件体积庞大,运输道路要具有充足的宽度,道路转弯处要具有足够的转弯半径,防止运输途中发生意外事故。国内有学者指出:在大型预制构件运输途中,道路必须要具有充足的转弯半径,普通载重汽车的转弯半径不得小于10 m,半拖式拖车的转弯半径不能小于15 m,全拖挂车的转弯半径不得小于20 m。另一方面,司机要根据道路的实际状况调整车速,并且在启动和停车时要保证车辆平稳。

不同类型构件的运输注意事项也不同,例如,大型构件在运输过程中最重要的是选择合理的放置方式,这需要计算构件支撑点,以此来确保构件在运输途中的稳定,具体可以用填充物来支撑构件的支撑点;一些结构较为特殊的构件在运输过程中还可以选择应用支撑架、钢运架,如预制梁、屋架等支撑点较高的构件,避免在运输过程中出现构件倾斜。此外,需要合理规划构件运输顺序,以确保构件拆卸的方便快捷。

三、施工阶段的造价风险控制措施

现行清单的综合单价编制包括人工费、材料费、施工机械费、管理费、利润及一定范围内的风险。构件组装对安装预制构件的技术工人要求较高,现场管理需要更强的专业能力和协调能力;为起吊构件,施工过程中采用特种机械,塔式起重机台班及进出场费用均较一般施工用塔式起重机要高;由于产业链条不成熟,部分产品需要国外进口(如密封胶及防水胶条),单价较高。人工单价、施工机械费及材料费的增加均提高了建筑产业化的成本。为保证体系的安全性,现浇部分在配筋、混凝土用量上都与传统墙体有较大差异。措施费用中,钢模板的摊销以及人工、蒸养、材料运输等也会引起费用的增加。

1. 强化组织管理

建立造价组织机构,明确造价管理职责分工,建立造价管理制度和管理流程,明确造价管理程序。建立造价管理责任制和奖惩制度,一定要严格控制施工各个过程的造价。在项目准备阶段,对项目结构分解,编制造价计划并付诸实施;在施工过程中,根据造价计划,采取相应管理方法和措施控制施工造价;在分项工程或阶段性进度目标完成后,认真核算该阶段的施工造价,深入分析产生费用偏差的原因,并及时制订出有效的纠偏措施。

2. 加强材料管理

建立市场询价机制,时刻掌握市场上材料价格涨跌情况并作出价格变动趋势预测。材料采购时应货比三家,对采购方式、厂家选择、材料价格、材料质量、材料数量等多方面综合衡量。材料存储前要仔细验收和记录,统一地摆放在仓库中待用。要实施限额领料制度,从源头上降低浪费发生的可能性。编制材料浪费控制方案,观察各班组无效使用材料的现象,发现现场人员机械及管理方面存在的漏洞并及时修复。编制原材料消耗控制方案和辅助材料使用控制方案。原材料是指经过加工能构成产品主要实体的各种原材料,原材料造价是生产造价中最重要的组成部分,影响产品的造价进而控制其价格优势,故而必须要控制其价格和消耗量,而价格由采购环节决定,所以,应重点控制消耗量。辅助材料使用控制方案主要由专人统计每段时间各种产品耗用辅助材料的量,然后上报给造价管理部门做辅助材料消耗情况记录,供以后执行。

3. 加强施工机械管理

预制建筑产业化工程的施工现场不仅含有一般施工现场的问题,更含有它特有的问题。施工现场的机械大多是大型机械,造价高,其维修与保养的费用也高。如果操作不当,造成机械报废,将带来巨大的损失,尤其是预制构件自重大,需要的机械均为大型的塔式起重机和吊车。所以,应该尽量减少施工机械的大修理费和日常修理费。要专人专机,避免机械与人员随意搭配,造成机械经常损坏而没有责任人承担责任。并且对机械操作人员定期培训,按要求使用机械,防止机械发生意外损坏。同时要做好机械保养和日常检查。此外,要做好施工方案,避免大型机械窝工,充分提高机械利用率,创造更好的效益。

现在最通用的施工承包合同就是固定总价合同,因为总价已经固定,承包商需要承担大量的风险。所以,固定总价合同一般的工期都稍短,基本在 12 个月以内。但是即使这样,由于工程需要的建筑材料、施工机械品种多、数量大,并且还有技术与工艺的变更,甚至不可抗力等因素,即使是有经验的承包商也不可能完全预料到这些风险。合同管理从合同谈判、签约时,就要严格地规范化。合同条款须完备,双方的权利和义务须对等,语言表达严谨、准确。

在现场管理中,工程人员必须熟悉掌握合同条款,确保合同的全面履行,减少不必要的签证变更。应尽量将变更控制在设计阶段,减少损失。设计人员应认真分析研究,确

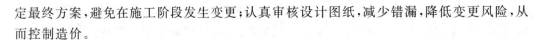

定最终方案，避免在施工阶段发生变更；认真审核设计图纸，减少错漏，降低变更风险，从而控制造价。

4. 合理搬运储存

进行装配式构件的搬运储存时，要求作业人员对构件轻拿稳放，尽量避免对构件的破坏，以免增加成本。同时要注意对 PC 构件装运形式的合理调整，例如将构件整齐摆放，充分利用空间，在保证安全与质量的前提下，一车多装，以提高构件的运输效率，减少构件运输成本。另外，尽量避免构件在施工现场仓库长时间放置，最好能形成"边进边用"的模式，以免增加构件的储存成本。

四、增加项目价值

由于建筑结构构件的工业化生产，可以将施工现场大量重复性工作利用高度机械化和自动化的预制生产线进行工业化生产，再结合构件的定型化和标准化，从而使劳动效率显著提高。预制装配施工中，构件制作工时占总工时的 65%，安装占 20%～25%，运输占 10%～15%。由此可知，大量的相关工作已从现场转移到工厂，显著缩短了建设工期。这是对建设项目的第一个增值表现。

工业化技术可使建筑产品具有稳定的出品质量，提高建筑交付时消费者的满意度。工业化生产能够最大限度地提高结构精度，以混凝土柱的垂直度误差为例，按照传统施工方法制作的混凝土构件尺寸误差允许值为 5～8 mm，而以工业化预制方式生产的混凝土柱的误差在 2 mm 以内。预制混凝土构件的表面平整度偏差小于 0.1%，如此高的精度能够杜绝墙体开裂、门窗漏水等质量通病。这是对建设项目的第二个增值表现。

建筑产业化工程在施工过程中，无须搭设通高的外墙脚手架，不用设置水平安全网、竖向密目网等安全防护措施。此举消除了安全事故发生的根源，大幅度减少了安全事故的发生频率。在该类工程中，外墙瓷砖的拉拔强度与传统建筑相比可增加 9 倍，大大提高了外墙装饰工程的施工质量，增强了危险部位构件的耐久性，杜绝了"高空炸弹"的坠落。这是对建设项目的第三个增值表现。

结构构件实行标准化工厂生产，"量体裁衣""订单生产""一个萝卜一个坑"，一次合格率几乎达到100%，材料的浪费率大大降低。现场实行装配式施工，大量减少了人为因素在现场施工过程中造成的难以避免的浪费，大大减少了湿作业的原材料浪费，以及水、电等的使用数量（降低能耗）。同时，较高的材料质量，降低了施工过程中的修补费用，降低了施工单位的生产成本。这是对建设项目的第四个增值表现。

在房屋的性能、居住舒适度、装修简易度、建设单位与施工单位资金周转率等方面，建筑产业化都较传统建筑有或多或少的优势。

装配式建筑在提高项目管理方面具有诸多优势。通过降低施工周期、提升质量与安全、精细化项目管理、节约成本以及促进环境可持续发展等，为建筑行业带来了巨大的改变和发展空间。然而，在推广装配式建筑过程中也存在一些挑战和考虑因素，例如设备投入成本高、标准化模块限制设计创意等。只有充分认识并解决这些问题才能更好地实现装配式建筑的应用和推广，为项目管理带来更多积极的影响。

➡ 单元小结

随着城市建设节能减排、可持续发展等环保政策的提出,装配式建筑设计、生产与施工已成为建筑产业化的发展趋势。装配式建筑是现代中国工业化、规模化发展的必然,也是建筑产业升级、淘汰落后产能、提升建筑质量的必然。装配式建筑的工程造价必须根据建筑产品的生产与施工过程的客观规律确定。本章介绍了在装配式混凝土结构工程中,如何实施造价控制,包括基于全生命周期造价理论(LCC)的新产业的分析以及建筑产业化工程造价的构成,并分析了在工程各个阶段,如决策和设计阶段、构件生产阶段、施工阶段的造价风险控制措施以及如何增加项目价值等。装配式建筑的构件生产方式、部品部件生产方式、施工方式、安装方式发生的变化,使人力资源、材料供应、施工工艺、资料管理、成本控制等方面发生了很大的变化。因此,需要进一步研究装配式建筑的造价构成,掌握装配式混凝土建筑生产过程确定工程造价的客观规律,鼓励学生发挥自主学习的能动性,提升"吃苦耐劳、精益求精"造价行业的执业素质,培养出具有社会主义核心价值观、高素质的应用型人才。

➡ 思考练习题

一、填空题

1.工程项目寿命期内有四大管理阶段,即_____、_____、_____、_____。

2.全生命周期涵盖了建设项目的_____、_____、_____、_____以及_____五个阶段。

3.企业管理费是指建设工程施工企业_____和_____所需费用。

4.构件生产阶段的造价风险控制措施有_____、_____、_____、_____。

5.增值税是以商品(含应税劳务)在流转过程中产生的_____作为计税依据而征收的一种流转税。

二、简答题

1.简述全生命周期造价理论(LCC)的定义。

2.简述建筑安装工程费的构成。

3.简述建筑工程的措施项目费的构成。

4.简述施工阶段的造价风险控制措施。

5.简述决策及设计阶段的造价风险控制措施。

思考练习题答案

5分钟看完
单元八

单元八　预制装配式混凝土建筑成本分析与控制

【内容提要】
　　本单元根据传统施工模式和预制装配式施工模式影响工程造价因素的分析和比较,从设计阶段、生产制作阶段、运输阶段和施工安装阶段四个层面来具体分析影响预制装配式混凝土建筑成本的因素,介绍了降低控制预制装配式混凝土建筑建造成本的方法和途径,通过合理的价格推进工业化建筑的发展。

【教学要求】
➤ 了解装配式混凝土结构成本费用的构成。
➤ 了解装配式混凝土结构设计阶段的成本控制内容。
➤ 了解装配式混凝土结构生产阶段的成本控制内容。
➤ 了解装配式混凝土结构运输阶段的成本控制内容。
➤ 了解装配式混凝土结构施工安装阶段的成本控制内容。

项目一　成本费用构成

　　对影响预制装配式混凝土建筑成本的因素进行分析,必须掌握混凝土建筑成本的构成。在建筑工程结构中,不论是传统施工现浇混凝土结构还是预制装配式主体结构,它们的造价成本构成是一样的,其建筑消耗的主要资源是混凝土、钢筋等,但是由于技术、生产、施工方式等变化引起成本造价有所改变,其各项成本费用所占比例发生很大改变。

　　通过传统施工和预制装配式施工成本费用组成对比,可以了解预制装配式建筑成本较之以前的改变。

一、现浇混凝土结构成本费用组成

　　现浇式混凝土结构成本由直接费用、间接费用、利润、规费、税金组成,其中直接费用在传统施工成本支出中占有较大比例,是成本支出的重要组成部分,对成本造价有着紧密的联系及影响。间接费用及利润在可控范围内变化,规费和税金无法自由浮动。

从上述费用组成进行分析,在固定的建设标准下,要从人工、材料、机械量上大幅调整成本价格,降低成本缩减造价是相当困难的。质量、工期及成本是相互制约的,想要降低成本可能会影响到建筑的质量及工期。

二、预制装配式结构成本费用组成

预制装配式建筑结构的土建造价组成与上述传统方式一样,但预制式建筑主体结构成本组成不仅仅包括现浇式混凝土结构直接费用中的人工费、材料费、机械费和措施费,还包括预制式部件产品的制作费、搬运费和现场装配费等过程成本,这些过程成本高低对工程造价起决定性作用。

通过预制构件工厂的调查研究,预制构件成本费用是由人工费、材料费、机械费、预制工厂利润、税金、部件产品模型工具费用、预制材料费等因素构成;预制产品的运输费主要是预制构件从生产现场搬运到施工现场的成本、临时存放费和施工现场的两次搬运成本;现场装配费包括预制产品竖直搬运费、装配人工成本费、专项用具摊销费(包括部分现浇结构现场的人工、材料、机械使用成本);措施费指的是模板、脚手架成本,若建筑产业化水平较高,可大大缩减脚手架和模板造成的成本费用。

通过对比两种不同施工方式的成本,由于施工工艺的不同,组成直接费用的因素大不相同,经以上分析比较得出,两种不同的施工工艺对两种方式的直接费用影响不同。要想降低预制式建筑结构工程的成本,需要从 PC 构件成本组成因素着手,如降低 PC 构件制作费、搬运费和现场安装费等,若要使装配式建筑的直接费用低于现浇结构成本的直接费用,就要从预制建筑结构的用途分类、施工方法、搬运方法和装配费用角度考虑,可以通过改善施工方法、节约材料、增强效率等措施,从而减少预制式建筑建造费用。

项目二 设计阶段成本控制

一、设计阶段内容分析

设计阶段应完成所有部品、构件的深化设计,可以针对所采用的多种部品进行经济性比较和选择,使设计完整度、可控度提高。装配式建筑的预制构件以设计图纸为制作、生产依据,设计的合理性直接影响项目的成本。

在遵从建筑标准的前提下,要对设计阶段中影响成本的问题进行考虑,如墙体结构的选择、预制的百分比及装配率等。

从现浇式混凝土结构上来看,设计人员应技术熟练、精湛,图纸数量少,建筑、结构、机电、装饰等专业图纸内容须准确。在设计施工图纸时,各专业的图纸由各个专业的设计人员负责其不同专业的设计内容。在结构专业上,结构特征信息的表示都是采用平法方式,各设计院用统一标准。现场现浇结构施工时,不同专业人员交叉进行施工,易出现错误、漏项的情况。设计费用一般在 30 元/m² 左右。

对比现浇式混凝土结构,预制式整体混凝土结构设计水平暂时不健全,图纸数量多,每个预制式构件都需要其具体的生产图纸,其中涉及多个交叉专业,如建筑、结构、水电等。各专业图纸在进行设计时不仅要设计本专业的设计内容,每个构件的模板、配筋、门窗、保温构造、埋件、装饰面层、留洞、水电管线等内容都要在预制构件的拆解图上表现出来。每个构件的三视图和剖切图,以及必要的构件三维立体图和现浇连接整体时的构造节点大样图都是需要综合各专业后体现在拆分图上的。设计费一般增加 $20\sim40$ 元/m^2。由于预制构件的图纸内容相当完善,构件生产不需要多专业配合就可以进行生产,可以避免现浇设计出现的问题。

现浇式结构和预制式结构设计费不同是因为预制式结构需要相关预制构件生产图纸,若部件尺寸相同的较多,则模板模型相同,设计费比例较少,要合理优化设计要求,提高模板模型重复使用次数,是降低成本的有效方式。

通过对比现浇结构,装配式建筑设计费用明显增高,考虑其原因主要是其设计内容增多,设计深度增加,设计更加烦琐。然而对于预制装配式混凝土建筑设计方面的要求比现浇式要高。

二、设计阶段成本控制

对现有设计人员进行预制装配式建筑设计的培训,培养专业的预制装配式建筑设计人才,从主要的设计费用中进行成本控制。解放设计者,真正实现设计创造性,减小劳动强度,提高效率。

深化设计,增加同模数模具的重复利用水平,提升装配预制程度。提高模具周转次数、减少模具种类,从源头上降低成本。现在预制化建筑生产部件主要借鉴香港的"工厂化、产业化"模式经验,为了解决模具质量大和组合模具、拆除模具时间长的缺点,应当创新模具及其生产工艺,并改进成为流水线生产形式,混凝土下料、振捣、养护在固定位置,不仅使生产和施工速度加快,而且管理更加便捷。边模用具有磁性的模板,模具使用时间会提高数倍乃至十倍,在很大程度上缩减模具的费用。

充分考虑预制构件的生产和安装问题,优化构件的拆解设计,减少构件的规格和种类,降低预制构件模具多规格的投入。为降低现场施工难度,根据构件装配施工的特点,进行连接节点的标准化。为了减少装修费用,可以结合预制构件的特性,在构件生产时进行装饰一体化设计,降低工程造价。

项目三　生产制作阶段成本控制

一、生产制作过程成本分析

1. 两种生产方式的差异对比分析

装配式部件生产在工厂里需要模板模型和机械,在工厂里可以进行流水线式各分部分项工程交叉进行,构件质量、工程时间、工程造价受天气和季节的影响小,普遍质量问题在预制构件生产中加以解决,可以得到有效的控制,这样减少了材料成本浪费,质量有保障,经济效益得以提高。

对比预制装配式建筑方式,现浇式结构构件原材料、周转材料和施工措施是影响现浇构件价格的主要因素。施工条件差,现浇工程的措施费增高是由现浇方式的施工特点决定的,受天气的影响,现浇结构质量存在普遍的质量通病,不易把控质量问题,容易返工、费工费料,影响工期和质量,进而导致施工效率低,现浇工程造价也会随之增加。

2. 构件生产费用分析

通过调研,工厂预制构件的标准为 $3000\sim3500$ 元/m³,其构件生产成本费用比现浇式构件高。预制构件的生产成本包括:构件生产人工费;构件生产材料费;用于构件生产的模具费;模具摊销费;预制构件内需放入的管线与预埋件设置费;水电费;构件存放及管理费;预制构件运输费等。

构件生产人工费方面:由于大量预制构件进入工厂生产,虽然利用先进的机械设备进行生产,人工用量相对减少,但是由于从事预制装配式构件生产的工人操作技术不够熟练,需要有专业技术的工人,所以工人的薪资较高,造成人工费偏高。

构件生产材料费方面:现浇式建筑中构件在现场完成,装配式建筑在工厂制作生产,两者所用建筑材料没有多大变化,但是工厂生产减少了材料的浪费,所以构件生产材料费有所减少。

构件生产的模具费方面:与传统现浇模式相比较,装配式混凝土结构构件在工厂内遵循严谨的工艺进行生产,从台模安装到钢筋绑扎,再到混凝土浇筑、养护,最后到预制构件形成成品,整个构件生产过程,需要大量的模具,预制构件的种类越多、形式越复杂,造成模具的成本也会增加。

模具摊销费方面:模具的种类及周转次数都与构件生产过程中成本增量有较大的关系,对于预制构件的不同种类选择,生产过程中的模具数量也相应地变化。预制构件的种类越多、形式越复杂,造成的模具的成本也会增加。

预设管线与预埋件设置费方面:在预制构件制作的同时,附在构件内的管线也进行安装布置,此项费用占据了预制构件生产成本的很大比例,其他预埋件也增加了部分费用,但影响不大。

水电费方面:构件在工厂集中生产,电量消耗比传统手工方式偏低,混凝土构件的养护改变,水耗相比传统方式减少,实现了养护用水的循环使用。

构件存放与管理费方面:现浇式建筑中混凝土构件振捣养护之后直接构成建筑实体,不需要进行构件的存放与管理。在预制装配式建筑中,构件生产养护之后,要进行专业合理的存放和管理,此项费用相比现浇式建筑为额外增加费用。

预制构件运输费方面:运输费在预制构件生产成本方面占有很大比例。预制装配式混凝土构件结构形式多样,尺寸较大不易运输,车辆运输要求较高,运输路线需根据工厂和施工地选择。

二、降低构件生产成本的方法和途径

（1）提高预制构件的生产技术。使用流水线生产不仅能够降低工人的劳动强度,而且能够优化产品质量,提高生产效率。而使用无损连接装置来生产模板可以延长平台使用寿命,提高生产率,减少摊销,降低成本。

（2）高效的清洁生产技术。与固定的工厂合作生产构件,可以减少建筑垃圾及废弃物的分散排放,响应了国家走可持续发展及环保道路的号召。

（3）提高预制构件节能生产技术。使用温控养护可以节省能源、增加模板周转次数、缩短工期,从而降低构件成本。在工厂制作构配件,实行的是标准化工厂生产,"量体裁衣",人力、原材料、时间、工序方面的费用都可以节省,减少浪费。

（4）深化构件生产工艺。对预制构件进行更加深入的研究,提高构件本身各方面的性能。

项目四 运输阶段成本控制

从建筑的建造过程中对构件的运输进行分析,可以制订一个能够高效配合现场施工的运输方案。在施工现场进行首层的安装前将第一批预制构件运至施工现场,根据其实际情况选择最优运输方案,使施工现场尽量零堆放或少量堆放,争取减少其工厂存放及现场堆放,在首层安装的同时进行下一批的构件制作,当首层完成安装进入下层安装时能够顺利供其使用。

一、运输过程成本分析

从构件出厂到现场,提前做好线路规划,根据路况选择最优的运输路线和运输工具,及时与现场进行沟通配合,对 PC 构件进行简单明了的编号和有序的摆放,提高构件的运输效率,节省不必要的运费开支。

传统现浇结构建筑材料的购买和搬运较为分散,由此每次购买费用成本较大。装配式混凝土结构建筑材料的购买和搬运较为集中,但需要两次搬运。如果选择离施工现场近的预制式工厂,就会大大减少两次搬运的成本。

装配式混凝土结构构件要由构件工厂运输到施工现场建设地,由此产生的构件运输费用与运输的效率有较大关系,这还受到运输距离、构件自重和大小形状的影响。

为了保证构件能高效地运输,设计初期对构件质量和大小形状进行充分的考虑,将构件自重控制在 5 t 之内,其长度控制在 5 m 以内。构件厂选址与工程所在地的距离是非常重要的,距离越近,运输效率越高,运输成本也就越低。

二、降低运输过程成本的方法和途径

（1）制订运输方案。

根据运输部品的质量、外形、数量，以及装卸车现场和运输道路情况，选择合适的运输车辆、起重机械（装卸部品用）。同时考虑各方所能提供的装备供应条件及经济效益等，拟订合理的运输方法。

（2）察看运输路线。

对运输道路情况、公路桥的允许负荷量、沿途上空有无障碍物，以及途经的涵洞净空尺寸等进行察看并记录。为保证车辆顺利通行，应提前做好应急措施。还应注意沿途的各种铁路情况，避免交通事故。

（3）设计并制作运输架。

在考虑多种部品能够通用的情况下，查看统计构件外形尺寸和质量，制作各种类型部品的运输架。

（4）改善预制构件搬运方法，提高搬运效率。

预制部品搬运形式可以为平放、斜放或者立放，能极大地改善预制部品的效率，降低成本。

项目五　施工安装阶段成本控制

一、现场施工阶段成本分析

在预制构件的施工安装过程中，会产生以下费用：构件垂直运输费；构件安装人工费；构件安装机械费；为安装构件需要使用的连接件、后置预埋件等材料费；现浇部分的人工费、材料费和机械费等；工具摊销费。

构件垂直运输费方面：与现浇建筑结构相比，垂直运输工作量大幅增加，并且由于熟练度与专业性的要求高，刚开始进行竖向吊装的工人熟练度不足，不仅垂直运输费增加、工人薪资提高，其安装时间也会由理论上的 5 d 一层延迟到 8~9 d 一层，工期也随之延长。

构件安装人工和机械费方面：预制装配式混凝土建筑发生在现场的费用包括机械费以及大部分安装人工费，其中机械费主要是在垂直运输上的投入，在经过合理的布局及塔吊方案选择之后，安装构件的数量、构件不同都会对建造成本有影响。由于预制构件安装时投入重型吊车等机械，安装机械费大大增高，并且对于现场安装的机械要求和操作机械的人员技术要求提高，相对的工人薪资提高。安装成本的高低受到安装速度和安装质量的影响，加快预制构件安装的速度，减少安装费。

材料费方面：不只是垂直运输费，为安装构件需要使用的连接件在安装成本中也占了较大的比重。其中竖向钢筋的连接需要大量的连接件，材料费也会有所升高。而钢筋

套筒灌浆连接由于对专业性有较高的要求,工人工资较一般工人有所提高,钢筋套筒灌浆连接件需要的数量大,灌浆料价格一般为 6000～7000 元/t,使得成本大幅增加。

现浇费方面:对于现浇建筑结构来说,施工过程中材料耗损率和消磨比较大,因多种情况材料浪费比较严重,结构部件表层带有多余砂浆,不符合设计要求,使结构质量加大。但对于预制装配式混凝土结构来讲,预制部件尺寸准确,降低了施工难度,使预制式部件装配更加便捷,不需要抹灰层,减少装修部分工序,从而减少材料浪费,降低结构质量的 25% 左右,同时,安装构件的预埋件等费用方面,现浇结构需要现场找平以及为预埋管线需要开槽等步骤,但是预制构件的这些工序都已经在构件厂生产时完成,现场不需要这部分工序,所以现场施工阶段降低了成本。

施工安装措施费方面:现浇建筑结构需要脚手架、模板,不断加层搭设,增加成本。对于预制装配式混凝土建筑,施工现场不需要模板,脚手架用量减少(只需外脚手架)。同时降低直接费和减少措施费,是控制装配式建筑造价的关键,即提高预制率,最大限度地使用吊车进行水平构件吊装而不是现浇,这样就减少了模板和脚手架的使用。

管理费方面:现浇建筑结构涉及专业较多、且工艺烦琐,同时存在多个专业的承包方,施工进度时间长,因此工程管理成本高。预制装配式混凝土结构,多专业、多工序产品在工厂制造,管理费相对较少。预制率越高,就有越多的预制构件在工厂加工,减少因为管理而产生的造价。

预制装配式混凝土结构建筑的重点,也就是节点施工,与传统现浇式结构建筑不同,需要使用其他工具来完成节点的安装,这样多出来的工序,不仅会使人工费增加,也会使机械费增加。针对不同建筑特点对关键性安装技术和方法进行改进和优化,对同时工作的各个分段分层流水施工的各道工序进行优化,有利于提高安装效率、降低安装成本。

二、降低现场施工阶段成本的方法和途径

同步施工,在预制化施工中,可以分成多个流线形式、多道工序一起施工,减少费用。具有时效性的流水施工需要人员的合作、交流,分工能够更加明确,从而缩短工期,来降低成本。

采用适当的工法,对预留构件间的缝隙进行修复,来降低建筑渗漏风险,使得建筑维护成本增加;利用混合轻骨料混凝土并结合先装法,使用新浇筑的混凝土与原有的部分形成整体,可以减少建筑施工成本和后期维护成本。

优化建筑方案及结构体系。提高建筑部品的预制率,合理地对建筑部品进行拆分,提高部品制作效率,降低安装难度,优化建筑方案,从而降低措施费等,建筑物造型规范化,构件模数统一化,从而提高生产率;构件预制率过高会增加人工费及连接件的费用,使得安装成本、材料费增加,故相比起单一地提高预制率,整体考虑来提高装配率是更好的选择。

对于现场难施工,难支模或者不能有效控制表面质量的构件,耗时、费工、使用材料多的构件都可以选择在工厂生产,这样可以减少现场施工、材料及其他的费用消耗;同时对于建筑物的主体结构不好施工或者容易损坏的部位,都可以在工厂进行生产,这样既节约又环保。

三、工期——隐形成本分析

施工阶段是根据设计的图纸开始投入原材料、人力、机械设备、半成品及周转材料，通过具体实施成为工程实体的过程。除了计算出来的成本，还有很多也是影响成本的隐形成本。施工方案不同，工程进度、工程质量、工程成本也会不同。根据不同工程特点及现场实际情况，通过考察调研、专家论证、方案比选，对实施过程进行动态控制调整，以确保最后采用的施工方案的精益求精，在工期、质量上达到控制施工成本的目的。

1. 工期分析

传统现浇式结构一层楼施工需要 4 d 左右，电气、装饰、土建等专业不能同时施工，实际一层楼施工时间需要 6~8 d，由基础到楼层，再到结构封顶，由下而上，占总工程量的 1/2。而预制式部件在施工现场的不同楼层可以同时施工，各不同专业可同时进行施工，在施工现场预制式部件一层施工只需 1 d，加上不同专业，一层施工需要 3 d 左右，再到结构封顶，占总工程量的 4/5。装配式程度比较高，施工时间由预制化结构决定，施工时间减少了，施工费用就会降低。

2. 工期控制措施

制订符合工程实际的施工进度计划图，分割好相应的施工计划，协调施工生产，保证总计划的完成。

（1）建立一支强有力的、管理一流的领导管理者。配备完善的组织机构和较强的技术力量，选用一支总体素质高、操作水平娴熟的劳务队伍。按工期要求，并严格按照进度计划要求，确定预制部品到场时间。加大机械化作业水平和机械的投入，对施工班组进行有效的培训，组织好流水作业。根据各施工工序的衔接顺序组织流水施工，采取切实可行的措施连续不间断的施工，避免工期滞后或窝工等现象。

（2）选用科学、先进、切实可行的施工方法和施工手段进行结构安装。为保证施工计划安排，在保证各工序协调进行的同时，多个施工工序的工作面同时进行，并使安装时间满足土建单位。合理安排施工段及流水线，使各分项工程交叉进行，可提高施工作业平台。在工程量一定的前提下，提前工期可以保证合理安排各工序之间的衔接。规划好工序交接，缩短间隙时间。

（3）采用成品保护措施。安排好各工种保护成品的工作，已安装好的工程采取有效的保护措施，在工序交叉时不得对其他工种成品进行破坏，保护成品，减少重复修理次数，缩短工期来降低成本。

（4）依据计划工期，跟踪工程进度，保证工程规定的计划要求，对出现的不同问题进行原因分析，并通过对分析提出相应措施进行补救，保证按时完成计划。

四、社会、环境效益增加

1. 节能节材

工厂化预制混凝土构件不采用湿作业，减少了现场混凝土浇捣和"垃圾源"的产生，同时减少了搅拌车、固定泵等操作工具的洗清,施行工厂养护混凝土,大量废水、废浆等污染源得到有效控制,与传统施工方式相比,节水节电均超过30%。构件模具和生产设备投入后可重复使用,耗材少,节约资源和费用。尤其是在节能、省地方面,在实现大面积工厂化作业后,钢模板等重复利用率提高,建筑垃圾减少,材料损耗减少,可回收材料增加。

2. 绿色环保

现场装配、连接可避免或减轻施工对周边环境的影响,有利于环境保护和节约资源。产业化作业的实施,大大减小了土建粉刷等易起灰尘的现场作业,不仅有利于施工人员的身心健康,还将对周边环境的影响降到最低。

3. 降低劳动强度,提高工作效率

预制装配工艺的运用,使建筑施工的机械化程度明显提高,劳动力资源投入相对减少,操作人员的劳动强度得到有效缓解,有利于施工现场的文明施工和安全管理。传统作业是大量工人在施工现场进行施工,高空坠落、触电、物体打击等事故频发,而现在将大量现场作业转移到工厂内,现场用工人数最大可减少30%以上,也大大减小了现场安全事故发生率。

➡ 单元小结

预制装配式混凝土建筑的成本作为推进工业化建筑体系发展的重要影响因素,必须深入研究。目前全国各地对工业化建筑的建造成本没有一个相对成熟的计价标准,导致工程造价秩序混乱,不利于工业化建筑体系的发展。因此,进行预制装配式住宅成本的研究,从设计阶段、生产制作阶段、运输阶段和施工安装阶段四个层面来具体分析影响预制装配式混凝土建筑成本的因素,总结降低、控制预制装配式混凝土建筑建造成本的方法和途径,对预制装配式建筑的发展至关重要。

➡ 思考练习题

一、填空题

1.装配式建筑的预制构件以_____为制作、生产依据,设计的合理性直接影响项目的成本。

2.在结构专业上,结构特征信息的表示都是采用_____方式,各设计院用统一标准。

3.在构件运输过程中,为了提高运输效率,构件的自重应控制在_____之内,长度应控制在_____以内。

4.在预制装配式混凝土建筑的施工中,垂直运输工作量相比现浇建筑结构会_____,同时对于操作机械的人员技术要求会_____。

5.为了降低装配式建筑造价,应该提高预制率,并最大限度地使用吊车进行水平构件吊装,以减少_____和_____的使用。

二、选择题

1. 预制式整体混凝土结构的设计费用一般比现浇式混凝土结构的设计费用（　　）。

A. 低
B. 高
C. 相等
D. 不确定

2. 为了保证构件运输的高效性，以下哪项措施不是必要的？（　　）

A. 设计初期对构件重量和大小形状进行充分考虑

B. 将构件厂选址远离工程所在地

C. 制定合理的运输方案

D. 改善预制构件搬运方法

3. 预制装配式混凝土建筑的成本控制中，哪个阶段对于材料损耗的控制尤为重要？
（　　）

A. 设计阶段
B. 生产阶段
C. 运输阶段
D. 施工安装阶段

三、判断题

1. 预制装配式混凝土建筑和传统施工现浇混凝土结构的造价成本构成是完全一样的。（　　）

2. 通过改善施工方法、节约材料、增强效率等措施，可以降低预制式建筑结构的成本。
（　　）

3. 预制构件生产过程中的水电费比传统手工方式高。（　　）

4. 为了提高构件的运输效率，构件的堆放应尽量做到零堆放或少量堆放。（　　）

5. 预制装配式混凝土建筑的安装成本不会受到安装速度和安装质量的影响。
（　　）

6. 装配式混凝土结构运输阶段的成本控制只取决于运输距离的远近。（　　）

四、简答题

1. 请简述预制装配式建筑方式中构件生产的优点。

2. 装配式混凝土结构成本费用的构成有哪些？

3. 装配式混凝土结构设计阶段的成本控制内容有哪些？

4. 装配式混凝土结构生产阶段的成本控制内容有哪些？

5. 装配式混凝土结构运输阶段的成本控制内容有哪些？

6. 装配式混凝土结构施工安装阶段的成本控制内容有哪些？

思考练习题答案

参考文献

[1] 纪颖波.建筑工业化发展研究[M].北京:中国建筑工业出版社,2011.

[2] 中华人民共和国住房和城乡建设部,中华人民共和国质量监督检验检疫总局.GB 50666—2011 混凝土结构工程施工规范[S].北京:中国建筑工业出版社,2012.

[3] 中国建筑标准设计研究院.15G366-1 桁架钢筋混凝土叠合板(60 mm 厚底板)[S].北京:中国计划出版社,2015.

[4] 中国建筑标准设计研究院.15G367-1 预制钢筋混凝土板式楼梯[S].北京:中国计划出版社,2015.

[5] 中国建筑标准设计研究院.15G368-1 预制钢筋混凝土阳台板、空调板及女儿墙[S].北京:中国计划出版社,2015.

[6] 中国建筑标准设计研究院.15G365-1 预制混凝土剪力墙外墙板[S].北京:中国计划出版社,2015.

[7] 中国建筑标准设计研究院.15G365-2 预制混凝土剪力墙内墙板[S].北京:中国计划出版社,2015

[8] 中国建筑标准设计研究院.15G107-1 装配式混凝土结构表示方法及示例(剪力墙结构)[S].北京:中国计划出版社,2015.

[9] 中国建筑标准设计研究院.15G310-1 装配式混凝土连接节点构造(楼盖结构和楼梯)[S].北京:中国计划出版社,2015.

[10] 中国建筑标准设计研究院.15G310-2 装配式混凝土连接节点构造(剪力墙结构)[S].北京:中国计划出版社,2015.

[11] 中国建筑标准设计研究院.15J939-1 装配式混凝土结构住宅建筑设计示例(剪力墙结构)[S].北京:中国计划出版社,2015.

[12] 中国建筑标准设计研究院.16G906 装配式混凝土剪力墙结构住宅施工工艺图解[S].北京:中国计划出版社,2016

[13] 中国建筑标准设计研究院.16G116-1 装配式混凝土结构预制构件选用目录(一)[S].北京:中国计划出版社,2016.

[14] 中华人民共和国住房和城乡建设部,中华人民共和国质量监督检验检疫总局.GB 50204—2015 混凝土结构工程施工质量验收规范[S].北京:中国建筑工业出版社,2015.

［15］ 中华人民共和国住房和城乡建设部,中华人民共和国质量监督检验检疫总局.GB/T 51129—2017 装配式建筑评价标准[S].北京:中国建筑工业出版社,2018.

［16］ 中华人民共和国住房和城乡建设部.GB/T 51231—2016 装配式混凝土建筑技术标准[S].北京:中国建筑工业出版社,2017.

［17］ 中华人民共和国住房和城乡建设部.JGJ/T 258—2011 预制带肋底板混凝土叠合楼板技术规程[S].北京:中国建筑工业出版社,2011.

［18］ 中华人民共和国住房和城乡建设部.JGJ 1—2014 装配式混凝土结构技术规程[S].北京:中国建筑工业出版社,2014.

［19］ 中华人民共和国住房和城乡建设部.JGJ 355—2015 钢筋套筒灌浆连接应用技术规程[S].北京:中国建筑工业出版社,2015.